挥发性有机污染物
低温等离子体协同处理技术

HUIFAXING YOUJI WURANWU
DIWEN DENGLIZITI XIETONG CHULI JISHU

梁文俊 李晶欣 竹涛 刘佳 等 编著

化学工业出版社
·北京·

内 容 简 介

《挥发性有机污染物低温等离子体协同处理技术》是一部针对低温等离子体耦合其他工艺技术用于挥发性有机污染物治理的著作。本书以低温等离子体协同处理技术处理挥发性有机污染物为主线，主要介绍了低温等离子体的产生过程、机理以及低温等离子体结合吸收、吸附、催化、生物等技术在去除挥发性有机物方面的效果，旨在为从事该领域技术研究和工程应用的人员提供一定的借鉴。

本书较全面地涵盖了当前挥发性有机物控制的主要技术，可作为高等院校环境科学与工程、等离子体、化工、能源、材料等工程专业研究生和高年级学生的教材，也可供挥发性有机污染物处理及污染控制等的工程技术人员、科研人员和管理人员参阅。

图书在版编目（CIP）数据

挥发性有机污染物低温等离子体协同处理技术/梁文俊等编著. —北京：化学工业出版社，2023.6
ISBN 978-7-122-43139-4

Ⅰ.①挥… Ⅱ.①梁… Ⅲ.①挥发性有机物-污染防治-研究 Ⅳ.①X513

中国国家版本馆 CIP 数据核字（2023）第 049942 号

责任编辑：卢萌萌　刘兴春　　　　　　　　文字编辑：郭丽芹　陈小滔
责任校对：王　静　　　　　　　　　　　　装帧设计：史利平

出版发行：化学工业出版社（北京市东城区青年湖南街 13 号　邮政编码 100011）
印　　装：北京天宇星印刷厂
787mm×1092mm　1/16　印张 14½　字数 319 千字　2024 年 2 月北京第 1 版第 1 次印刷

购书咨询：010-64518888　　　　　　　　　售后服务：010-64518899
网　　址：http://www.cip.com.cn
凡购买本书，如有缺损质量问题，本社销售中心负责调换。

定　　价：98.00 元

前　言

　　等离子体作为物质存在的一种基本形态，自 18 世纪中期被发现以来，对它的认识和利用在不断深化。等离子体是物质除气、液、固三态之外的第四态。等离子体中存在的大量高能电子、激发态的原子或分子等活性基团，可与各类型分子发生化学反应。从 20 世纪 60 年代开始，等离子体化学能的研究和利用逐渐受到人们的重视，随着对等离子体中各种粒子化学活性和化学行为认识的不断深入，形成了一门新兴的交叉学科——等离子体化学。近几十年来等离子体技术得到了突飞猛进的发展，其研究重心也从热等离子体及等离子体物理应用扩展到低温等离子体及其化学方面的应用。

　　低温等离子体工业废气处理技术在处理挥发性有机物方面有着独特的优势，但也存在副产物生成、效率不高等问题。近年来，围绕低温等离子体与相关大气污染控制技术联用的研究和应用也越来越多，比如，低温等离子体与吸收、吸附、催化等协同技术用于挥发性有机物处理是近年来的研究和工程应用的热点。因此，针对这些问题和解决途径，本书较为系统地进行了回顾和梳理，系统介绍了低温等离子体的产生过程、机理，给出了脉冲电晕放电、直流电晕放电、交流电晕放电、介质阻挡放电等多种放电的基本原理、理论以及该技术结合吸收、吸附、催化等技术在处理挥发性有机物方面的研究进展。

　　本书第 1 章介绍了挥发性有机污染物的概况，包括其来源、危害及常用的治理技术；第 2 章详细介绍了等离子体的概念、分类及基本的放电形式；第 3 章针对低温等离子体化学反应过程进行介绍，将对理解污染物在等离子体系统的降解机理有所帮助；第 4 章针对直流电晕放电的特性进行介绍；第 5 章结合编著者多年的研究成果，针对低温等离子体去除挥发性有机物性能方面进行介绍；第 6 章到第 9 章分别围绕低温等离子体协同催化技术、低温等离子体协同吸附技术、低温等离子体协同吸收技术以及低温等离子体协同生物技术进行系统全面的介绍，使读者能对本领域内的研究和应用进展有较为全面的了解。

　　本书编著者长期从事大气污染防治方面的工作，在低温等离子体协同相关技术的理论研究和实践中获得了较为丰富的资料、理论和实践经验。参加本书编写的人员有：北京工业大学梁文俊和刘佳，华北电力大学（保定）李晶欣，中国矿业大学（北京）竹涛。对在本书编写过程中付出辛勤劳动的石秀娟、郭书清、武红梅、鞠浩琳、方宏萍、鲁少杰、李萍等同学表示感谢。

　　感谢国家自然科学基金、北京市自然科学基金和北京市青年拔尖人才等项目给予的专项科研资助。本书在编写过程中得到了化学工业出版社责任编辑的支持和帮助，在此表示衷心的感谢！此外，在编写中编著者参考并引用了大量文献资料，在此向所有被引用的参考文献的作者们致以诚挚的谢意！由于编著的疏漏，书中所列出的参考文献未必全面，在此，特向书中未能列出引用的作者们致以深深的歉意。

限于编著者时间和水平，书中难免出现疏漏和不妥之处，敬请广大读者批评指正。

编著者

2022 年 6 月于北京

目 录

第 3 章　低温等离子体化学反应过程及技术原理　　043

第 4 章　直流电晕放电伏安特性　　065

第1章 概述

1.1 挥发性有机污染物来源及危害

世界卫生组织（WHO）定义总挥发性有机化合物（TVOCs）为熔点低于室温而沸点在 50～260℃ 之间的具有一定挥发性的有机化合物的总称。我国生态环境部颁布的挥发性有机物（VOCs）排放控制相关标准中，挥发性有机物被统一定义为参与大气光化学反应的有机化合物，或者根据有关规定确定的有机化合物。VOCs 主要包括烷烃类、芳香烃类、烯烃类、卤代烃类、酯类、酮类、醛类和其他有机化合物。

国内第一次明确 VOCs 管控范围的文件是 2014 年生态环境部发布的《大气挥发性有机物源排放清单编制技术指南》，其中规定：VOCs 指在标准状态下饱和蒸气压较高（标准状态下大于 13.33Pa）、沸点较低、分子量小、常温状态下易挥发的有机化合物，包括烷烃、芳香烃、烯烃、炔烃等 $C_2～C_{12}$ 非甲烷碳氢化合物，醛、酮、醇、醚等 $C_1～C_{10}$ 含氧有机物，以及卤代烃，含氮有机化合物，含硫有机化合物等。2015 年生态环境部发布的《石油炼制工业污染物排放标准》（GB 31570—2015）和《石油化学工业污染物排放标准》（GB 31571—2015）对 VOCs 的定义为：参与大气光化学反应的有机化合物，或者根据规定的方法测量或核算确定的有机化合物。将非甲烷总烃（NMHC）作为排气筒和厂界挥发性有机物排放的综合性控制指标。2019 年生态环境部发布的《挥发性有机物无组织排放控制标准》（GB 37822—2019）对其进行补充：在表征 VOCs 总体排放情况时，根据行业特征和环境管理要求，可采用总挥发性有机物（TVOC）、非甲烷总烃（NMHC）作为污染物控制项目。但由于目前尚无 TVOC 的国家分析方法标准，目前多采用非甲烷总烃进行表征。

美国对 VOCs 的定义可以总体分为三个阶段：碳氢化合物阶段、挥发性定义阶段和反应性定义阶段。碳氢化合物阶段（1977 年前）主要从元素组成的角度来定义 VOCs，这个阶段对于 VOCs 的认识还不够清楚。挥发性定义阶段（1977—1992 年）主要从蒸气压限值的角度对 VOCs 进行定义，将蒸气压限值一定范围内的有机物定义为 VOCs，并在该阶段颁布实施了豁免政策。反应性定义阶段（1992 年后）美国环境保护署（EPA）从反应性的角度不断对 VOCs 的定义进行修订。该阶段延续上一阶段的豁免政策，提出了具体反应性政策。欧盟（EU）官方定义为在 20℃ 条件下，蒸气压大于 0.01kPa 的所有有机物；而在涂料行业中定义为在常压下，沸点或初熔点低于或等于250℃的有机化合物。

1.1.1 VOCs 的来源

VOCs 的来源主要有人为源和天然源，就全球尺度而言，天然源中挥发性有机物的排放远远超过了人为源。天然源包括植物释放、火山喷发、森林草原火灾等，其中最重要的排放源是森林和灌木林，最重要的排放物是异戊二烯和单萜烯。人为源可分为固定源、流动源和无组织排放源三类，其中固定源包括化石燃料燃烧、溶剂（涂料、油漆）的使用、废弃物燃烧、石油存储和转运以及石油化工、钢铁工业、金属冶炼的排放；流动源包括机动车、飞机和轮船等交通工具的排放，以及非道路排放源的排放；无组织排放源包括生物质燃烧以及汽油、油漆等溶剂挥发。此外，这些 VOCs 排放到大气中，在光照等条件下，通过化学反应可生成新的 VOCs，属于 VOCs 的二次来源。交通运输是全球最大的挥发性有机物人为排放源，溶剂使用是第二大人为排放源。目前国内外对 VOCs 的天然源和人为源研究比较广泛。

通过分析总结，VOCs 来源可具体分为以下几个方面：

① 石油化工厂排出的工艺尾气，如石油炼制工艺、石油化工氧化工艺、石油化工储罐生产工艺；

② 石油、煤炭、天然气等的开采和储运过程中可有大量 VOCs 气体产生；

③ 煤、石油、石油制品、天然气、木材、烟草燃烧时的不完全燃烧产物，废弃物焚烧时产生的烟气，机动车排放的尾气中含有的未完全燃烧的烃类物质；

④ 室内装饰、装修材料，如油漆、喷漆及其溶剂、木材防腐剂、涂料、胶合板等常温下可释放出苯、甲苯、二甲苯、甲醛、酚类等多种挥发性有机物质；

⑤ 日常生活中使用的化妆品、有机农药、除臭剂、消毒剂、防腐剂、各种洗涤剂的加工和使用过程中可产生酚类、醚类、多环芳烃等挥发性有机物质；

⑥ 各种合成材料、有机黏合剂及其他有机制品遇到高温时氧化和裂解，可产生部分低分子有机污染物；

⑦ 淀粉、脂肪、蛋白质、纤维素、糖类等氧化与分解时产生部分有机污染物。

我国城市地区的 VOCs 主要来源包括机动车排放、油品挥发泄漏、溶剂使用排放、液化石油气使用、工业排放等，其中机动车排放、汽油挥发、溶剂喷涂是三大重要 VOCs 来源。由于不同城市地区能源结构和产业布局不同，因此主要排放源的贡献率存在差异，例如液化石油气在广州占 16.32%，在北京只占 2.64%。在城市地区，早晚上下班高峰期，机动车尾气排放是 VOCs 的重要来源；午后由于温度升高，VOCs 的主要来源是油品或溶剂的挥发泄漏；夜晚环境中的 VOCs 则主要是白天排放 VOCs 的累积。从季节变化来看，天然源植物排放和二次生成是夏季 VOCs 的重要来源，燃煤等则在冬季的贡献率更大。从年际变化来看，随着社会经济的发展，机动车保有量、能源结构和产业布局等产生了变化，VOCs 的排放量也会相应变化。VOCs 来源及行业排放占比如图 1-1 所示。

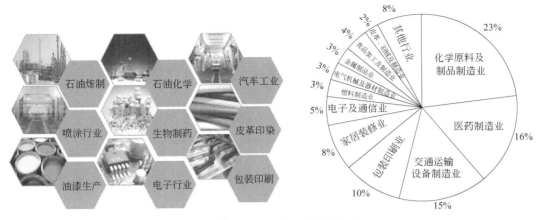

图 1-1　VOCs 来源及行业排放占比

1.1.2　VOCs 的危害

据研究，目前确定对环境和人类产生危害的大气污染物约有几百种，VOCs 即是其中重要一员。VOCs 中许多化合物本身就是大气光化学烟雾的重要组成部分，是继颗粒物和二氧化硫之后，危害环境的第三大污染物。VOCs 对人体健康的影响有直接效应，但更多的是间接效应。VOCs 种类众多，其对人类的健康和生存环境的危害主要体现在以下几个方面：

① 恶臭气体指一切刺激嗅觉器官并引起人们不愉快的气体物质。大多数 VOCs 具有刺激性气味或臭味，可引起人们感官上的不愉快，严重降低人们的生活质量。当居室中的 VOCs 达到一定浓度时，短时间内人们会感到头痛、恶心、呕吐、乏力等，严重时会出现抽搐、昏迷，并会伤害到人的肝脏、肾脏、大脑和神经系统，造成记忆力减退等严重后果。在目前已确认的 900 多种室内化学物质和生物性物质中，挥发性有机化合物（VOCs）至少在 350 种以上（质量分数 $>1 \times 10^{-9}$），其中 20 多种为致癌物或致突变物，有些长期接触则能导致癌症（肺癌、白血病）或导致流产、胎儿畸形和生长发育迟缓等，因此对妇女、小孩等特殊人群影响最大。

② VOCs 成分复杂，有特殊气味且具有渗透、挥发及脂溶等特性，可导致人体出现诸多的不适症状。尤其是苯、甲苯、二甲苯、甲醛对人体健康的危害最大，长期接触会使人患上贫血症与白血病。另外，VOCs 气体还可导致呼吸道、肾、肺、肝、神经系统、消化系统及造血系统的病变。随着 VOCs 浓度的增加，人体会出现恶心、头痛、抽搐、昏迷等症状。许多 VOCs 具有神经毒性、肾脏和肝脏毒性，甚至具有致癌作用，能损害血液成分和心血管系统引起胃肠道紊乱，诱发免疫系统、内分泌系统及造血系统疾病，造成代谢缺陷。

③ VOCs 多半具有光化学反应性。在阳光照射下，VOCs 会与大气中的 NO_x 发生化学反应，形成二次污染物（如臭氧等）或强化学活性的中间产物（如自由基等），从而增加烟雾及臭氧的地表浓度，会威胁人的生命安全，同时也会危害农作物的生长，甚至导致农作物的死亡。由光化学反应所造成的烟雾，除了能降低能见度之外，所产生的臭氧、

过氧乙酰硝酸酯（PAN）、过氧苯酰硝酸酯（PBN）、醛类等物质可刺激人的眼睛和呼吸系统，危害人的身体健康。伦敦、东京等城市都相继出现过光化学烟雾污染事件。

④ 在大气环境里，VOCs 的化学反应生成的硝酸、硫酸是导致降水酸化、形成酸雨的重要因素。硝酸与铵根离子形成的硝酸铵晶体粒子，硫酸与铵根离子形成的硫酸铵晶体粒子，使大气层的反照率增大，地球接受的太阳辐射能减少，导致大气温度降低。因此，VOCs 排放也被认为是影响气候变化的一个重要因素。

⑤ 某些 VOCs 易燃，如苯、甲苯、丙酮、二甲基胺及硫代烃等，这些物质的排放浓度较高时如果遇到静电火花或其他火源，容易引起火灾。近年来由 VOCs 造成的火灾及爆炸事故时有发生，尤其常发生在石油化工企业。

⑥ 部分 VOCs 可破坏臭氧层，如氟氯烃物质。当其受到来自太阳的紫外辐射时，可发生光化学反应，产生氯原子，从而对臭氧层中的臭氧进行催化破坏。臭氧量的减少以及臭氧层的破坏使到达地面的紫外线辐射量增加。紫外线对人类皮肤、眼睛及免疫系统有较大的危害。VOCs 在日常的生活、工作等环境中无处不在，因此对于 VOCs 的检测和治理应加强和普及。

VOCs 对人类生存环境的危害如图 1-2 所示。

图 1-2　VOCs 对人类生存环境的危害

1.2　挥发性有机污染物治理技术

传统的 VOCs 控制技术基本可分为两大类：回收技术和销毁技术。如图 1-3 所示。回收技术是根据 VOCs 本身的性质，通过物理方法，在一定的温度和压力下，使用吸收、吸附剂及选择性渗透膜等实现 VOCs 的分离，主要包括吸收法、吸附法、冷凝法及膜分离法。而销毁技术则是采用化学或生物方法，使 VOCs 气体分子转变为小分子的水和二氧化碳，主要包括燃烧法和生物法。

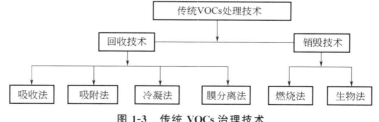

图 1-3　传统 VOCs 治理技术

此外，20 世纪 90 年代以后，光催化氧化法成为去除低浓度 VOCs 的最热门研究课题。

1.2.1　吸收法

吸收法净化 VOCs 是利用液态吸收剂处理混合气体，混合气体中的一种或几种气体组分溶解于液体中，或与吸收液中的组分发生选择性化学反应，除去其中一种或几种气体，从而达到控制大气污染的一种方法。此方法适合于大气量、中等浓度的含 VOCs 废气的处理。

其中，不同吸收剂可以吸收不同的有害气体，且需具备以下几个特点：①对被除去的 VOCs 有较大的溶解性；②蒸气压低；③易解吸；④化学性质稳定且无毒无害；⑤分子量低。

吸收法使用的吸收设备叫吸收器、净化器或洗涤器。许多湿式除尘设备，都可以用于净化有害气体，当作吸收设备时，分别称为喷淋洗涤器、泡沫洗涤器、文氏管洗涤器等。吸收法的工艺流程和湿法除尘工艺近似，如图 1-4，只是湿法除尘工艺用清水，而吸收法净化有害气体要用溶剂或溶液。

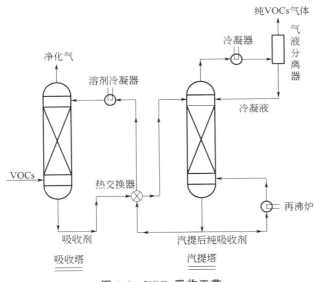

图 1-4　VOCs 吸收工艺

吸收法的优点是工艺流程简单，几乎可以处理各种有害气体，适用范围很广，并可回收有价值的产品。缺点是对设备要求较高，设备易受腐蚀，吸收效率有时不高，吸收剂需要定期更换。

1.2.2　吸附法

吸附法是利用多孔性固体吸附剂处理含 VOCs 的气态混合物，利用固体表面的不平衡的化学键力或分子引力，使其中的一种或多种组分浓缩于固体表面上，以达到分离的目的。吸附法已广泛应用于石油化工、环境工程等领域，成为一种重要的治理技术，主要用于治理中低浓度 VOCs 废气，处理工艺见图 1-5。常用的吸附剂有活性炭、活性碳纤维、活性氧化铝、分子筛以及沸石等。

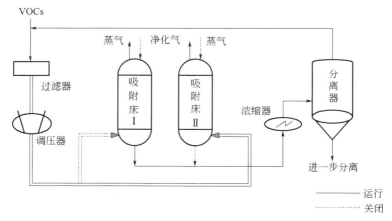

图 1-5　VOCs 吸附工艺

影响 VOCs 吸附诸多因素中，起决定性作用的是吸附剂。研究表明，活性炭吸附 VOCs 性能最佳，是最常见的吸附剂。在一般情况下，吸附剂要具有较大的比表面积、密集的孔结构，吸附性能好，化学性质稳定，耐高温高压，耐酸碱，对气体阻力小，不易破碎。

吸附法的优点是净化效率高，无二次污染，可回收有用成分，工艺成熟，设备简单，操作方便，且能实现自动控制；缺点是由于吸附容量受限，不适于处理高浓度有机气体，设备庞大，费用相对较高，当废气中有胶粒物质或其他杂质时，吸附剂易失效，同时吸附剂需要定期更换和再生。

1.2.3　燃烧法

通过燃烧方法将 VOCs 转化为二氧化碳、水以及氯化氢等无毒或毒性小的无机物的过程，称为燃烧净化法，其化学作用主要是燃烧氧化和高温下的热分解作用。此方法适用于治理可燃的或在高温情况下可以分解的有害气体，并广泛应用于化工、喷漆、绝缘材料等行业的生产装置中所排出的有机废气。

燃烧法可分为直接燃烧、热力燃烧和催化燃烧三种，其工艺流程和工艺性能分别见图 1-6 和表 1-1。

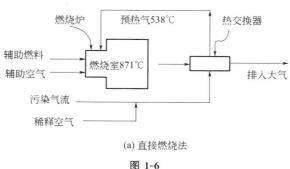

(a) 直接燃烧法

图 1-6

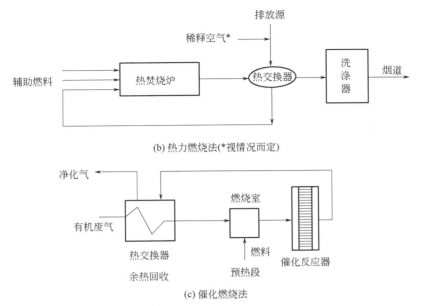

(b) 热力燃烧法(*视情况而定)

(c) 催化燃烧法

图 1-6　燃烧法处理 VOCs 工艺

表 1-1　燃烧法工艺性能

燃烧工艺	直接燃烧法	热力燃烧法	催化燃烧法
适用范围	较高浓度和较高热值	低浓度	低浓度
燃烧温度/℃	>1100	700～870	300～450
处理效率/%	>95	>95	>95
最终产物	CO_2、H_2O	CO_2、H_2O	CO_2、H_2O
投资	较低	低	高
运行费用	低	高	较低
其他	易爆炸、热能浪费	回收热能	催化剂易中毒,进气

　　燃烧法的优点是去除率较高,一般在 95% 以上;缺点是直接燃烧法容易发生爆炸,浪费热能且易产生二次污染;热力燃烧法运行费用较高;催化燃烧法催化剂易中毒,对进气组分要求较严格,且催化剂需要定期更换。

1.2.4　冷凝法

　　冷凝法是利用 VOCs 在不同的温度和压力下具有不同的饱和蒸气压,通过降低温度和增加压力,使处于蒸气状态的污染物凝结出来,使其得以净化和回收。该法适用于处理较高浓度的有机蒸气。其中,VOCs 的去除率与初始浓度和冷却温度有关。在一定温度下,初始浓度越高,其去除率越高。在理论上冷凝法对 VOCs 的去除率很高,但是当污染气体浓度较低时,需采取进一步的冷冻措施,这使运行成本大大提高。故冷凝法常作为其他方法净化 VOCs 的前处理,以降低有机负荷,回收有机物。其工艺流程见图 1-7。

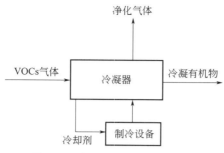

图 1-7 冷凝法处理 VOCs 工艺

冷凝法的优点是设备工艺简单，能耗低，可回收有用成分；缺点是不适宜处理低浓度的有机气体，对入口 VOCs 要求严格，冷却温度较低时，耗电量较大。

1.2.5 生物法

生物法是在适宜的环境条件下，利用微生物的生命活动将 VOCs 气体中的有害物质转变成简单的无机物（CO_2、H_2O）及细胞物质等的过程。常见的生物法处理 VOCs 的方法有生物洗涤法、生物过滤法和生物滴滤法，其工艺流程见图 1-8。

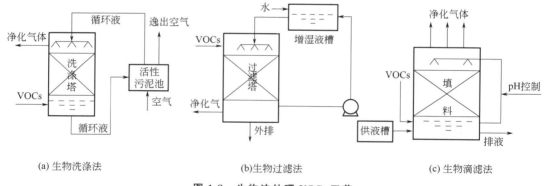

(a) 生物洗涤法   (b)生物过滤法   (c) 生物滴滤法

图 1-8 生物法处理 VOCs 工艺

生物法的优点是去除率高，投资少，设备简单，运行费用低，较少形成二次污染，应用范围广；缺点是微生物对环境要求较高，压损较大，抗冲击负荷能力较差，设备体积大，不适用于高卤素化合物的去除。

1.2.6 膜分离法

膜分离法是利用在压力差的推动下，气体透过膜的速率不同，从而将气体混合物分离的过程。该法适用于处理有机物浓度较高的废气，回收效率可以达到 97% 以上；且由于膜分离过程是一种纯物理过程，具有无相变化、节能、体积小、可拆分等特点，使膜分离法广泛应用在制药、化工、水处理工艺过程及环保行业中。对不同组成的 VOCs 混合气体，根据其有机物的分子量，选择不同的膜及合适的膜工艺，从而达到最好的膜通量和截留率，进而可提高回收率、减少投资规模和运行成本。膜分离法的工艺流程见图 1-9。

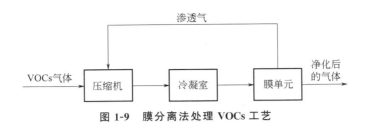

图 1-9　膜分离法处理 VOCs 工艺

膜分离法的优点是选择性好，适应性强，能耗低，无相态变化，可回收有用成分；缺点是投资大，对膜的依赖性强，对膜的表面控制要求较高，对膜分离装置操作要求高。

1.2.7　光催化氧化法

光催化氧化法是利用催化剂的光催化氧化性，使吸附在其表面的 VOCs 发生氧化还原反应，最终转变为 CO_2、H_2O 及无机小分子物质。具有光催化作用的半导体催化剂，在吸收了大于其带隙能（E_g）的光子时，电子从充满的价带跃迁到空的导带，而在价带上留下带正电的空穴（h^+）。光致空穴具有很强的氧化性，能将其表面吸附的 OH^- 和 H_2O 分子氧化成 $OH·$，$OH·$ 几乎可以氧化所有的有机物。常用的金属氧化物光催化剂有：Fe_2O_3、WO_3、Cr_2O_3、ZnO、ZrO、TiO_2 等。由于 TiO_2 来源广，化学稳定性和催化活性高，没有毒性，成为试验研究中最常用的光催化剂。

张彭义等将经过炭黑改性的 TiO_2 负载在铝片或不锈钢网上，用低压汞灯作光源，在甲苯浓度为 $10 \sim 14 mg/m^3$ 时得到了 $80\% \sim 88\%$ 的去除率。他们还将 TiO_2 涂覆在玻璃、瓷砖、日光灯管上，在普通日光下 3h 后对甲苯的去除率分别达到 27.8%、23.1%、15.8%。赵莲花等用三氯乙烯对 TiO_2 薄膜进行预处理后，甲苯的半衰期由 35min 缩短至 8min，很多 VOCs 的光催化反应速率明显加快，原因是反应生成的氯吸附在催化剂表面生成氯游离基引发链反应，加快了反应进程，提高了气相光催化反应速率。

1.2.8　低温等离子体法

1.2.8.1　低温等离子体技术去除 VOCs 的原理

低温等离子体化学净化是利用高能电子与气体分子（或原子）发生非弹性碰撞，将能量转换成基态分子（或原子）的内能，发生激发、离解、电离等一系列过程，使气体处于活化状态。电子能量小于 10eV 时，产生活性自由基，活化后的污染物分子经过等离子体定向链化学反应后被脱除。当电子平均能量超过污染物分子化学键结合能时，分子键断裂，污染物分解。低温等离子体技术去除苯系物气体的基本原理为：当低温等离子的电子能量大于苯系物气体分子的化学键键能时，分子发生断裂而分解，同时高能电子激发产生 $O·$ 和 $OH·$ 等自由基。由于 $O·$ 和 $OH·$ 等自由基具有很强的氧化性，最终可将苯系物气体转换为一氧化碳（CO）、二氧化碳（CO_2）和水（H_2O）。低温等离子体能够降解脂肪族、芳香族、氟化物、氯化物、烃类、含氮化合物等挥发性有机物。

利用低温等离子体技术处理 VOCs 的过程主要包括以下两方面：①高能电子直接与

染物分子发生化学反应，高速运动的高能电子与气体中的分子、原子发生非弹性碰撞，使其发生激发、离解和电离等反应，最终打断污染物大分子的分子键，变成各种小分子碎片；②高速运动的高能电子还会使背景气体中的分子、原子发生离解激发等反应，产生大量的 $O \cdot$、$OH \cdot$、$HO_2 \cdot$、O_3 等活性粒子，这些活性粒子与污染物分子发生反应，将其降解。此外，污染物分子间撞击也会使其化学键断裂生成小分子物质。其中主要的反应如表 1-2 所列。

表 1-2   低温等离子体区域化学反应类型

反应类型		反应式
激发	碰撞	$A+B \longrightarrow A^*+B$
	光子作用	$h\nu+A \longrightarrow A^*$
	电子作用	$e^-+A_2 \longrightarrow e^-+A^*+A^*$
	电荷转移	$A+B^* \longrightarrow A^*+B$
	释放荧光	$A^* \longrightarrow A+h\nu$
离解	光子作用	$A_2+h\nu \longrightarrow A+A$
	电子作用	$A_2+e^- \longrightarrow A+A+e^-$
	电荷转移	$A_2+B \longrightarrow A+A+B$
复合	原子之间	$A+A+B \longrightarrow A_2+B$
	基团之间	$R^*+H^* \longrightarrow RH$
	离子之间	$A^++B^- \longrightarrow AB+h\nu$
	电子和离子之间	$A^++e^- \longrightarrow h\nu+A$
	分子和离子之间	$A^++B \longrightarrow A+B^+$

注：A、B 为不同反应物；R、H 为不同反应基团；* 代表被激发态。

低温等离子体降解 VOCs 反应途径示意图如图 1-10 所示。

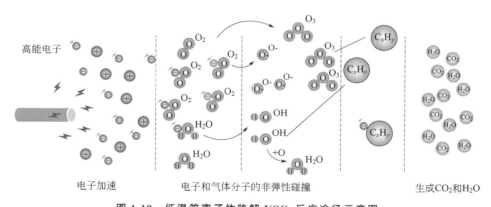

图 1-10   低温等离子体降解 VOCs 反应途径示意图

1.2.8.2   低温等离子体技术用于 VOCs 处理的研究进展

由于低温等离子体技术在经济和技术上所具有的优势，近几十年来低温等离子体技术已成为 VOCs 治理研究领域的前沿热点课题。

由于低温等离子体具有很多优点，不同的研究者对不同的放电低温等离子体进行了研究，其中又以介质阻挡放电等离子体研究最多，其他放电等离子体也在不断发展。

低温等离子体单独作用于 VOCs 具有设备简单、流程短、效率高，而且容易获得等离子体的优点，因而被广泛地研究。

滑动弧放电是一种气体放电等离子体发生方式，在常压下产生非平衡等离子体，80％以上的输入电能能通过低温等离子体刺激化学反应。国内薄拯等研究了滑动弧放电等离子体裂解正己烷，该法可以有效处理正己烷，裂解率高达 96％，主要裂解产物为 CO_2、CO、NO_2 和 H_2O。提高电压可以增大正己烷裂解率，初始浓度增大后裂解率下降，但绝对处理量增大；不同材料的电极能量利用率不同，能量利用率依次为铁电极低于铝电极低于铜电极。

国外 Antonius 等在常温常压下研究了滑动弧放电处理芳香化合物和有机氯化合物的混合物。结果表明，进气芳香化合物浓度为 0.1％～0.5％，流速为 5L/min 时，能量利用率为苯＜甲苯＜二甲苯，比其他放电方式（如介质阻挡放电、射频放电等）能量利用率都高，降解率都在 60％以上，主要产物为 CO_2、CO、H_2O；进气浓度 3％，流速 5L/min 时，氯仿的去除率高达 97％，产物主要为 CO、CO_2、Cl_2 和气溶胶。除此之外，Shih 等研究了射频等离子体单独处理苯，在 O_2/Ar 作载气，O_2 浓度为 1％～9％，C_2H_6 的浓度为 1％，输入功率为 20W，苯的去除率始终保持在 98％～99％，产物为 CO、CO_2、H_2O。单一低温等离子体技术所需的反应条件温和，可在常温常压下进行，去除率较高，尤其适合处理大风量低浓度废气，运行成本低，设备易维护，但是单一等离子体技术也存在能耗大、CO_2 选择性差、副产物多等不足，制约了该技术进一步实现工业化。

1.2.9　挥发性有机物污染治理发展趋势

国内在挥发性有机物治理上所采用的高端技术和装备很多来自国外，具有独立知识产权的技术不多。但国家已经越来越重视环保领域自主创新能力，提出以推进经济发展方式转变为着力点，通过建立和完善环保领域的技术创新平台，集聚整合创新资源，加强产学研用结合，突破一批关键共性技术并实现产业化，促进环保产业的快速发展，为培育和发展战略性新兴产业提供动力支撑。因此，在未来，国外设备占领我国挥发性有机物治理市场的格局很快会被打破。

我国挥发性有机物治理如何发展，国家政策中也给予了明确规定，《重点行业挥发性有机物削减行动计划》中提出"坚持源头削减、过程控制为重点，兼顾末端治理的全过程防治理念"。因此，我国对于挥发性有机物治理，应从上述三方面着手。同时，文件对末端治理也提出具体的意见，提出根据不同行业 VOCs 排放浓度、成分，选择催化燃烧法、吸附法、生物法、冷凝法、臭氧氧化法、等离子体法、光催化法等针对性强、治理效果明显的处理技术，对含 VOCs 废气进行处理处置。有机废气工况不同、成分不同、废气浓度不同、生产工艺不同，选择的治理技术也不同，不可能一种技术包打天下，末端技术种类较多，应选择适合的处理技术。

对于等离子体技术而言，近年来也涌现出很多的联合技术，诸如等离子体催化联用技术、等离子体吸附联用技术、等离子体生物联用技术等。其中低温等离子体协同催化技术是当前 VOCs 降解研究领域的热点技术之一。研究表明，该技术结合了低温等离子体的优势和催化剂的高选择性，VOCs 降解效果要优于单独技术的使用效果，表明等离子体与催化剂之间产生了协同作用。

根据反应器中催化剂的放置位置，可分为一段式（催化剂置于等离子体反应器内部）和二段式（催化剂置于反应器之后）两种形式。二段式反应器中由于催化剂床层位于反应器下游，因此只有长寿命的活性物质（如 O_3 等）可到达；而一段式反应器可以对放电所产生的短寿命活性物质进行充分利用，因此在该领域日益受到关注。

低温等离子体协同催化处理 VOCs 技术中较为常用的催化剂主要包括贵金属和过渡金属催化剂两大类。如将 $Au/CeO_2/Al_2O_3$ 纳米催化剂填充到等离子体放电区，在 1500J/L 时完全去除甲苯，选择性达 90% 以上，大大降低了有毒副产物（O_3 和 NO_x）的产量，具有良好的耐湿性和稳定性。又如用合成的 Mn-Al 催化剂协同低温等离子体处理苯、甲苯和二甲苯的混合废气，苯和甲苯几乎完全被氧化。低温等离子体协同催化降解 VOCs 的反应通常在室温下进行，而活性粒子与污染物分子碰撞过程中会产生一定热量，使得系统内部温度升高。此外，反应过程中存在等离子体微放电现象，会在催化剂颗粒的表面接触点附近产生局部"热点"，甚至可以直接对催化剂进行热激活，加快区域化学反应速率。

第2章 等离子技术原理

等离子体作为物质存在的一种基本形态，自从18世纪中期被发现以来，对它的认识和利用在不断深化。早期等离子体主要是作为发光现象、导电流体或高能量密度的热源来加以研究和应用的。利用其光能的如霓虹灯、荧光灯、水银灯等，利用其热能的如等离子体焊接和等离子体切割等，利用其机械能如磁流体发电等。到20世纪60年代，等离子体化学能的研究和利用逐渐受到人们的重视，随着对等离子体中各种粒子化学活性和化学行为认识的不断深入，形成了一门新兴的交叉学科——等离子体化学。由于等离子体化学是使物质吸收电能进行反应的技术，必须将电能有效地转化为化学能，因此等离子体化学的发展与真空技术、等离子体诊断技术和放电技术的发展是息息相关的。近几十年来等离子体技术得到了突飞猛进的发展，其研究重心也从热等离子体及等离子体物理应用扩展到低温等离子体及其化学方面的应用。

2.1 等离子体定义

在19世纪初，物理学家就已经开始探索和研究是否存在物质的第四态。1835年，法拉第（Faraday）利用低压放电管观察到低压气体的辉光放电现象；1879年，克鲁克斯（Crookes）研究了真空放电管中电离气体的性质，首次提出了物质第四态的存在；1927年，朗缪尔（Langmuir）在研究水银蒸气的离子化状态时第一次引入"plasma"（等离子体）这个术语，并首次把电离气体称作"等离子体"。

等离子体是由带电的正粒子、负粒子（其中包括正离子、负离子、电子、自由基和各种活性基团等）组成的集合体，其中正电荷和负电荷电量相等故称等离子体。它们在宏观上是呈电中性的电离态气体（也有液态、固态）。一般来说，等离子体（plasma）是气体电离产生大量带电粒子（电子、离子）、中性粒子（原子、分子）所组成的体系，又被称为气、液、固三态之外的物质第四态。如图2-1所示，等离子体具有以下基本特点。

（1）导电性

由于自由电子和带正、负电荷的离子的存在，因此等离子体具有很强的导电性。

（2）电准中性

虽然等离子体内部具有很多带电粒子，但是在足够小的空间和时间尺度上，粒子所带的正电荷数总是等于负电荷数，所以称之为电准中性。

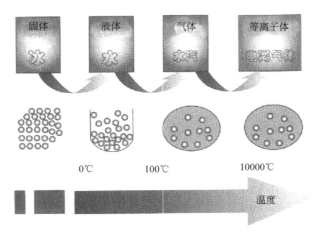

图 2-1　等离子体——物质的第四态

（3）与磁场的可作用性

由于等离子体是由带电粒子组成的电导体，因此可以用磁场来控制它的位置、形状和运动轨迹，例如电弧的旋转、电弧的稳定以及电弧熄灭等现象。与此同时带电粒子的集体运动又可以产生电磁场。

（4）气氛可控

改变等离子体的工作气体可以形成氧化性、中性或还原性气氛以满足工业和技术上的不同需要。

2.2　等离子体的分类及发生装置

等离子体包括等离子体物理、等离子体化学以及等离子体科学或等离子体工程等，是一门交叉学科，在其发展的不同阶段和从不同的研究角度，它的分类方法也不同，如表 2-1 所列。

表 2-1　等离子体的分类

分类方法	种类	原理
按存在分类	天然等离子体	由自然界自发产生及宇宙中存在的等离子体。宇宙中 99% 的物质是以等离子体状态存在的，如太阳、恒星星系、星云等，自发产生的如闪电、极光等
	人工等离子体	由人工通过外加能量激发电离物质形成的等离子体。如日光灯、霓虹灯中的放电等离子体，电弧放电等离子体，气体激光器及各种气体放电中的电离气体等。常用的人工产生等离子体的方法主要有以下几种：气体放电法、光电离法和激光辐射电离射线、辐照法、燃烧法、冲击波法
按粒子密度分类	致密等离子体（或高压等离子体）	当粒子密度 $n > 10^{15} \mathrm{cm}^{-3}$ 时，就可称为致密等离子体或高压等离子体。这时粒子间的碰撞起主要作用。例如，$P = 0.1\mathrm{atm}(1\mathrm{atm} = 101325\mathrm{Pa})$ 以上的电弧均可看作致密等离子体
	稀薄等离子体（或低压等离子体）	当粒子密度 $n < 10^{12} \mathrm{cm}^{-3}$ 时，粒子间碰撞基本不起作用，这时称稀薄等离子体或低压等离子体。例如，辉光放电就属于此类型

分类方法	种类	原理
按温度分类	高温等离子体	粒子温度为 $10^6 \sim 10^8$ K，如太阳、核聚变和激光聚变均属于高温等离子体
	低温等离子体	粒子温度为从室温到 3×10^4 K 左右。其中，按重粒子温度水平还可分为： ①热等离子体（或热平衡等离子体），重粒子温度 $1 \times 10^3 \sim 1 \times 10^5$ K，基本上达到热力学平衡，所以具有统一的热力学温度，例如热电弧等离子体、高频等离子体等； ②冷等离子体（非热等离子体或非平衡等离子体），重粒子温度只有室温左右，而电子温度可达上万度，所以远离热力学平衡状态，如辉光放电、介质阻挡放电、电晕放电和滑动电弧放电就属于冷等离子体

表 2-2 对上述低温等离子体发生方法的装置原理和典型装置的结构进行了比较。

表 2-2　典型低温等离子体发生装置原理和结构

发生方式	工艺原理	典型装置结构
电子束辐射 （electron beam）	电子束发生装置由发生电子束的直流高压电源、电子加速器及靶窗冷却装置组成。电子在高真空的加速管里通过高电压加速，加速后的电子通过保持高真空的扫描，并透射过窗箔照射烟气	
辉光放电 （glow discharge）	辉光放电通常是发生在两个平行电极间的一种气体放电，接通电源后利用电子将中性原子和分子激发，当粒子由激发态降回至基态时则以光的形式释放能量	
电晕放电 （corona discharge）	电晕放电常发生在不均匀电场中电场强度很高的区域内（例如高压导线周围，带电体的尖端附近）。其特点为：出现与日晕相似的光层，发出嗤嗤的声音，产生臭氧、氧化氮等。电晕多发生在导体壳的曲率半径小的地方，因为这些地方，特别是尖端，其电荷密度很大。而在紧邻带电表面处，电场与电荷密度成正比，故在导体的尖端处场强很强。所以在空气周围的导体电势升高时，这些尖端之处能产生电晕放电	

发生方式	工艺原理	典型装置结构
介质阻挡放电 (dielectric barrier discharge)	介质阻挡放电是用绝缘介质插入放电空间的一种气体放电。介质可以覆盖在电极上或悬挂在放电空间里,也可以作为颗粒填充在电极之间。这样,当在放电电极上施加足够高的交流电压时,电极间的气体即使在很高气压下也会被击穿从而形成介质阻挡放电	
射频放电 (radio frequency discharge)	射频低温等离子体是利用高频高压使电极周围的空气离,继而产生的低温等离子体。由于射频低温等离子的放电能量高而且放电的范围大,现在已经被应用于材料的表面处理和有毒废物清除和裂解中。射频等离子除了可以产生线形放电,还可以产生喷射形放电	
微波放电 (microwave discharge)	频率在几百兆赫至几百吉赫的高频放电,属于微波气体放电	
热电弧放电 (thermal arc discharge)	热电弧放电的原理与闪电相似,不过产生的等离子体却是连续的。在圆锥形的阴极电极和圆筒形的阳极电极间打出电弧(电流约几十至几百安培),由阴极后方导入的气体(通常是惰性气体氩气),立即被电弧的高温激发,变成等离子体,从圆筒形的阳极电极的远阴极的洞口喷出,形成等离子体火焰的射流	

发生方式	工艺原理	典型装置结构
非热电弧放电 （non thermal arc discharge）	典型的非热电弧放电方式是采用 2 个刀形电极，当电极间最窄处的空气电场强度达到 3kV/mm 时，电极夹缝中气流就会产生电弧。电源在两电极上施加高压，引起电极间流动的气体在电极最窄部分被击穿。一旦击穿，发生电源就以中等电压提供足以产生强力电弧的大电流。电弧在电极的刀形表面上膨胀，不断伸长直到不能维持为止。电弧熄灭后重新起弧，周而复始	 弧光区 电极　击穿电弧　电极

2.3　等离子体的基本参量及等离子体判据

等离子体的状态主要取决于它的组成粒子、粒子密度和粒子温度。因此可以说，粒子密度和温度是它的两个基本参量，其他一些参量大多与密度和温度有关。

2.3.1　粒子密度和电离度

组成等离子体的基本成分是电子、离子和中性粒子。通常，以 n_e 表示电子密度，n_i 为离子密度，n_g 表示未电离的中性粒子密度。为方便起见，当 $n_e = n_i$ 时，可以用 n 表示二者中任意一个带电粒子的密度，简称为等离子体密度。

如果都是一阶电离，则 $n_e = n_i$，氢等离子体就是这样。然而，一般等离子体中可能含有不同价态的离子，也可能含有不同种类的中性粒子，因此电子密度和离子密度并不一定总是相等的。不过在大多数情况下，所讨论的主要是一阶电离和含有同一类中性粒子的等离子体，故可认为 $n_e \approx n_i$，这时电离度 α 可定义为

$$\alpha = n_e/(n_e + n_g) \tag{2-1}$$

热力学平衡条件下，电离度仅与粒子种类、粒子密度和温度有关。

2.3.2　电子温度和粒子温度

在热力学平衡态下，粒子能量服从麦克斯韦分布。单个粒子平均动能 KE 与热平衡温度 T 的关系为：

$$\text{KE} = mv^2/2 = 3kT/2 \tag{2-2}$$

式中　　m——粒子质量；

　　　　v——粒子的根均方速度；

　　　　k——玻耳兹曼常数。

　　等离子体中不止有一种粒子。虽然当带电粒子的库仑相互作用位能远小于热运动动能时，便可以认为各种粒子在热平衡态也服从麦克斯韦分布。但是，不一定有合适的形成条件和足够的持续时间来使各种粒子都达到统一的热平衡态。因此也就不可能用一个统一的温度来描述。在这种情况下，按弹性碰撞理论，离子-粒子、电子-电子等同类粒子间的碰撞频率远大于粒子-电子间的碰撞频率。同类粒子的质量相同，碰撞时的能量交换最有效。因而，将会是每一种粒子各自先行达到自身的热平衡态，且最先达到热平衡态的应是最轻的带电粒子，即电子。这样，就必须用不同的粒子温度来描述了。

　　依据等离子体的粒子温度，可以把等离子体分为两大类，即热平衡等离子体和非热平衡等离子体。

2.3.3　德拜长度

　　德拜（Debye）长度是等离子体的另一个重要参数。等离子体中存在带电粒子，如果在等离子体中施加电场，带电粒子将起降低电场影响的作用。这种降低局域电场影响的响应，即等离子体对内部电场产生的空间屏蔽效应，称为德拜屏蔽。德拜屏蔽是等离子体保持准电中性的特性。假设在浸入等离子体的两个表面上施加电压，表面将吸引等量的异性带电粒子。两个表面附近积累的带电粒子将屏蔽带电表面，使等离子体保持电中性。这时外加电压将集中在电极表面附近的 λ_D 距离中，λ_D 称为德拜长度，定义如下：

$$\lambda_D = \left(\frac{\varepsilon_0 k T_e}{n_e e^2} \right)^{\frac{1}{2}} \tag{2-3}$$

式中　　ε_0——8.85×10^{-12}；

　　　　k——1.38×10^{-23}；

　　　　T_e——热力学温度；

　　　　n_e——电子密度；

　　　　e——电子电荷，1.6×10^{-19}。

　　在低温等离子体中，德拜长度为 $74\mu m$。对于日光灯辉光放电等离子体，德拜长度在 0.01nm 左右，而宇宙空间等离子体的德拜长度大致为 $2\sim30m$。

2.3.4　等离子体鞘层

　　等离子体虽然是准电中性的，但当它们与器壁相接触时，它们与器壁之间会形成一个薄的正电荷区，不满足电中性的条件，这个区域称为等离子体鞘层，如图 2-2 所示。

　　鞘层的形成过程如下：考虑一个宽度为 l、初始密度

图 2-2　等离子体鞘层

为 $n_i = n_e$ 的等离子体，被两个（电势 $\varphi = 0$）接地的极板包围，这两个极板都具有吸收带电粒子的功能，由于净电荷密度 $\rho = e(n_i - n_e)$ 为零，在各处的电势 φ 和电场 E_x 都为零，如图 2-3（a）所示。

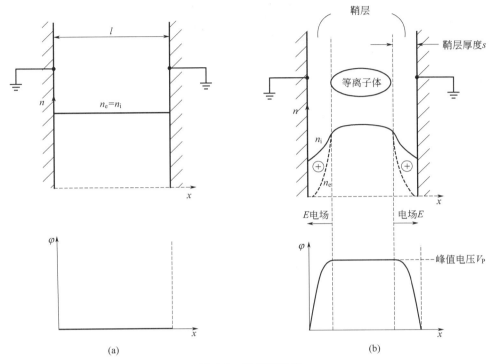

图 2-3　鞘层的形成

由于电子的热运动速率 $(eT_e/m_e)^{\frac{1}{2}}$ 是离子热运动速率 $(eT_i/m_i)^{\frac{1}{2}}$ 的 100 倍以上，等离子体中的电子可以迅速到达极板而消失。经过很短的时间后，器壁附近的电子损失掉，形成一个很薄的正离子鞘层，如图 2-3（b）所示。在鞘层和等离子体之间存在一个准中性区域称为预鞘层。跨越等离子体鞘层的电位称为鞘电位 V_s，如图 2-4 所示。只有具有足够高热能的电子可以穿过鞘层而到达表面（器壁、被处理材料等），使表面相对于等离子体为负电位，从而排斥电子。鞘电位的值随之不断调节，最终使到达表面的离子通量与电子通量相等。

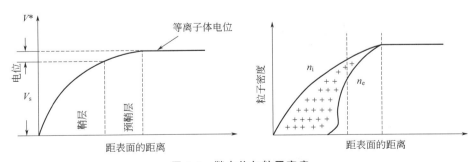

图 2-4　鞘电位与粒子密度

由于等离子体鞘是一个正电荷区，几乎不存在电子，因此，可以将电子密度忽略且将鞘电位下降区域的厚度定义为等离子体鞘层厚度 d_s。等离子体鞘层厚度与德拜长度有关，也取决于等离子体中的碰撞平均自由程和器壁表面上施加的偏压。

2.3.5 等离子体频率

从宏观看虽然等离子体是准中性的，但是可能出现某种破坏电中性的局部扰动。由于电子质量小，电子对这种扰动产生的电场力的响应比离子快，会立即响应，向着使空间电荷中和的方向移动。由于惯性作用，会越过平衡位置，进而再次向平衡方向返回。这是一种振荡过程，称为等离子体振荡，如图 2-5 所示。电子的振荡频率称为等离子体频率或朗缪尔频率 ω_p，由式（2-4）给出：

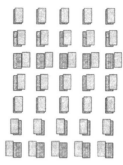

图 2-5 等离子体振荡

$$\omega_p = \left(\frac{n_e e^2}{m_e \varepsilon_0} \right)^{\frac{1}{2}} = 18000 \pi n_e^{\frac{1}{2}} \text{（Hz）} \tag{2-4}$$

式中　m_e——电子质量。

等离子体频率反映了等离子体对其内部发生电场而产生屏蔽作用的时间响应尺度。对于典型的等离子体密度 10^{10}cm^{-3}，等离子体频率为 $9 \times 10^8 \text{Hz}$，远高于常用的产生并维持等离子体射频放电的电源频率 13.56Hz。

2.3.6 沙哈方程

等离子体中，在产生电离的同时还存在着电子和离子重新复合成中性离子的过程。实际应用中，通常有等离子体的带电粒子与中性本底气体、固体的边界，有时甚至与液体发生强烈的相互作用。当热能施加于气体，它会越来越高度电离。在许多低压气体中，离子、电子和中性气体处于各自不同的动力学温度上，其混合体距热平衡甚远，必要条件是所有粒子在共同温度上，在这样的等离子体中，必须从微观动力学来计算电离组分。

一些等离子体，包括工作在一个大气压的直流弧和射频等离子体炬，是处于或近于热平衡的，在此状态下，电子、离子和中性气体的温度是相同的。在这些条件下，由中性气体完全电离等离子体状态的转变可由沙哈方程来描述，这是由印度天体物理学家 Meghnadsaha 所推导的，此关系表明电子、离子和中性密度（n_0）之间的关系，给出为

$$\frac{n_e n_i}{n_0} = \frac{(2\pi m_e kT)^{3/2}}{h^3} \times \frac{2g_i}{g_0} \exp\left(\frac{-eE'_i}{kT} \right) \tag{2-5}$$

式中　h——普朗克常数（Planck）；

$\quad E'_i$——气体的电离能；

$\quad T$——三种粒子的共同热动力学温度；

$\quad g_i$——原子的电离电位；

$\quad g_0$——离子基态的统计权重；

g_i/g_0——中性原子基态的统计权重，碱性金属等离子体的比值约为 0.5，其他气体约

为 1 的量级。

2.3.7　等离子体的时空特征限量

等离子体的电中性有其特定的空间和时间尺度。德拜长度是等离子体具有电中性的空间尺度下限。也就是说等离子的电中性是在等离子体粒子场所占的空间尺寸比德拜长度 λ_D 充分大时才成立，在小于德拜长度的空间范围，处处存在着电荷的分离，此时，等离子体不具有电中性，这是有别于普通气体的。

电子走完一个振幅（等于德拜长度）所需的时间 τ_p 可看作是等离子体存在的时间尺度下限。在任何一个小于 τ_p 的时间间隔内，由于存在等离子体振荡，因而体系中任何一处的正负电荷总是分离的，只有在以大于 τ_p 的时间间隔的平均效果来看，等离子体才是宏观中性的。

τ_p 是描述等离子体时间特征的一个重要参量。如果由于无规则热运动等扰动因素引起等离子体中局部电中性破坏，那么等离子体就会在量级为 τ_p 的时间内去消除它。换言之，τ_p 可作为等离子体电中性成立的最小时间尺度。

2.3.8　等离子体判据

等离子体作为物质的一种聚集状态必须要求其空间尺度远大于德拜长度，时间尺度远大于等离子体响应时间，在此情况下，等离子体的集体相互作用才起主要作用。在较大的尺度上正负电荷数量大致相等，满足所谓的准中性条件。此时对于德拜长度 λ_D 的导出要使用体积分布规律。这只有在德拜球内存在大量带电粒子时才允许。

带电粒子与中性粒子之间的相互作用形式只有近距离碰撞这一种形式，可以用碰撞频率 ν_{en} 表示其相互作用的强弱。带电粒子之间的相互作用可以用库仑碰撞频率 ν_{ee} 和等离子体频率 ω_p 来表示。

2.4　辉光放电

辉光放电（glow discharge）就是在街头的霓虹灯中所看到的发出非常柔和的光的放电。它是一种稳态的自持放电，因放电时管内出现特有的辉光而得名。

辉光放电是气体放电现象的一种重要形式，也是一种常用的放电类型。大多数气体激光器就是利用辉光放电的正柱区作为活性介质工作的，冷阴极荧光灯、霓虹灯、原子光谱灯等气体放电也是利用辉光放电来实现发光的。离子管的稳压管、冷阴极闸流管等是利用辉光放电原理制成的。此外，在各种物理电子装置和微电子加工中也广泛应用到辉光放电，如离子束装置中的冷阴极离子源，半导体工艺中的等离子体刻蚀，薄膜的溅射沉积和等离子体化学气相沉积等。

如图 2-6 所示，当电压增加到击穿电压 V_s 时，放电管着火，电流迅速增长，在外电路电阻的限流作用下，放电稳定在 EF 部分的正常辉光放电区，这时沿着存在有电场的管轴方向，放电管发光的空间呈现明暗相间的光层分布，分成图 2-6（a）所示的五个不同区域，即阴极区（cathode space）、负辉区（negative glow space）、法拉第暗区（Faraday dark space）、正柱区（positive column space）和阳极区（anode space）。不同区域中，其发光强度、电位、电场强度、空间电荷分布和电流密度的大小不同，具体分布见图 2-6(b)～图 2-6(h)。

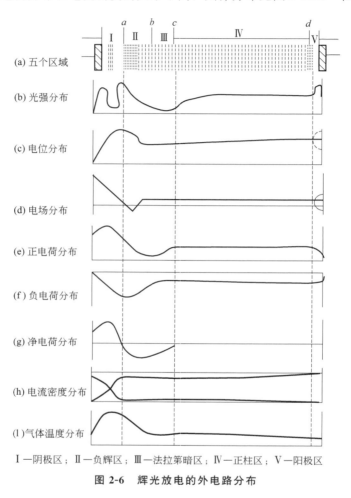

(a) 五个区域
(b) 光强分布
(c) 电位分布
(d) 电场分布
(e) 正电荷分布
(f) 负电荷分布
(g) 净电荷分布
(h) 电流密度分布
(l) 气体温度分布

Ⅰ—阴极区；Ⅱ—负辉区；Ⅲ—法拉第暗区；Ⅳ—正柱区；Ⅴ—阳极区

图 2-6 辉光放电的外电路分布

2.4.1 阴极区

这个区域也称为阴极位降或暗区，在阴极与 a 之间，占有管压降的大部分，是维持放电必不可少的区域。仔细观察阴极暗区时，会发现靠近阴极有一发光弱的膜，称为阴极辉光。在像 He、Ne 那样的激发电压高的气体情况下，可以辨认出在阴极辉光和阴极之间还存在一个很窄的暗区。阴极辉光将阴极区分割成两部分，即阴极暗区是从阴极面开始由阿斯顿暗区（Ahton dark space）、阴极辉光区、克鲁克斯（Grookes）暗区三个部分组成。

（1）阿斯顿暗区

阿斯顿暗区是紧靠阴极的一层很薄的暗区，在该区域电子刚从阴极逸出，受电场加速很小，从电场获取的能量不足以激发原子，所以不发光。

（2）阴极辉光区

经过阿斯顿暗区后，电子从电场获得的能量已足以使原子激发；受激原子通过辐射跃迁，或外部进入的正离子向阴极移动，而在空气中形成微红色或橘黄色的辉光。阴极辉光区的正电荷密度很高。阴极辉光区的大小取决于气体的性质和充气压的高低，在多数情况下，阴极辉光区紧贴在阴极上掩盖了阿斯顿暗区。

（3）克鲁克斯暗区

在克鲁克斯暗区中，电子被加速到具有足以使气体电离的能量，产生大量带电粒子的电离区。这时，一方面开始产生电子碰撞电离，另一方面由于电子的激发截面随电子能量的增加而减少，激发过程相对减弱，光辐射也减弱，特别是与阴极辉光相比光强变弱。

2.4.2　负辉区

负辉区在 a、b 之间，这一区域发光最强，与阴极暗区有明显分界，但与法拉第暗区之间是逐渐过渡的。它是放电空间光强最强的区域，也是正负电荷密度最大而且接近相等的区域，也称等离子体区。进入该区的电子分为两组：一是快速电子，从阴极中发出的电子在阴极区内被加速后电子会引起大量分子激发与电离；二是慢速电子，由于多次非弹性碰撞电离产生的大量低能电子也进入该区，因此形成很强的负空间电荷。负电荷的作用使电子运动速度减慢，从而使激发概率增加，发光增强。另外，这里等离子体、带电粒子的密度高，而电场却极低，所以，慢速电子与从暗区扩散过来的慢速正离子有较多的复合概率。这种复合也以发光的形式释放电离能，在阴极暗区和负辉区的交界面上，复合最为频繁，所以发光特别强。

2.4.3　法拉第暗区

法拉第暗区在 b、c 之间，它是一个过渡区，电子的能量已在负辉区全部消耗在碰撞电离上，故该区域的电场很弱，激发和复合的概率都比较小，所以发光较弱，但比克鲁克斯暗区和阴极辉光区亮得多。

2.4.4　正柱区

正柱区也称正辉区，在 c、d 之间。在法拉第暗区中频繁碰撞使电子的运动方向不断改变，能量不断再分配，速度逐渐接近麦克斯韦分布规律，也就是说大部分的电子能量小于 5eV，大于 10eV 的高能电子是很少的。其中一部分能量较高的电子能够引起其他的激发和电离，从而逐渐过渡到明亮的正柱区。在此区域中，电子和离子密度很大（一般为 $10^{10} \sim 10^{12}$ 个 $/cm^3$）而且相等，在宏观上呈现电中性，是等离子体区，电子温度 1～2eV，等离子体颜色呈粉红色至蓝色。由于等离子体区的带电粒子密度很大，导电能力强，因此起着传导电流的作用。

在正柱区轴向电位梯度很小，带电粒子的不定向运动占优势。在稳定放电情况下，由于复合和扩散的损失，为了稳流，就必须依靠外电场的作用来恢复电子原有的速度和能量分布，从而补充减少的带电粒子。

2.4.5 阳极区

它包括阳极辉区和阳极暗区。由于电子迅速向阳极运动，因此有比正柱区较高的电场强度。另一方面，它与外电路的电流大小有关。电子加速区，根据外电流大小，阳极相对于正柱区的电势可正可负。如果外电流超过电子热运动的随机电流，则阳极的电势比正柱高，出现正阳极位降，反之，出现负阳极位降。在正阳极位降足够高时，引起激发和电离，通过阳极暗区的电子受到加速，这时阳极表面形成阳极辉光区。

从图 2-6 可知，各亮区发光强度，以负辉区为最亮，正柱区次之，阴极区最弱。阳极辉光是否出现，及其发光强弱与放电条件等有密切关系。辉光放电外貌与气体种类、压强、放电管尺寸、电极材料及形状大小、极间距离等有关。可以发现，改变两电极之间距离时，阴极和负辉区将不受影响，而正柱随之变化。若不断减少距离，最大正柱、法拉第暗区可以完全消失。但负辉区和克鲁克斯暗区必须保留，否则放电即熄灭。由图 2-6（d）所示电场分布可知，阴极附近电场强度最大，阴极区带电粒子的运动主要是定向运动，沿阴极区到负辉区几乎直线下降，在法拉第暗区达到电场的最小值，然后在整个正柱区中保持常数，带电粒子在正柱区形成等离子体，在阳极附近有所增加。

2.5 电弧放电

电弧放电是气体放电的一种重要形式。对于电弧放电现象的研究已有近 200 年的历史，最早记录的是英国化学家戴维（1810 年左右）利用伏特电池组在两个水平碳电极之间产生的放电，因碳电极之间的发光部分向上弯曲并呈拱形而将其命名为电弧（arc）。早期主要研究电弧的伏安特性，20 世纪 30 年代后，随着实验技术的改进，开始建立起电弧放电的理论模型。

电弧放电的用途很广。根据电弧放电的高温特性，可用于对难熔金属进行切割、焊接和喷涂；利用其发光特性，可用来制造高亮度、高光效的放电灯，如高压汞灯、高压钠灯、金属卤化物灯等；利用其电流密度大、阴极位降低的特性，可制造热阴极充气管（如闸流管、整流管）和汞弧整流器；在固体和气体激光器中，可应用电弧放电作为泵浦源；还可用电弧放电法原位清洗光学元件。在某些场合，电弧是有害的，需采取措施灭弧，比如高气压脉冲激光器中要求大体积的均匀辉光放电，不允许产生电弧放电。

2.5.1 电弧放电的基本性质和特征

从气体放电伏安特性曲线可知，利用减小外电路电阻增加辉光放电中的电流强度，起初只是阴极发射电子的面积增大，而电极间电压保持不变（正常辉光放电情况）。到反常辉光放电后，如果电流继续增加，发现极间电压经过一个最大值后急剧下降，并过渡到低电压、大电流放电，这就是电弧放电。

对于电弧放电，给出严格的定义比较困难。但是从放电的特性来看，电弧放电是一种阴极位降低、电流密度大、温度和发光度高的气体放电现象。

（1）电流密度大

电弧放电正柱区的电流密度可达 $10^6\,\mathrm{A/m^2}$ 或更高，阴极位降区的电流密度为 $10^6\sim10^{10}\,\mathrm{A/m^2}$，而辉光放电的电流密度为 $10\sim100\,\mathrm{A/m^2}$。

（2）阴极位降低

一般来说，电弧放电的阴极位降量级为 10V，而辉光放电的阴极位降量级为 100V。一般情况下，电弧放电的阴极位降远远低于辉光放电的阴极位降。不过也有例外，如高气压的长弧放电管，其总压降可高达千伏以上。

（3）温度和发光度高

电弧放电时呈现弧状白光并产生高温。尤其是高气压电弧的正柱区，发光度非常高，这个特性已被用来作为照明光源。

2.5.2　电弧的分类

① 按气压分类，有高气压电弧（$P>10^5\,\mathrm{Pa}$）、低气压电弧（$1\,\mathrm{Pa}<P<10^5\,\mathrm{Pa}$）、真空电弧（$P<1\,\mathrm{Pa}$）。

② 按阴极电子发射机理的差异划分，有自持热阴极电弧、自持冷阴极电弧、非自持热阴极电弧。自持热阴极电弧放电来自等离子体的热负载导致阴极高温，在阴极上产生强烈的热电子发射；自持冷阴极电弧放电又称场致发射，基于阴极表面强电场的隧道效应引起冷电子发射；非自持（人工）热阴极电弧放电，从外部人为地把阴极加热至高温，引起热电子发射。

③ 按不同弧长划分，有长弧和短弧。长弧中弧柱起重要作用；短弧长度在几毫米以下，阴极区和阳极区起主要作用。

④ 按电弧的稳定形式划分，有管壁稳定电弧、自由电弧（对流稳定与电极稳定）、气流稳定电弧。

⑤ 按气体的种类划分，有氩弧、氢弧等。

⑥ 按电极材料划分，有炭弧、铜弧等。

⑦ 按电源划分，有直流电弧和交流电弧。

2.5.3　电弧的启动

电弧放电与辉光放电不同。电弧放电具有低电压、高电流密度的特征，而辉光放电的特征却是高电压、低电流密度。要完成这两种不同放电间的过渡，与如何启动电弧有直接关系。启动电弧通常有四种办法：

（1）电极相互接触后迅速分离的方法启动电弧

把两个电极接触，随即分开，只要回路电压足以维持放电，就可以启动电弧。

如果有一个或两个电极可移动,当两个电极之间加上一定的电压后,让两个电极接触。假如电极是高熔点材料,则电路短路时的大电流流过电极之间的接触点,使接触点温度升高。在电极分离的瞬间,两个电极之间既存在电场作用,又能使阴极产生热电子发射,因而形成了电弧。假如阴极是低熔点材料,则短路时的大电流流过电极之间的接触点使阴极材料发热而强烈蒸发,阴极表面附近蒸气密度可以增加得很高,在电极分离的瞬间,就形成了由于场致发射而产生的电弧。

如果两个电极都不能移动,则可以外加一个金属或石墨小棒作为辅助电极,使之与阴极接触后迅速分离,在辅助电极与阴极之间先产生电弧,然后再使电弧过渡到两个主要电极之间。

(2) 改变辉光放电的放电条件,使之向电弧过渡

促使辉光放电向电弧放电过渡有两种办法。一是在一定的电流下,增加气压。由于电流密度 j 与气压 p 呈现正相关性即 $j \propto p^2$,所以气压的增加会使阴极区域里的电流密度和电位梯度增加,使阴极上出现局部加热,在一定的电流下,可以使辉光向电弧过渡。实验也证实,如果把阴极冷却或利用非常纯而清洁的阴极,可以抑制放电的过渡。二是在一定的气压下,增加放电电流。通常采用减小外电阻的方法来增加放电电流。

(3) 在电压不很高的情况下,应用预电离使气体击穿形成电弧

预电离是指在气体击穿前,用辅助电离源来产生一定数目的带电粒子,以使气体击穿电压明显下降。产生预电离的电离源可用紫外光照射;可以将放射性物质靠近希望发生弧光放电的气体,使射线引起气体电离;可以用高频火花在电极间产生必需的带电粒子数。

(4) 外加电压,形成火花转成电弧

在两个电极间外加一个足以使放电间隙击穿的电压,这样就可以形成一个火花而转成稳定的电弧放电。

2.6 火花放电

火花放电与辉光放电和电弧放电截然不同,它是一种不连续性的放电现象。在放电间隙会出现曲折而有分枝的细丝,并发出强闪光和破裂声,而且放电的火花通道常常会在没有到达对面电极前就在间隙内的任何地点终止,是一种不稳定的持续放电状态,它只能暂时地存在,具有称为火花的明显特征。

2.6.1 火花放电的特征

和辉光、电弧放电不同,火花放电表现出放电通道的不连续性,而且在火花放电时,整个放电间隙的横截面上放电的等离子体是不均匀的,它的放电状态是不稳定的。正由于放电现象的不连续性和外观的不均匀性,要对火花放电的机理进行定量的研究就比较困难。

火花通道的亮度和对它发出能量的测定表明，火花通道里的气体温度可达 10^4 K，能使气体热电离；火花通道中的压强也可以达到很高的数值，高压强区域的迅速形成和它在气体中的移动是一种爆炸性的现象，这就是伴随着火花放电而发出爆炸声响的原因。在高电容火花放电时，发声效应是连续的剧烈的冲击或小的爆炸。自然界的闪电也是一种火花放电，其发声效应就是雷鸣。

火花放电的维持时间为 $10^{-8} \sim 10^{-6}$ s，所以人们都用快速照相技术来研究火花通道的发展过程，以了解它的性质。

2.6.2　火花放电的形式

火花放电有多种形式，如电弧火花、辉光火花、滑动火花等。电弧火花的通道在外形上显现出高气压电弧放电正柱的清晰轮廓；辉光火花像辉光放电正柱一样，它的轮廓比较模糊；滑动火花则沿着固体介质（玻璃、硬橡皮）和气体的界面发生。还有如电火花放电，它是一种在间隙较小的空间里进行的高频电容放电。

实验发现火花有从正电极发展出来的火花通道和从负电极发展出来的火花通道，也有从电极中间任意一点开始的火花通道，它们各有不同的形态。

2.6.3　流注

从云雾室照相结果可以看到，在火花放电的阳极附近存在着电离粒子的大量积聚，其电离程度大大超过电子雪崩中的电离程度，这种高度电离区域的形成及其迅速传播的特征称为流注或流光。

实验结果显示，由于非均匀电场中流注发展的不规则性，每次放电的形状、外貌都不相同。但有一点是相同的，即放电中流注发展的速度增长得非常迅速，约为 10^{-8} s。在一个放电间隙为 20cm 的实验中，观察到在开始的 3cm 流注走了 $3\mu m$，而后面的 17cm 流注只走了 $0.9\mu m$，即流注的最后速度已增大到 10^5 m/s。

流注有正流注和负流注，这是以流注的起始地点进行区分的。

正流柱是在起始雪崩的头部到达阳极后从阳极向阴极发展的。在电子雪崩沿着电力线呈直线传播时，正流注却会离开阳极沿着曲折的常常呈分歧的路径进展。通常电子雪崩传播的速度为 1.25×10^5 m/s，而实验测得正流注扩展的速度可达到 $3 \times 10^6 \sim 4 \times 10^6$ m/s，可见正流注扩展的速度要大于电子雪崩扩展的速度，也大于在同样条件下电子在气体中可能移动的速度。当正流注到达阴极，阴极和阳极诸通道接通时，在阴极上同电离了的气体通道相接触的地方形成光亮的阳极斑点，同时，强烈的电离脉冲以极大的速度（$10^7 \sim 10^8$ m/s）沿着通道穿过，这样使充满正离子的流注通道转变成为明亮发光的主火花通道。

同样，从阴极向阳极发展的流注称为负流注。

实验还发现，在阳极和阴极的放电间隔中，任何地点发生的流注都能够发展成火花放电。

2.7 电晕放电

和电弧放电、火花放电相比，电晕放电可能是人类最先观测到的放电现象。

最早，在桅杆顶端的周围看到一种光晕现象，曾一度被认为是一样不属于这个世界的东西，因为它似乎是一种深不可测的幻觉，看起来就像国王头上的王冠。电晕（corona）这个称呼也因此得名，其原意就是发光的环冠。

今天，电晕放电可能是工业上最重要的一种放电形式。因为它是一种结构相对简单、利用电能直接可以在大气压下产生等离子体的气体放电方式。利用电晕放电可以实现静电除尘、废气处理以及半导体测量。

2.7.1 电晕放电的定义

电晕有时称为单级放电，发生在处于电击穿点之前的电气上受压状态的气体在尖端、边缘或丝附近的高电场区，在其他电场弱的地方不发生电离，只产生局部的放电，即局部破坏，是汤森暗放电的一个特征现象。在电极周围产生暗辉光，称为电晕放电。

2.7.2 电晕放电的特征

电晕放电属于自持放电。电晕放电的电压降（千伏数量级）比辉光放电大，但是放电电流（微安数量级）较小，往往发生在电极间电场分布不均匀的条件下。若电场分布均匀，放电电流又较大，则发生辉光放电现象；在电晕放电状况下如提高外加电压，而电源的功率又不够大，此时放电就转变成火花放电；若电源的功率足够大时，则电晕放电可转变为电弧放电。

电晕放电的一个特点是在放电过程中出现特里切尔（Trichel）脉冲。这是因为电晕放电发生在电场极度不均匀的情况下，当外加电压及其产生的电场还较低时，电极曲率半径很小处已经达到甚至超过了气体击穿的临界电场，发生自持放电。但是，在离电极稍远处，电场强度已经很低，空间电荷的屏蔽作用会阻止放电的继续发展，形成 Trichel脉冲。

如图 2-7 所示，电晕放电有几种不同的形式，其依赖于电场的极性与电极的几何形状。对于针-板电极产生的正电晕来说，放电始于爆发式脉冲电晕，随着电压的提高，继而发展为流光电晕、辉光电晕和火花放电；而对于同样几何形状的负电晕来说，起火形式为特里切尔脉冲电晕，然后在同样的条件下可转化为无脉冲电晕和火花放电。交流电晕则有不同的放电形式和发展方向。交流放电是指在交变电压条件下，曲率半径大的电极附近交替出现正电晕和负电晕。它会产生无线电频率的电磁波和显著噪声。这是不稳定电流产生的流光迭代效应。

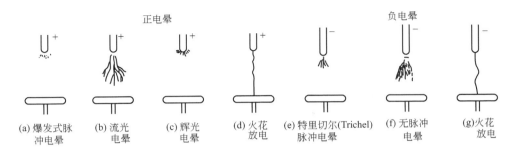

正电晕　　　　　　　　　　　　　　　　　　　负电晕

(a) 爆发式脉　(b) 流光　(c) 辉光　(d) 火花　(e) 特里切尔(Trichel)　(f) 无脉冲　(g) 火花
　冲电晕　　　电晕　　　电晕　　放电　　脉冲电晕　　　　　电晕　　　放电

图 2-7　电晕放电的不同形式

2.7.3　电晕放电的分类

电晕放电具有很多种类。按电源提供的电压类型划分，分为直流电晕、交流电晕、高频电晕和脉冲电晕；按发生电晕的电极极性划分，分为正电晕和负电晕；按出现电晕的电极数目划分，分为单极电晕、双极电晕和多极电晕；按照气压可分为低气压电晕、大气压电晕、高气压电晕等。

作为典型的非均匀电场，考虑针电极对平板电极时，按照针电极为正电压放电还是负电压放电，无论放电的外观，还是特性都不相同，称对应于前者的电晕为阳极电晕或正电晕，称对应于后者的电晕为阴极电晕或负电晕。

2.8　介质阻挡放电

介质阻挡放电是有绝缘介质置于放电空间的一种气体放电。介质阻挡放电可以在大气压下产生低温等离子体，在环境保护、材料处理、新光源开发等工业领域具有广泛的应用前景。

2.8.1　介质阻挡放电基本原理及应用

2.8.1.1　介质阻挡放电基本原理

介质阻挡放电是有绝缘介质置于放电空间的一种气体放电。通常情况下，介质覆盖在电极上或者悬挂在放电空间里。

典型的介质阻挡放电如图 2-8 所示。电极和间隙结构可以是平面形的。也可以是同轴圆柱形的。图 2-8（a）是很常用的放电电极构型，可以用来制造臭氧发生器；其特点是结构简单，而且可以通过金属电极把放电产生的热量散发掉。图 2-8（b）的特点是放电发生在两层介质之间，可以防止放电等离子体直接与金属电极接触；对于腐蚀性气体或高纯度等离子体，这种构型具有独特的优点。图 2-8（c）可以在介质两边同时生成两种成分不同的等离子体。在电极间放置介质可以防止在放电空间形成局部火花或弧光放电，而且能够形成通常大气压强下的稳定的气体放电。

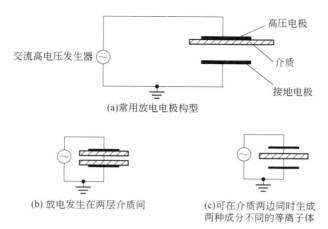

图 2-8　介质阻挡放电的电极结构

介质阻挡放电是将绝缘介质插入放电空间的一种气体放电形式，其工作气压范围很宽，在大气压下产生稳定的低温等离子体。在臭氧生成、材料表面改性、杀菌消毒、新型光源、薄膜沉积、电磁波屏蔽、环境保护等工业领域具有广泛的应用前景。

当在放电电极上施加足够高的交流电压时，电极间的气体，即使在很高的气压下也会被击穿而形成介质阻挡放电。介质阻挡放电通常表现为均匀、漫散和稳定地放电，貌似低气压下的辉光放电，但它是由大量细微的快脉冲放电通道构成的。通常放电空间的气体压强可达 10^5Pa 或更高，所以这种放电属于高气压下的非热平衡放电。这种放电也称为无声放电，因为它不像空气中的火花放电那样会发出击穿响声。

当电极上施加正弦波电压时，介质阻挡放电的微放电电流如图 2-9 所示。介质阻挡放电能够在很高的气压和频率范围内工作，常用的工作条件是气压为 $10^4 \sim 10^6$Pa、电源工作频率为 50Hz～1MHz，介质阻挡放电可以用频率从 50Hz 级的电源来启动。在大气压强条件下这种气体放电呈现微通道的放电结构，即通过放电间隙的电流由大量快脉冲电流细丝组成。电流细丝在放电空间和时间上都是无规则分布的，这种电流细丝就称为微放电，每个微放电的时间过程都非常短促，寿命不到 10ns，而电流密度却可高达 0.1～1000A/cm^2。圆柱状的细丝半径约为 0.1mm。在介质表面上微放电扩散成表面放电，这些表面放电呈明亮的斑点，其线径约几毫米。透过透明电极拍摄到的微放电通道在介质表面上形成的斑点照片如图 2-10 所示。放电条件如电源电压、频率、放电间隙宽度、放电气体组成、介质的材料及厚度等的不同会导致放电通道微观及宏观上的变化。图 2-10 中的两张照片就是在不同的放电条件下拍摄到的。

研究表明，丝状放电并不是介质阻挡放电在大气压下的唯一表现形式，在一定条件下介质阻挡放电也可以视为均匀、稳定的无细丝出现的放电模式，被称为大气压均匀介质阻挡放电或大气压辉光放电。1988 年，日本的 Kanazawa 等报道了一种在大气压惰性气体中产生均匀稳定介质阻挡放电的方法，随后这一课题受到世界各国研究者的广泛关注。一些研究者先后在氦气、氩气、氖气、氮气等气体以及这些气体的混合气体中实现了均匀介质阻挡放电，并通过电学参数测量、发光图像拍摄和数值模拟等手段研究了它们的特性。然而这些研究主要集中在大气压惰性气体和氮气中，其中惰性气体的价格昂贵，而氮气作为工作气体时，需要密闭的工作环境。因此，最适合大规模工业应用的便是空气中实现的均匀介质阻挡放电。近年来空气中均匀介质阻挡放电的产生及特性研究成为热点。

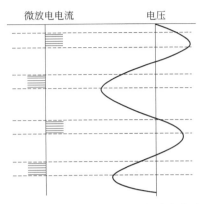

图 2-9 介质阻挡放电外界电压和微放电电流示意图

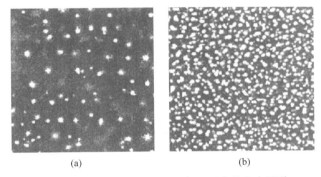

(a)   (b)

图 2-10 微放电通道在介质表面形成的斑点照片

介质阻挡放电的物理过程通常分为放电的击穿、电荷的传递、分子或原子的激发三个阶段。放电的击穿发生在纳秒量级，放电的击穿和电荷的传递过程可以形成微放电，在微放电形成的初期主要是电子在外加电场的作用下获得能量，与周围的气体分子发生碰撞，使气体分子激发电离，从而生成更多的电子，引起电子雪崩，形成微放电通道。

在微放电的后期即伴随着大量的化学反应，开始有部分原子或分子发生了激发，形成了一些离子、自由基等活性粒子。部分处于激发态的电子具有较高能量，这些电子可以通过碰撞传递能量并激发分子或原子、准分子等粒子。这使得在通常条件下很难得到的自由基、离子、激发态分子或原子、准分子等粒子能在等离子体中大量存在。

微放电产生的物理过程可以如下描述：电源电压在电介质的电容耦合下在放电区域形成空间电场，在此区域内的空间电子获得电场能量而加速运动，在运动过程中与周围的气体分子发生非弹性碰撞。同时将能量传递给气体分子，被激励后的气体分子发生电子雪崩，同时产生相当数量的空间电荷，这些电荷聚集在雪崩头部而产生本征电场，这个电场和外电场叠加后共同对电子产生影响，高的局部本征场使雪崩中的电子进一步加速向阳极逃逸，它们的逃逸引起击穿通道向阳极传播。一旦这部分空间电荷到达阳极，在那里建立的电场会向阴极方向返回，有一个更强的电场波向阴极方向传播，于是在放电空间形成来回往返的电场波。在电场波的传播过程中，原子和分子进一步得到电离，并激励起向阴极方向传播的电子反向波。这样的导电通道能非常快地造成气体犹如火花放电的流光击穿。在形成的等离子体中含有高能电子、离子、激发态分子及激发态原子等，这些粒子构成了对材料表面改性的能量基础。

2.8.1.2 介质阻挡放电的应用

由于介质阻挡放电等离子体可以在大气压或高于大气压的条件下产生，不需要真空设备就能在较低的温度下获得化学反应所需的活性粒子，具有特殊的光、热、声、电等物理过程及化学过程，因此已经在臭氧合成、高功率 CO_2 激光器、大功率紫外及真空紫外光源、材料表面改性、大面积等离子体平板显示器、污染控制等领域获得了广泛的应用。

介质阻挡放电已经成功应用于工业臭氧生产大约有 100 年。近十几年特别是近几年，介质阻挡放电在国内许多领域进行了广泛的应用，各个领域对这种放电方式的研究也方兴未艾。

（1）臭氧合成

臭氧是一种十分重要的化工原料，它的氧化性仅次于氟，利用介质阻挡放电产生臭氧是非热平衡等离子体的一种重要应用。自 20 世纪法国和俄罗斯首先建成了大型的臭氧发生器用作饮用水处理以来，至今全世界已经有大约 2000 个饮用水处理工厂采用介质阻挡放电臭氧发生装置。原理为在外加交流高电压的作用下，放电区域中的高能电子轰击氧分子使其分解氧原子。氧原子与氧分子在第三方粒子的参与下碰撞聚合成臭氧。同时，氧原子、高能粒子也同臭氧反应形成氧气。

臭氧发生器多种多样，从装置的几何结构来看，可分为三种基本形式。

1）圆管式臭氧发生器

这种发生器一般使用长度为 1~2m 的圆形玻璃管作为电介质阻挡层，在玻璃管的内外两侧安装同心的环状电极，玻璃管外侧与外电极之间留有 1~2mm 的环形气隙，放电电极间通常施加激励频率为 50Hz~1kHz，激励电压 5~20kV 的交流电，臭氧的合成就在这个环型气隙内进行，这也是目前工业臭氧发生器的主要形式。

2）平板式臭氧发生器

与圆管式臭氧发生器不同，该发生器采用平板电极替代了管式电极，在电极的一侧或两侧用喷涂或粘贴的方法插入厚度 0.2~1.0mm 的非玻璃电介质薄层，并留 0.1~0.5mm 的放电间隙。放电电极间通常施加的激励电压为 1~10kV，激励频率为 5~10kHz，臭氧的合成同样在放电间隙内完成。由于这种形式的臭氧发生器能够获得高浓度臭氧，同时又具有很高的效率，因此在臭氧发生领域具有极大的发展前途。

3）沿面臭氧发生器

该发生器分为圆管式和平板式两种，其特点是两放电电极分别涂覆在电介质的两个表面，电介质的厚度一般为 1.0mm，材料通常为氧化铝陶瓷电源，激励电压一般为 5~

10kV，电源激励频率为 5～15kHz，臭氧的合成发生在高压电极的表面。该发生器的结构比较简单，便于散热，但存在金属电极损耗问题，一般仅在小型臭氧发生器中使用。控制和优化放电条件，对臭氧的生成效率具有重要的影响。在供气成分和能量密度一定的情况下，可以通过改变气压、放电空间的宽度、介质的性质以及供气系统等参数来优化臭氧的生成条件。

（2）高功率 CO_2 激光器

在介质阻挡放电臭氧发生器研究的基础上，亚吉（Yagi）和他的合作者们研制出了用介质阻挡放电激励的 CO_2 激光器。这是一种高能量的红外激光器（$10.6\mu m$），可用于精细焊接和厚金属板切割。不久这种激光器就得到了大规模的商业应用。

介质阻挡放电之所以能够用来激励 CO_2 激光器是与它独特的性质分不开的。介质阻挡放电中的电介质有效地限制了放电电流的无限增长，避免了在高气压下形成电弧放电或火花放电，起到了镇流作用，从而提高了放电的稳定性，提高了光束输出质量，而且省去了镇流电阻，降低了激光器能耗，提高了其运行效率。同时电介质也避免了阴极溅射污染工作气体，提高了激光器的寿命。再者，介质阻挡放电工作在高频电源下，可以通过调整高频时控开关器件来调制激光器功率，这样使激光器装置结构更加紧凑，便于应用。由此可见，介质阻挡放电激励大功率 CO_2 激光器远远优于传统 CO_2 激光器，目前已形成一种明显的发展趋势。

（3）紫外准分子辐射

准分子是一种不稳定的分子，在纳秒期间即可衰变到基态，而基态是排斥态，其激发能级以紫外和真空紫外辐射的方式释放，常见的准分子为惰性气体准分子、惰性气体和卤族元素的双原子或三原子准分子。由于准分子的形成是一种三体碰撞过程，因此多半在高气压放电条件下形成，常用的激励手段是快脉冲放电和粒子束激励。

近些年来，随着介质阻挡放电的发展，利用其驱动的紫外准分子辐射光源得到了进一步的研究。它们能发射窄带辐射，通过选择不同的放电气体成分，其波长可覆盖真空紫外、紫外和可见光等光谱区，且不产生辐射的吸收，是一种高效率、高强度的单色光源。

由于紫外准分子辐射光子能量较高，紫外准分子辐射光源已经在工业中得到一些应用。

$XeCl^*$ 或 $XcCl^*$ 和 $KrCl^*$ 结合使用的紫外灯被用在打印机上，能实现高速打印，是一种比较好的打印机光源。Xe_2^* 的真空紫外辐射光子能量是 7.2eV，这足可以打破大多数分子的化学键。它可以实现在氧气或空气环境中生成 O（^3P）和 O（^1D）等原子，在水或潮湿的空气中生成 OH。目前，显示器基板清洗以及半导体工艺中都用氙紫外光源做紫外清洗。清洗中实际起作用的是氧原子，通过氧原子的作用除掉化学作用时残留的碳氢化合物，最终产物是 CO、CO_2 以及 H_2O 等物质。目前，准分子紫外光源又一项新的应用是污染控制和水处理。总之，紫外准分子辐射能产生高能量光子，可直接作用于化学键，导致各种化学反应，在光化学、光物理方面具有明显实用价值，目前主要应用于表面改性、薄膜淀积、化学合成与分解等领域。其次在环境保护与污染控制等领域，它也引起人们越来越多的兴趣。紫外准分子光以其独特的光谱特性、极高的能量密度以及简易灵活的结构，必将逐渐取代传统的光源，具有十分广阔的应用前景。

（4）材料表面改性

材料表面改性是目前材料科学最活跃的领域之一，近年来随着等离子体技术的不断发展，利用等离子体进行表面改性逐渐成为研究的热点。等离子体表面改性就是利用等离子体中产生的活性粒子（如电子、离子、亚稳态原子和分子、自由基、紫外光子等）对材料表面进行处理，如增加或去除材料表面吸附的几个单层（原子或分子）；涉及表面的化学反应；增减表面电荷；改变材料表面最外几个单层的物理或化学状态。等离子体中存在具有一定能量分布的电子、离子和中性粒子，在与材料表面撞击时，将能量传递给材料表面的原子或分子，产生一系列物理、化学过程。一些粒子还会注入材料表面，引起级联碰撞、散射、激发、重排、异构、缺陷、晶化或非晶化，从而改变材料的表面性能，一般可提高材料表面的强度、硬度、耐磨性、吸湿性、抗静电性、染色性、粘接性、印刷性或抗腐蚀性。

传统的等离子体表面改性，一般利用低气压下辉光放电产生的低温等离子体而进行，对于大规模工业生产而言，利用低气压辉光放电进行处理有两个很难克服的缺点：一是放电处于低气压环境，且需要维护运行的真空系统，生产成本昂贵；二是工业化处理过程中需要不断打开真空室放进样品，取出成品，然后再重新抽真空，充入工作气体并放电，因此整个处理过程繁琐复杂，难以连续生产。因此实现常压下等离子体材料表面改性是各国科学家关注的热点。介质阻挡放电能够在常压下产生具有高电子能量的非平衡等离体，十分适合于材料的表面改性，受到国内外研究人员的普遍关注。目前，用介质阻挡放电对材料进行表面改性，已经在工业生产中获得一定的应用。但是，介质阻挡放电等离子体在常压下一般表现为在时间上和放电空间中随机分布的大量具有高能量密度的细丝状放电电流形式，使其难以对材料表面进行均匀处理，限制了工业应用。

自1988年以来，各国研究人员分别采用不同电极结构介质阻挡放电的方法，在一些气体与气体混合物中建立了大气压下辉光放电，并尝试用其进行材料表面改性，取得了一定的进展。法国学者用氮气和氦气中大气压下辉光放电和介质阻挡放电对聚丙烯薄膜表面进行改性；美国研究人员用氩气、氦气和氧气中大气压下辉光放电对聚丙烯纤维进行亲水性改性，均获得了良好的效果。

（5）等离子体平板显示

等离子体平板显示器（plasma display panel，PDP）是利用气体放电发光进行显示的平面显示板。其具有厚度薄、质量小、大平面、大视角、响应快、具存储性、受磁场影响小、不需磁屏蔽等优点。PDP可应用在30～70in（1in=2.54cm）的各个显示领域。特别是可作为壁挂式高清晰电视进入家庭。因此已成为全球各大公司竞争的重点。等离子平面显示器从某种意义上说，也是一种介质阻挡放电光源。或者说它是由大量的微型介质阻挡放电光源组成的器件。事实上，这种显示器的每一个像素都是由三个介质阻挡放电单元组成，它们分别由介质阻挡放电产生的紫外辐射激发荧光粉产生红、绿、蓝三色光。通过调制每个像素点所发出的二基色光的不同发光强度组合，就可以获得所需要的颜色和亮度。利用地址选择电路，即可决定 PDP 中每个放电单元的开和关，从而完成电光信号的转换，就可以得到绚丽多彩的图像。工作原理图如图 2-11 所示。

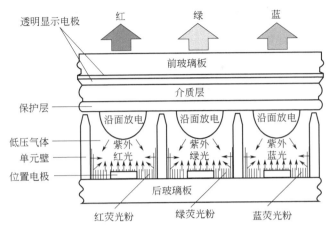

图 2-11　等离子体显示器工作原理图

2.8.2　介质阻挡放电特征

介质阻挡放电的电流主要流过微放电通道，放电的主要基本过程也是在微放电中发生的，因此了解微放电特征是了解介质阻挡放电的关键。典型的介质阻挡放电中微放电的主要特性列在表 2-3 中。这里工作气体为空气或氧气，气压为 10^6 Pa，放电间隙为 $1 \sim 3$ mm。

表 2-3　微放电的主要特性

气体压强 P	10^6 Pa
电场强度 E	$0.1 \sim 100$ kV/cm
折合电场强度 E/n	$(100 \sim 200)$ Td $(1$ Td $= 10^{-7}$ V·cm$^2)$
微放电寿命 τ	$1 \sim 10$ a
微放电电流通道半径 r	$0.1 \sim 0.2$ mm
每个微放电中输运的电荷量 q	$100 \times 10^{12} \sim 1000 \times 10^{12}$ C
电流密度 j	$100 \sim 1000$ A/cm^2
电子密度 n_e	$10^{14} \sim 10^{15}$ cm^{-3}
电子平均能量 T_e	$1 \sim 10$ eV
电离度 α	10^{-4}
周围气体温度 T_g	300K

2.8.2.1　介质阻挡放电的电场强度

根据图 2-8（b）的介质阻挡放电构型。两个电极上分别覆盖厚度为 l_d 的介质薄片，放电气隙为 l_g。当作用在电极上的电压为 V 时，介质通量密度是均匀的，于是有

$$V = 2l_d E_d + l_g E_g \tag{2-6}$$

而在介质和放电气隙间的电场强度 E_d 和 E_g 是不同的。它们反比于相应的电容率 ε_d 和 ε_g，即有

$$E_d / E_g = \varepsilon_g / \varepsilon_d \tag{2-7}$$

因此，介质和气隙上的电场强度分别为

$$E_d = \frac{V\varepsilon_g}{2l_d\varepsilon_g + l_g\varepsilon_d} \tag{2-8}$$

和

$$E_g = \frac{V\varepsilon_d}{2l_d\varepsilon_g + l_g\varepsilon_d} \tag{2-9}$$

从式（2-8）、式（2-9）两式可以看到，在介质阻挡放电中电场强度 E_g 和 E_d 可以大于电极间的平均电场强度。例如，放电空间充以空气，其间隙 $l_g = 0.4\text{cm}$，玻璃介质薄片厚度 $l_d = 0.3\text{cm}$，而 $\varepsilon_g = 1$，$\varepsilon_d = 4$。当电源电压 V 为 25kV 时，则有 $E_g = 45.5\text{kV/cm}$，$E_d = 11.4\text{kV/cm}$。由于空气的击穿场强为 30kV/cm，若去掉玻璃介质薄片，空气不会被击穿，然而在上述条件下，空气隙上的电场强度可达 45.5kV/cm，会被击穿。可见，由于玻璃片的插入，空气承受的电场强度可以超过它的介质强度，因此在足够外加电压作用下，空气会被击穿而形成放电。随着放电通道的形成，在气隙间的电场强度会下降直到零；这时，玻璃片上的电场强度可升高达 41.7kV/cm。

在有介质阻挡的气体放电中流过空气的电流实际上是通过玻璃的位移电流而不是回路中的短路电流，显然这里空气的击穿不会生成电弧放电而是形成貌似均匀的介质阻挡放电。

2.8.2.2 介质阻挡放电的等效电路

由于电极间介质层的存在，介质阻挡放电的工作电压是交变的。根据交变电压的频率差异，放电的特性有所不同。通常可以分成低频介质阻挡放电和高频介质阻挡放电两种，频率范围为 50Hz～10kHz 属于低频介质阻挡放电，频率为 100kHz 以上属于高频介质阻挡放电。这两种介质阻挡放电的等效电路如图 2-12 所示。

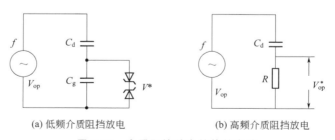

(a) 低频介质阻挡放电　　(b) 高频介质阻挡放电

图 2-12　介质阻挡放电的等效电路

图 2-12 中 C_d 是介质的电容，C_g 是放电气隙的电容，f 是放电频率，R 是放电的等效电阻，V_{op} 是电源电压的峰值，V^* 和 V_{op}^* 分别是低频和高频条件下回路中积分电流为零的电压值。通常 C_g 远小于 C_d。

2.8.2.3　放电形态随气压变化的规律

由于在低气压下平均自由程较长，电子容易在低电场中获得较大的动能，因此在低气压下，很容易在较低的电压下得到均匀放电的形态。但是随着气压的升高，气体分子间的平均自由程逐渐变短，如果让电子获得足够的动能，碰撞气体分子并使其电离，需要施加更高的电压。高场强下由于空间电荷造成的电场畸变，电子崩的发展极不稳定，可能导致流注的形成。因此，随着气压的升高，放电稳定性将逐渐降低，放电从均匀形态向不均匀形态发展。放电形态随气压变化的规律是衡量材料对放电影响的基础。因为介质阻挡放电的形态会随着气压的变化而发生改变，而使用不同介质阻挡材料时，放电形态发生改变的临界气压存在显著的差异，因此以这些放电形态发生改变的临界气压来衡量材料的好坏，认为能够在越高气压得到均匀放电的介质阻挡材料越有利于均匀放电的形成。

为了准确地判断放电形态发生变化的临界气压，需要准确地判断各种不同情况下介质阻挡放电的性质。仅凭肉眼直接观察或者查看长曝光时间（如几十毫秒）拍摄的放电图像来判断放电是否均匀是不严谨的。因为大气压下介质阻挡放电常常由大量的时空随机分布的放电细丝组成，这些细丝的寿命仅为 10ns 数量级，直径约为 0.1mm，如果整个放电的时间和空间内这些细丝足够多并且无规则地分布，由肉眼直接观察或查看长时间曝光的放电图像，可能做出均匀放电的判断。Okazak 小组曾经在 1993 年提出区分辉光放电和丝状放电的方法：若每个外加电压半周期内仅有一个电流脉冲，并且 Lisajous 图形为两条平行斜线，则为辉光放电；若半周期内多个电流脉冲，并且 Lisajous 图形为斜平行四边形，则为丝状放电。该方法也不是完善的，因为半周期内氦气 APGD 电流也可能为多个脉冲，而氮气均匀汤森放电的电流却只有一个宽脉冲。目前最为准确的判断方法是使用曝光时间仅为 10ns 的 ICCD 相机拍摄的时间分辨放电图像。这样短的时间分辨力足以准确地拍摄到放电中可能存在的细丝，以判断放电是否均匀。法国的 Massines 小组和清华大学的王新新教授领导的小组都利用这样的设备对放电性质进行了准确的确定。

当气压很低的时候（一般小于 5000Pa），介质阻挡放电是明显的辉光放电形态，放电非常明亮，而且均匀地覆盖整个气体间隙，在半个周期内的放电电流波形是一个或者几个很宽的脉冲。放电的照片如图 2-13 所示，放电电压和电流的波形如图 2-14 所示。

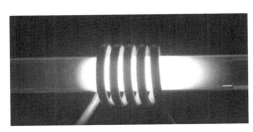

图 2-13　辉光放电形态

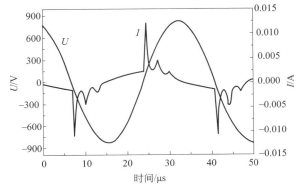

图 2-14　典型辉光放电电压和电流波形

在极低气压长间隙的直流辉光放电中可以看到明显的分层现象，其中肉眼可以清晰分辨的有正柱区、法拉第暗区和明亮的阴极位降区等。Massines 小组通过数值模拟、王新新教授通过 ICCD 拍摄都证实了大气压氦气介质阻挡放电也具有相似的结构，是一种亚辉光放电状态。

在实现辉光放电的基础上升高气压到某一数值，放电形态和电流发生了一定变化。首先放电变得不那么明亮，放电的面积相比辉光放电状态也有所减小。放电电流的脉宽相比辉光放电变得非常窄，而且每个半周期内一般只有一个电流脉冲。放电的照片如图 2-15 所示，电流、电压波形如图 2-16 所示。

图 2-15 均匀放电（汤森放电）照片

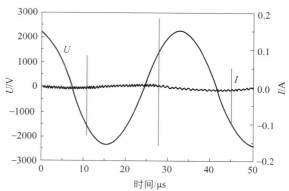

图 2-16 均匀放电（汤森放电）电流、电压波形

从图 2-15 中可以看出，放电的面积仍然很大，但是却没有覆盖整个放电间隙。这种均匀放电的面积是随气压的升高而减小的，但如果在某一气压下升高电压，放电的面积也会增大。

如果这种电流波形只有一个脉冲的放电的本质是丝状形态，那么不会出现肉眼看起来均匀的外观。因为这种形态的放电在每个半周期内只存在一个电流脉冲，介质阻挡层之间的气体间隙发生击穿时，只能是在大面积的区域同时击穿，这与大气压下得到的看似均匀的丝状放电有着本质的区别。在大气压下得到的看似均匀的丝状放电实际上是由大量的放电细丝组成的，其电流波形的特点是在每个半周期内含有大量杂乱的脉冲波形，这些脉冲对应放电过程中的大量细丝状放电，在时间和空间的分布上此起彼伏，由于细丝状放电的寿命非常短（一般只有 10ns），仅凭肉眼或查看曝光时间长的普通相机无法分辨。也就是说，这里用普通相机拍摄到的比较均匀的放电不可能是由多个流注汇集成的。将这种放电形态称为均匀放电（汤森放电）的形态。

当气压继续升高到某一数值后，放电的现象出现新的变化。初始放电仍然是均匀的，但是稍微升高电压，均匀放电的面积马上缩小并迅速转化为一个或几个明显跳动的丝状放电形态。放电电流的波形也开始在半个周期内出现多个电流脉冲。放电的照片如图 2-17 所示，放电的电流、电压波形如图 2-18 所示。这样的放电随电压发生明显改变的现象在一定气压范围内存在，是均匀放电和丝状放电共存的情况。

图 2-17　均匀放电向转化为丝状放电转化

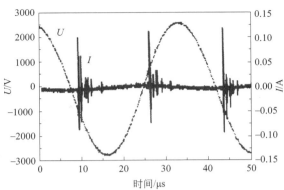

图 2-18　均匀放电向丝状放电转化时的电流、电压波形

　　继续升高气压到某一数值后，初始放电不再是均匀的形态，而是明显的丝状放电，放电细丝非常不稳定，大量丝状放电无规则地跳动，可以听到剧烈的放电声音。放电电流的波形非常复杂，由多个非常窄的脉冲组成。这个时候，即使再降低电压，也不能得到均匀放电的形态，放电只能是丝状形态。无论是外观还是电流都可以准确地判断放电的形态已经完全转化为丝状放电。放电的照片如图 2-19 所示，放电的电流、电压波形如图 2-20 所示。

图 2-19　剧烈丝状放电照片

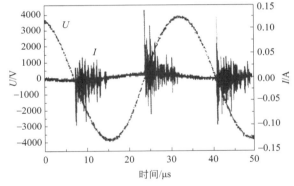

图 2-20　剧烈丝状放电电压、电流波形

2.8.2.4　不同材料放电特性的比较

（1）氧化铝陶瓷

　　当使用 1mm 厚的氧化铝陶瓷作为介质阻挡材料时，当气压升高到 6.2kPa 时，开始出现均匀放电和丝状放电共存的现象；当气压升高到 18kPa 时，均匀放电的形态完全消失，放电只能以丝状放电的形态存在。

（2）石英

　　当使用 1mm 厚的石英作为介质阻挡材料时，存在均匀放电的气压范围比使用氧化铝陶瓷时有所增加，气压升至 9.8kPa 时开始出现均匀放电和丝状放电共存的现象，而均匀放电形态完全消失的临界气压是 22kPa。

（3）聚丙烯

使用 1mm 厚的聚丙烯作为介质阻挡材料时，丝状放电出现的气压是 19kPa，均匀放电不再出现的气压是 30kPa。

（4）聚四氟乙烯

使用 1mm 厚的聚四氟乙烯时，均匀放电的气压范围进一步提高，均匀放电和丝状放电共存的现象出现的气压是 25kPa，均匀放电存在的最高气压是 32kPa。

（5）硅橡胶

硅橡胶材料能够得到的均匀放电的气压范围最大，出现丝状放电和均匀放电形态消失的临界气压分别是 34kPa 和 40kPa。

选用的不同介质阻挡材料中，有三种属于高分子聚合物，属于有机材料，有两种是无机材料。从试验中可以得到一个明显的结论是，这三种有机材料作为阻挡介质都比石英和氧化铝陶瓷两种无机材料更容易得到均匀放电。这三种有机材料都属于驻极体材料，其中聚四氟乙烯是工业上最常用的驻极体材料。驻极体是指那些具有长期储存空间和极化电荷能力的固体电介质材料。石英和氧化铝陶瓷是非驻极体材料，存储电荷的能力有限。因此，很有可能是表面电荷的特性决定了介质阻挡材料是否更利于得到均匀放电。Golubovskii 和方志都曾经提出，某些特殊的介质阻挡材料具有极强的保存电荷能力，可以一次放电后将原来在电场作用下进入材料浅表层的大量电子保存起来，当进入下个半周期，电场极性发生偏转后，这些电子能够被释放出来成为种子电子。低气压放电的结果很有可能支持这样的说法。研究结果发现，使用同一种材料时，厚度越薄，越容易得到均匀放电。目前关于介质阻挡材料厚度对放电的影响，一般都局限于对电流的限制作用上。在以往低气压放电的研究成果中，限制电流使辉光放电不容易向电弧放电发展。这似乎与试验结论相矛盾，但是这些研究采用的气压范围都在几百帕以内，远远小于试验研究的气压。试验气压一般都在 10kPa 或更高的气压范围，与过去研究的极低气压下的放电特性有着很大的区别。对于聚四氟乙烯和硅橡胶这样的聚合物材料，如厚度发生改变，材料的等效电容会发生改变。薄的材料等效电容量大，会在表面积累更多的电荷。这可能是材料厚度影响放电特性的原因。

2.8.2.5 介质阻挡放电的功率

像其他类型放电一样，介质阻挡放电的功率是它的一个重要参量。由于介质阻挡放电的电流、电压间的相位失调，它的功率计算和测量是比较复杂的。

根据实验测得的放电伏安特性可以计算介质阻挡放电的功率（P）。

$$P = 4fC_{\mathrm{d}} \frac{1}{1+\beta} V_{\min}(V_{\mathrm{op}} - V_{\min}) \tag{2-10}$$

式中　f——放电启动时频率；

　　　C_{d}——介质电容；

　　　β——电容比；

V_{op}——放电作用电压峰值；

V_{min}——放电启动时要求的最小外界作用电压。

式（2-10）是低频介质阻挡放电的重要功率公式，它对各种电压波形都适用。式中所有电学量的数值都是可以测量的，因此该公式可以用来计算介质阻挡放电的功率数值。

2.8.2.6　介质阻挡放电的李萨如图形

在交变电场作用下放电功率测量比较困难，因为放电的电流、电压间位相差难以确定，尤其是在强的介质阻挡放电中由此引起的功率误差相当大。利用放电电压-电荷李萨如图形分析介质阻挡放电的功率，对正确确定放电功率很有帮助。

在放电回路中加进一个测量电容 C_M，用以测量放电输送的电荷量 Q，如图 2-21 所示。

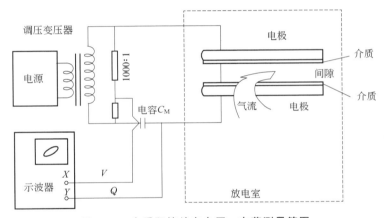

图 2-21　介质阻挡放电电压、电荷测量简图

若把测量电容上的电压 V_M 和作用电压 V 分别置于示波器的 X-Y 轴上就可以得到一条闭合曲线，实际上 V_M 是正比于测量电容上的电荷量，所以它就是理想的电压-电荷李萨如图形，闭合曲线内的面积正比于一个周期内消耗在放电中的能量。在放电作用的时间内，介质阻挡放电的放电电压 V_d 几乎是不变的，那么电压-电荷李萨如图形如图 2-22 所示。

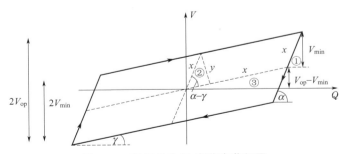

图 2-22　理想的电压-电荷李萨如图

考虑到平行四边形的面积（A）是每一个周期中放电的能量，则有效放电功率为

$$P = fA = 4fC_d \frac{1}{1+\beta} V_{min}(V_{op} - V_{min}) \tag{2-11}$$

此式与式（2-10）是一致的，这是低频介质阻挡放电的功率表达式，可见利用介质阻挡放电的电压-电荷李萨如图形可以很有效地测量到放电的功率。

2.8.2.7 功率因子

气体放电的功率因子 F 是一个重要的电技术参量，其意义为：

$$F = \frac{P}{V_{有效} \, I_{有效}} \tag{2-12}$$

式中　　P——放电功率；

$V_{有效}$、$I_{有效}$——放电的有效电压和电流。

放电的功率因子决定着电源能够提供的有效功率的比例。

在介质阻挡放电中，放电发生以前放电装置犹如一个电容负载，所以功率因子通常在 $0.2 \sim 0.8$ 之间变化，其具体数值取决于 C_d / C_g、V/V_d 以及作用电压的波形。因此在设计介质阻挡放电的电源时，需要考虑在各种工作条件下电源的功率因子。

3.1 概述

　　非平衡等离子体就是在等离子体中电子温度高达上万度，而其他粒子（离子或原子等）温度只有几百度以下或常温，从温度场分布看极不均匀。此类等离子体的整体宏观温度比较低，对化学反应十分有利。因为等离子体可使反应物分子在带有高能量的、高电子温度的化学场中激活，外界也不用加热就可获得反应所需的能量来激活反应的活性物种，保持了低温流体的条件，而反应条件温和，就会有利于工艺操作和防止在高温下副反应的发生，降低了对各材质的要求。众所周知，化学反应是反应物分子或基团进行键的重新组合或重排生成新的化合物（目的产物）的过程，与常规的化学反应不同，借助非平衡等离子体，向反应系统提供的能量可直接导致反应物分子活化，而不必采用加热或加入催化剂及其他形式的方法来进行活化完成化学反应。如图 3-1 所示为常规化学反应不同反应途径的位能曲线示意。

　　如图 3-1 所示的化学反应是 A $\longrightarrow$ B，由反应物 A、生成产物 B 组成的单一化学反应。当无催化剂存在时反应所需能量 E 较高，$E_{气}$ 表示了无催化剂时的反应活化能。当加入催化剂之后，反应物 A 分子被催化剂上的活性中心吸附后，产生"形变"，生成了活化络合物（即活性物种），在固体催化剂活性中心上进行表面化学反应生成产物分子 B，然后再解吸。E_1、E_2 分别表示了催化过程中的反应吸附和表面反应所需的活化能，ΔH_r 为化学反应热。由于催化剂表面参与了反应的中间过程，

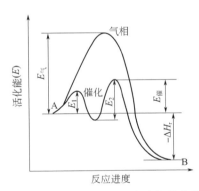

图 3-1　常规化学反应不同反应途径的位能曲线

程，提供了新的反应途径，$\Delta E_{催}$ 是有催化剂时的反应活化能。其中 $\Delta E_{催} < \Delta E_{气}$，表明有催化剂时降低了反应的活化能，因而加快了反应速度。相比在等离子体作用下使反应物激活的介质是由具有高能量的电子来引发的，也就是高温电子来碰撞反应物分子的过程，虽然碰撞行为对热平衡等离子体无关紧要，它不会影响到平衡态等离子体的宏观状态，但在非平衡等离子体中"碰撞"行为是至关重要的。其中碰撞程度和碰撞频率能决定等

离子体的化学反应方向和性质。非平衡等离子体碰撞可分两类，一类是弹性碰撞，另一类是非弹性碰撞。前者可使反应分子的动能增加，根据粒子总动量平衡和动能守恒原理，高能电子经弹性碰撞粒子后可使粒子动能提高，加快了运动速率；或者使粒子改变了运动方向，去冲击其他粒子从而加快了碰撞过程。但弹性碰撞本身不会改变反应粒子内部的能级状态，也就是说弹性碰撞不会发生化学键的变化，也就是不会发生化学反应。与此相反，非弹性碰撞可使反应物分子内能增加或能量转移及"形变"，导致分子键松弛、断裂或裂解成自由基，也可能发生电离和解离等过程。从宏观上可观察到反应物分子发生了电击穿，也就是"放电"现象，此时形成了含有激活态的反应物粒子，在非平衡等离子体场中的非弹性碰撞可较容易地进行化学反应。

3.2 等离子体产生原理

气体放电一般是指在电场作用下或其他激活方法使气体电离，形成能导电的电离气体，如果电离气体是通过电场产生的，这种现象称为气体放电。气体放电应用较广的形式有电晕放电、辉光放电、无声放电（又称介质阻挡放电）、微波放电和射频放电等，气体放电性质和采用的电场种类及施加的电场参数有关。下面以一个典型的气体放电实验为例来说明放电特性。

如图 3-2 所示为直流放电管电路示意，放电管是一个低压玻璃管，管两端接有直流高压电源的圆形电极。图中 R 是可调式镇流电阻，用以测量电流-电压特性，亦称放电伏-安特性，V_a 为直流电源，V 是放电管的极间电压，I 是放电电流。

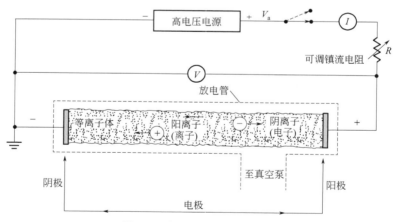

图 3-2 直流放电管电路示意

在电极两端施加电压时，通过调节电阻 R 值可得到气体放电的伏安特性，如图 3-3 所示。由气体放电的伏安特性曲线可看出，开始在 A、B 点间电流随电压的增加而增加，但此时电流上升变化得较缓慢，表明放电管中气体电离度很小。继续提高电压，电流不再增加，呈本底电离区的饱和状态。继续提高电压，电流会迅速地呈指数关系上升，从 C 到 E 区间，这时电压较高但电流不大，放电管中也无明亮的电光。自 E 点起，再继续提高电压，发生了新的变化，此时电压不但不增高反而下降，同时在放电管内气体发生了电击穿，观测到耀眼的电光，这时因电离而使电阻减小，但电流开始增长，在 E 点处对应的电压 V_B 称为气体的击穿电压。放电转变为辉光放电，电流开始上升而电压一直下降到 F 点，然后电流继续上升但电压恒定不变直到 G 点，而后电压随电流的增加而增加到 H 点，放电转入较强电流的弧光放电区。I 和 J 之间是非热弧光区，电流增加电压下降；在 J 和 K 之间是热弧光区，等离子体接近热力学、动力学平衡；从 I 到 K 的弧光放电区属于热等离子特性，在等离子体化学中很少应用。

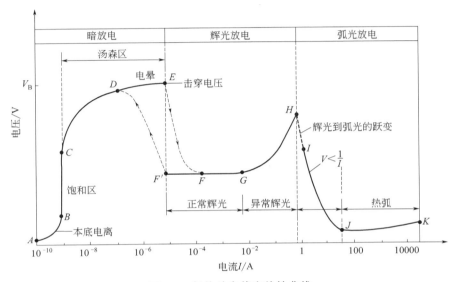

图 3-3　气体放电伏安特性曲线

AB 段——非自持放电本底电离区；BC 段——非自持放电饱和区；CE 段——汤森放电区；DE 段——电晕放电区；
EF 段——前期辉光放电区；FG 段——正常辉光放电区；GH 段——异常辉光放电区；HK 段——弧光放电区

在外加电场保持一定时，如果需要外界辐射源才能持续放电时，放电为非自持放电；当不需要外界辐射源就能保持持续放电则为自持放电。

3.2.1　汤森放电

目前工业上应用的一些等离子体过程多发生在汤森放电区，汤森（J. S. Townsend，1865—1957）是英国物理学家，第一个提出定量的气体放电理论的科学家，其中涉及几个重要的过程。

（1）电子碰撞电离——α 电离过程

在放电过程中，设每个电子沿电场方向移动 1cm 距离时与气体分子或原子碰撞所能产生的平均电离次数为 α，则 α 叫作电子碰撞电离系数，也叫汤森第一电离系数。该系数表明了电子碰撞对电离过程的贡献。汤森第一电离系数 α 为：

$$\alpha = Ap\exp\left(\frac{ApV_i}{E}\right) \tag{3-1}$$

式中　p——气体压力；

V_i——气体分子的电离电位；

E——电场强度；

A——与气体性质有关的常数，可由实验获得。

汤森第一电离系数 α 是与气体种类有关，且由放电时的 E/p 值决定其数值，它影响着放电过程的电离效率，与电子数目和电流密度的增长密切相关。在平行板电极间的电场强度 E 是恒定值。只要放电气压和温度保持不变，α 即为定值。

（2）正离子碰撞电离——β 电离过程

正离子碰撞电离系数以 β 表示，系指一个离子在电场方向 1cm 行程中与气体分子碰撞所产生的平均电离次数。研究可知，在相同电场条件下电子碰撞电离远大于正离子碰撞电离次数，也就是碰撞电离系数 $\alpha \gg \beta$。

（3）阴极二次电子发射——γ 电离过程

正离子轰击阴极时，阴极发射二次电子的概率以 γ 表示。在电场作用的等离子体条件下，由阴极发射的电子在到达阳极的过程中产生正离子，这些正离子撞击阴极而使阴极发射二次电子。γ 系数也叫汤森第二电离系数，它比汤森第一电离系数 α 要小。

气体放电击穿是一复杂过程，通常都是由电子雪崩开始，从初级电子电离相继在串级电离过程中增值。一旦汤森电离系数 α 随电场增强而变得足够大时，此时的电流就从非自持达到了自持过程，也就是发生了电击穿。对于汤森放电击穿的临界电场中电压 V_B 的计算，可用下面的半经验方程式来判断。此方程称为帕邢定律。

3.2.2 帕邢定律

气体击穿电压 V_B 是放电开始击穿时所需的最低电压，帕邢（F. Paschen）在汤森提出气体放电击穿理论之前便在实验室中发现了在一定的放电气压范围内，气体击穿电压 V_B 是气压（p）和极间距离（d）乘积的函数，即 $V_B = f(pd)$，这种函数关系被称为帕邢定律。以下是汤森放电的帕邢定律表达式：

$$V_B = \frac{Bpd}{\ln\dfrac{Apd}{\ln\left(I + \dfrac{I}{\gamma}\right)}} \tag{3-2}$$

式中　γ——汤森第二电离系数；

　A、B——均为常数，它是与气体种类和实验条件有关的参数，可实验求取或查文献
　　　　　得到。

也可将式（3-2）绘出帕邢曲线来表示气体击穿电压 V_B 与放电时气压和极间距离乘积 pd 间的函数关系。

3.2.3 气体原子的激发转移和消电离

气体粒子从激发态回到较低状态或者被进一步激发到更高的状态是粒子从该激发态消失的可能途径，这种过程称为气体粒子的激发转移，其中包括回到中性低能态的消电

离。电离气体中的潘宁效应、敏化荧光等都属于这种过程。实验发现，在适当的两种气体组成的混合物中，其击穿电压会低于单纯气体的击穿电压。这种效应称为潘宁效应（Penning effect）。这种效应的过程可以用简式表示为

$$A^* + B \longrightarrow A + B^+ + e^- + \Delta E \tag{3-3}$$

A^* 是一种激发态原子与中性原子 B 碰撞，转移激发能并使 B 原子电离的过程。从能量守恒的要求，A^* 原子的激发能应该大于或至少等于 B 原子的电离能。实验发现 A^* 的激发能越接近 B 的电离能，这种激发转移的概率就越大。当 A^* 是处于某个亚稳态时，即 A^* 在该激发态有较长的停留时间时，那就允许它与 B 原子有足够长的相互作用时间，因此发生潘宁效应的概率就大了。对于上述过程，从左方看是激发态 A^* 原子的消失，从右方看是正离子 B^+ 的产生，因此潘宁效应也是一种带电粒子产生的机制。

3.3　低温等离子体化学反应过程

3.3.1　碰撞参数

在等离子体中，粒子之间发生碰撞既有弹性碰撞也有非弹性碰撞。例如，在部分电离气体中，就有电子-电子碰撞、电子-离子碰撞、电子-中性粒子碰撞等。碰撞过程可以利用碰撞截面、碰撞频率、碰撞平均自由程的概念方便地加以描述。

（1）碰撞截面 σ

碰撞截面 σ 是单位时间内通过垂直等离子体束流平面上单位面积（cm^2）的碰撞粒子数。它不仅与碰撞粒子种类有关，也和粒子的相对运动速度有关，也就是说 σ 与碰撞粒子能量高低有关，它与碰撞频率（P）的关系为

$$\sigma = P/(nv) \tag{3-4}$$

式中　n——高能态粒子（靶粒子）密度；
　　　v——粒子运动速度。

（2）碰撞频率 P

碰撞频率 P 是运动速度 v 的碰撞粒子在单位时间内与靶粒子碰撞的次数。
常用碰撞频率 P 来代表碰撞截面 σ 的大小。

$$P = nv\sigma \tag{3-5}$$

不同的碰撞过程可对应不同的 P 和 σ。

（3）碰撞平均自由程 $\bar{\lambda}$

$\bar{\lambda}$ 是两次碰撞之间粒子的平均行程。

$$\bar{\lambda} = \frac{1}{n\sigma} \tag{3-6}$$

显然 $\frac{1}{\bar{\lambda}}$ 也是碰撞粒子频率，它表示在单位行程（cm）中的碰撞次数。

3.3.2 等离子体中的基本粒子

等离子体中的基本粒子是等离子体化学的关键。在研究和分析等离子体反应时，重要的是要了解和分析等离子体中所涉及的大量粒子和它们的状态，等离子体反应实际上是一个复杂的粒子运动和碰撞过程。

已有不少科学家做了碰撞的微观过程方面的研究工作，并归纳提出在放电气体中主要有六种基本粒子类型，见表 3-1。从表 3-1 可知光子和电子具有能量而不具有结构，其中光子能量 $E_v = h\nu$（h 是普朗克常数，$h=6.624 \times 10^{-34}$ J·s，ν 为频率）。自由电子的能量为它的平均动能 $E_e = 1/2 m_e v_e^2$（m_e 是电子质量，v_e 是电子平均速度）。在表 3-1 中的第 3、第 4 项属于原子和分子类型，可按量子力学原理以具体特定的内部结构用波函数来表示，它们在没有遭到碰撞前的粒子（原子或分子）处于基态能级，一旦受到了非弹性碰撞可导致能级变化而处于激发态的不同形式，表 3-1 中的第 4 项从（a）→（e）表现的就是不同激发能级状态。第 5 项正离子也就是经碰撞失去电子的激活状态粒子，可用波函数的能级概念来表示。第 6 项负离子，一般在粒子的原有基态能级上加上电子的结合能作定量表示，不会引起较大偏差。可这样来理解负离子的形成，是从中性粒子也就是外层电子完全充满的粒子受激发后又附着上了电子，从而呈电负性，因此负离子的能量就是基态能量再加上电子的结合能。

表 3-1 基本粒子类型

序号	粒子类型
1	光子
2	电子
3	处于基态能级的原子或分子、自由基
4	受激原子或分子（a）电子受激—单电子 （b）电子受激—双电子 （c）电子受激—亚稳态 （d）振动能级受激的分子 （e）转动能级受激的分子
5	正离子　　　　　（a）一次电离 （原子或分子的）（b）多次电离 　　　　　　　　（c）一次电离且电子受激
6	负离子（原子或分子的）

等离子体中的基本粒子一般存在着七种基本类型，即正离子、负离子、电子、光子、激发态分子（原子）、基态的分子（原子）和自由基。

正离子、负离子和电子是等离子体中的带电粒子。正离子由供给的能量以及原子或分子的电离能所决定，其能态可以用能级图表示。负离子是电子附着到某些原子或分子（尤其是那些外层电子壳层几乎充满的原子或分子）上而形成的，其能量等于原子或分子的基态能量加上电子亲核能。典型的等离子体中的电子密度为 $10^{16} \sim 10^{20}$ m^{-3}。尽管等离子体化学反应过程中，可能的正负离子种类很多，每一种离子都会影响等离子体的电性能，但电子的作用通常占主导地位。电子的能量由它的运动速度决定。电子在激发态的停留时间很短（约 $10^{-8}s$），然后就跃迁回到基态或是另一能量较低的激发态，并以光子的形式辐射出激发时获得的额外能量，这就是光子的来源，其能量由它的频率所决定。例如，辉光放电或介质阻挡放电时，可以观察到明显的蓝光或紫光。激发态的分子（原子）、基态的分子（原子）和自由基不仅对气体的放电特性至关重要，而且激发态的分子（原子）和自由基对化学反应更为重要，参与化学反应的分子都是由原子组成的，由于原子之间的相互影响，分子的能级比原子能级更复杂，气体分子的激发、离解、电离与原子的激发和电离也大不相同。分子的内能不仅包括电子能量，而且包含振动能和转动能，特别是振动能对反应的影响比较大。

（1）基本粒子之间的相互作用

等离子体中的各种粒子会通过碰撞过程对其他各种粒子产生影响。粒子之间通过碰撞交换动量、动能、位能和电荷，使粒子发生离解、电离、复合、化学反应、光子发射和吸收等物理过程。粒子之间的碰撞特征参量一般用碰撞截面和碰撞概率来表征。需要特别指出的是，因为等离子体中含有带电的物种，它们之间的碰撞不一定是直接接触，只要其粒子之间产生相互作用，都可认为发生了碰撞。

在弹性碰撞中，参与碰撞的粒子其位能不发生变化，因此原子或分子不能被激发或离解，对化学反应没有贡献，这类碰撞主要发生在低能粒子之间。在非弹性碰撞中，参与碰撞的粒子之间位能发生变化。其中，高能电子与重粒子（原子、分子或离子）碰撞，重粒子得到电子的动能，从而被激发、离解或电离，重粒子的位能增加。通常把碰撞后系统位能增加的碰撞称为第一类弹性碰撞。原子与原子（分子）、分子与分子、离子与原子（分子）、离子与离子之间都可以发生此类碰撞。这正是化学反应能够顺利进行的基础和关键。第二类非弹性碰撞主要发生在具有一定位能的粒子与其他粒子之间，碰撞的结果是粒子的位能转化为系统的动能，导致系统位能的降低，这对化学反应具有负面影响。电子几乎可以给出全部动能，转化为重粒子的位能，即电子在激发、离解或电离重粒子时的能量效率很高。而当非弹性碰撞发生在重粒子（$m_1 \approx m_2$，m_1、m_2 指粒子碰撞模型中相互作用的两个粒子的质量）之间时，转移的能量约为 $m_1/4$，即重粒子最多可转移出一半的动能来激发、离解或电离其他重粒子，其效率比电子低得多。因此，在等离子体反应时要测量电子的温度和密度，通过宏观参数的调整，达到控制反应进行的目的。

光的吸收和发射也可认为是光子和粒子（除电子外）之间的相互作用，即光子和其他粒子发生了碰撞，有人称之为辐射碰撞。其中紫外光的波长较短，频率较高，其能的转移和吸收具有量子性，效率也很高。其对化学反应也有一定的作用，特别是在有合适的光催化剂的条件下。

（2）气体原子（分子）的激发、离解和电离

气体原子（分子）的激发、离解和电离的途径很多，如原子（分子）与电子的非弹性碰撞、原子（分子）与其他原子（分子）的非弹性碰撞、原子（分子）与光子的非弹性碰撞。在这些碰撞过程中都把碰撞粒子的动能转换成被碰撞粒子的位能，但是不是所有的碰撞都能够使原子（分子）和分子激发、离解和电离。产生激发、离解或电离的必要条件是碰撞粒子的动能必须大于或等于被碰撞粒子的激发能、离解能或电离能。

3.3.3 等离子体中的化学反应

等离子体中的化学反应可以分为同相反应和异相反应。同相反应出现在气相中的基团之间，是电子与重粒子之间的非弹性碰撞或重粒子之间的非弹性碰撞过程所致。异相反应出现在等离子体基团与浸没在等离子体中或与等离子体接触的固体或液体表面之间。

3.3.3.1 同相反应

（1）电子与重粒子之间的反应

等离子体中的电子从外电场获得能量，并通过碰撞将能量转移给气体来维持等离子体。从电子到重粒子的能量转移主要通过非弹性碰撞过程。这些非弹性碰撞导致了各种反应，主要的反应如下。

1）激发

一定能量的电子与原子和分子等重粒子之间的碰撞可以产生原子和分子的受激态，如图 3-4 所示。反应如下：

$$A + e^- \longrightarrow A^* + e^- \tag{3-7}$$

$$AB + e^- \longrightarrow AB^* + e^- \tag{3-8}$$

重粒子的激发可能是振动、转动或电子激发。原子只能达到电子激发态，而分子还可以达到振动和转动激发态。

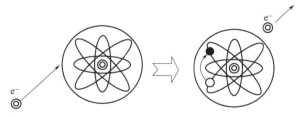

图 3-4 电子激发

电子激发态通过电磁辐射发射能量可回到基态，这种辐射就是等离子体的紫外至可见光发射。受激基团在辐射衰减前的寿命较短，排除了这些基团参与附加反应的可能性。亚稳基团则不一样，因为亚稳基团不能通过直接辐射跃迁而回到基态，因而具有较长的寿命，可以连续参与其他反应。

2）分解附着

当使用电负性气体时，低能电子（小于 1eV）能够附着在气体分子上，如图 3-5 所示。如果这种附着导致相斥电子激发态的产生，一般分子会很快分解（10^{-13} s），产生负离子，过程如下：

$$AB + e^- \longrightarrow A + B^- \tag{3-9}$$

负离子也可以通过分解电离反应而产生，过程如下：

$$A^2 + e^- \longrightarrow A^+ + A^- + e^- \tag{3-10}$$

$$AB + e^- \longrightarrow A^+ + B^- + e^- \tag{3-11}$$

式（3-9）反应也被称为分解俘获，而式（3-10）反应、式（3-11）反应也被称为离子对形成反应。

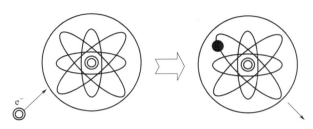

图 3-5　电子附着

3）分解

电子与分子的非弹性碰撞可以使分子分解而不形成离子，如图 3-6 所示，过程如下：

$$e^- + A^2 \longrightarrow 2A + e^- \tag{3-12}$$

$$e^- + AB \longrightarrow e^- + A + B \tag{3-13}$$

分子分解只通过分子振动或电子激发而出现。绝大多数通过慢电子的分子分解是由电子激发诱导而产生的。只有在高于阈值时激发分子，才出现分解。处于振动激发态的分子，通过低能电子碰撞可以被进一步激发至分解态。分解附着、分解电离和分解反应是低温等离子体中产生原子、自由基和负离子的主要来源。

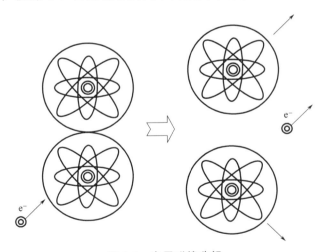

图 3-6　电子碰撞分解

4）电离

在分子气体放电中，电离主要通过电子碰撞而发生，如图 3-7 所示，电离可以产生正离子、负离子、原子离子和分子离子，过程如下：

$$e^- + A_2 \longrightarrow A_2^+ + 2e^- \tag{3-14}$$

$$e^- + A_2 \longrightarrow A_2^- \tag{3-15}$$

$$e^- + A_2 \longrightarrow A^+ + A + 2e^- \tag{3-16}$$

$$e^- + AB \longrightarrow A^+ + B + 2e^- \tag{3-17}$$

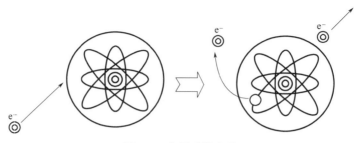

图 3-7 电子碰撞电离

5）复合

通过带相反电荷的粒子复合反应，带电粒子（电子和离子）会从等离子体中消失，如图 3-8 所示。电子与原子、离子之间发生的复合会伴随着电磁辐射的光发射，这称为辐射复合，如图 3-9 所示，即

$$e^- + Ar^+ \longrightarrow Ar + h\nu \tag{3-18}$$

式中，h 为普朗克常数；ν 为辐射频率。$h\nu$ 表明释放的辐射能量。

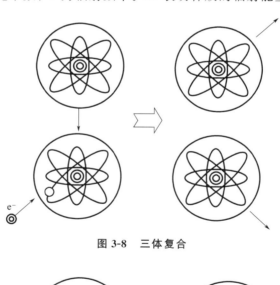

图 3-8 三体复合

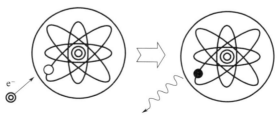

图 3-9 辐射复合

另一方面，电子与分子离子复合过程中的能量释放，能够引起分子的分解，称作分解复合反应。

（2）重粒子之间的反应

重粒子之间的反应出现在分子、原子、基团和离子的碰撞过程中。重粒子之间的反应可以分为离子-分子反应和基团-分子反应。离子-分子反应至少涉及一个离子，基团-分子反应只出现在中性基团之间。

等离子体中重粒子之间的主要反应类型如下。

1）离子-分子反应

① 离子复合　如图 3-10 所示。

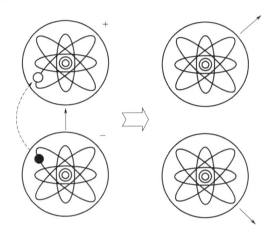

图 3-10　离子复合

两个碰撞的离子能够复合形成基态分子，并通过辐射光的发射释放能量。

$$A^+ + B^- \longrightarrow AB + h\nu \tag{3-19}$$

两个离子碰撞也能够通过形成两个受激原子而导致离子的中性化。

$$A^+ + B^- \longrightarrow A^* + B^* + h\nu \tag{3-20}$$

由于离子复合释放的能量通常比中性基团激发所需的能量大，因此，剩余能量通过辐射而释放。

通过三体碰撞也可能发生离子-离子复合。

$$M + A^+ + B^- \longrightarrow AB + M \tag{3-21}$$

② 电荷转移　在离子与中性粒子碰撞时可能发生电荷转移。电荷转移可以出现在相同物种之间：

$$A + A^+ \longrightarrow A^+ + A \tag{3-22}$$

也可以出现在不同物种之间：

$$B_2 + A^+ \longrightarrow B_2^+ + A \tag{3-23}$$

当电荷转移发生在基团碰撞分解的过程时，如式（3-24）所示，这种反应被称为具有分解的电荷转移。

$$A^+ + BC \longrightarrow A + B^+ + C \tag{3-24}$$

③ 重反应物转移　这种类型的离子-分子反应导致了新的复合基团的形成，如式（3-25）所示

$$A^+ + BC \longrightarrow AB^+ + C \tag{3-25}$$

这种反应有时也被称为交换电离。

④ 结合分离　在负离子与基团、离子的碰撞中，离子可以附着在基团上，通过释放电子而中性化，并形成新的化合物，结合分离反应如式（3-26）所示

$$A^- + BC \longrightarrow ABC + e^- \tag{3-26}$$

2）基团-分子反应

基团-分子反应只发生在中性基团起反应物作用的场合。活性基团可能是多原子基团，也可能是单原子基团，或多原子分子的碎片。基团是不稳定的，化学上非常活跃。典型的基团-分子反应如下。

① 电子转移　这是两个中性粒子之间的反应，在中性粒子碰撞时，发生电子转移，结果形成两个离子

$$A + B \longrightarrow A^+ + B^- \tag{3-27}$$

这种反应需要至少一个分子具有很高的动能，这在低温等离子体中是很少出现的。

② 电离　两个荷能中性粒子之间的碰撞可能引起其中一个粒子发生电离。

$$A + B \longrightarrow A^+ + B + e^- \tag{3-28}$$

③ 潘宁（Penning）电离/分解　潘宁反应出现在荷能亚稳基团的碰撞过程中。当亚稳基团（B*）与中性基团碰撞时，受激的亚稳基团将过多的能量传递给中性基团，引起电离或分解，如图 3-11 所示。

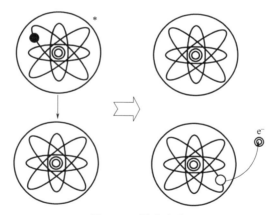

图 3-11　潘宁电离

过程如下：

$$B^* + A \longrightarrow A^+ + B + e^- \tag{3-29}$$

潘宁过程在由长寿命亚稳态气体混合物（如 Ar、He 等）维持的等离子体中特别重要。同时，潘宁电离的截面很大，可以增强这种过程的概率。

要发生潘宁反应，亚稳基团的能量必须高于其他参与反应基团的电离电位或分解电位。亚稳基团的能量为 0～20eV。亚稳基团能够积累能量，达到比反应基团电离阈值更高的能量值。通过潘宁电离，亚稳基团可以释放能量。潘宁分解是与潘宁电离相类似的过程，结果是使碰撞的分子分解为中性基团，而不是使其电离。

④ 原子附着　这些反应与离子-分子反应中的结合分离反应相类似，但是只涉及中性基团

$$A + BC + M \longrightarrow ABC + M \tag{3-30}$$

⑤ 歧化反应　歧化反应与离子-分子反应中的重反应物转移反应相类似，但是只出现在中性基团之间

$$A + BC \longrightarrow AB + C \tag{3-31}$$

⑥ 基团复合　化学活性基团之间的碰撞可以引起基团的复合而形成稳定的分子。要求能量、动量同时守恒，以防止两个单原子基团直接复合。因此，单原子基团的复合只能通过多体碰撞而进行，第三个粒子可能是等离子体中的另一个粒子，或者是与等离子体接触的固体表面。多原子自由基的多自由度允许其内能重新分布，在两体复合时可以获得动量和能量的守恒。因此，多原子基团复合的碰撞效率接近于 1。

⑦ 化学发光　等离子体中原子或分子在与其他原子碰撞过程中可能发生原子或分子的激发。激发可以在化学反应过程中出现，也可以在没有化学反应时出现。两种可能的过程如下：

$$A^* + BC \longrightarrow A + BC^* \tag{3-32}$$

$$B + CA \longrightarrow BC^* + A \tag{3-33}$$

3.3.3.2　异相反应

暴露在等离子体中的固体表面（S）与等离子体基团相互作用时，结果会出现异相反应。等离子体基团可能是等离子体中形成的单原子（A、B）、单分子（M）、简单基团（R）或聚合物（P）。典型的异相反应如下。

（1）吸附

当等离子体中的分子、单体或基团与暴露在等离子体中的固体表面相接触时，分子、单体或基团能够吸附在表面上。吸附反应如下：

$$M_g + S \longrightarrow M_s \tag{3-34}$$

式中，下标 g、s 分别表示气相或固相中的基团。绝大多数基团可能与表面相互作用，结果沉积的薄膜成分将主要决定于所有成膜基团的相对通量。

（2）复合或形成化合物

等离子体中的原子或基团能够与吸附在表面的基团反应而结合形成化合物，过程如下：

$$S\text{-}A + A \longrightarrow S + A_2 \tag{3-35}$$

S-A 表明原子 A 吸附在表面 S 上。在复合过程中，参与反应的粒子能量一般以对表面加热的方式而释放。表面复合的速率取决于表面的接触性质。

（3）亚稳基团的退激发

等离子体中的受激亚稳基团 M^* 通过与固体表面的碰撞释放能量而回到基态，如图 3-12 所示。亚稳基团的退激发反应如下：

$$S + M^* \longrightarrow S + M \qquad\qquad (3\text{-}36)$$

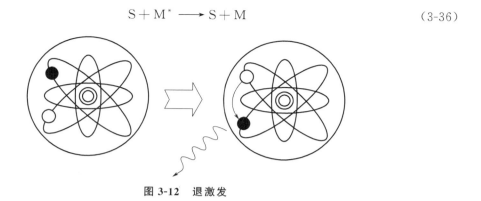

图 3-12　退激发

（4）溅射

暴露在等离子体中的固体表面相对于等离子体通常为负电位，会引起等离子体中的正离子加速向表面运动。如果离子 A^+ 到达表面时具有足够的能量，可能使固体表面的原子离开表面，即

$$\text{S-B} + A^+ \longrightarrow S^+ + B + A \qquad\qquad (3\text{-}37)$$

这个过程被称为溅射。式（3-37）中的原子 B 可能从固体表面离开，也可能吸附在固体表面上。被溅出的中性原子进入等离子体时带有几个电子伏特的动能。作为固体内碰撞歧化反应的结果，几乎 95% 的溅出原子来源于表面几个埃的薄层。

（5）聚合

等离子体中的基团可以与表面吸附的基团发生反应，形成聚合物。

$$R_g + R_s \longrightarrow P_s \qquad\qquad (3\text{-}38)$$

3.3.4　化学反应链

等离子体中的化学过程有几个步骤：起始、增殖、终止、再起始。这些步骤组成化学反应链。在起始阶段，荷能电子或离子与分子碰撞产生自由基或原子。通过气相中分子的分解，或通过基片表面分子的分解，或通过沉积薄膜表面吸附分子的分解，形成基团。分子和基团都吸附在暴露于等离子体的表面上。反应的增殖步骤可以在气相中和表面上同时发生。在气相中，增殖涉及离子-分子反应和基团-分子反应中基团、离子和分子之间的相互作用。在固体表面，增殖可以通过表面自由基与气相或吸附的分子、基团或离子之间的相互作用而进行。在终止步骤，类似于增殖过程的反应导致最终产物的形成。当沉积的薄膜或聚合物受到荷能粒子的碰撞或吸收光子，引起薄膜或聚合物分解，产生的基团再次进入反应链，又开始重复起始阶段。

在等离子体反应器中可能发生的不同反应类型如图 3-13 所示。在等离子体条件下的反应可能形成一些等离子体基团和最终产物，这些基团和最终产物在常规热力学平衡条件下是得不到的。

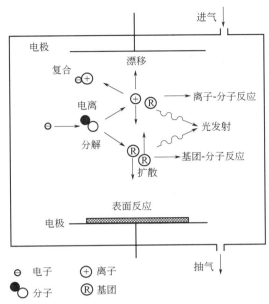

图 3-13　等离子体反应器中可能发生的反应

3.3.5　电离过程分析——电子雪崩现象

当外电场较强时，一旦气体放电，就变成导体。它存在自由电子和外电场作用。在足够的电场作用下电荷增殖，从而电流很快增加。如果电荷的增殖非常强烈，外界辐射源不再起作用，这类放电称为自持放电。也就是不需外界供给能量，反之需外界不断供给能量称为非自持放电。电子在电场作用下加速，获得足够的能量，与气体分子碰撞从而电离气体分子，并产生出新电子，然后再继续这个过程，直到电流迅速升高达到饱和值。

为了解释这种电流升高的现象，汤森（Townsend）引入一个宏观的系数 a_T（称为汤森-电离系数），a_T 定义为电子在电场方向通过 1cm 距离产生的电离碰撞的平均数。此外，还包括二次发射反应。假定气体放电管中是两个平行的平面金属板电极，相距为 d，电场足够强时电子增殖而使电流增大达饱和，在这个过程中，同时存在着另一类新电子来源，即二次发射效应。这些效应常命名如下：

（1）γ效应

由于正离子撞击阴极而产生的二次电子发射。

（2）η效应

离子-电子复合时发射出的光子，可能碰撞气体分子而产生光致电离。

（3）δ效应

由于光子撞击阴极而使阴极发射二次电子。

（4）e效应

由于亚稳态激发粒子碰撞阴极而发射的二次电子。

这些效应对二次发射均有作用，其大小取决于气体性质和压力高低。有二次效应的电离能够产生很强的电流，当然要受外电路受阻的限制。达汤森临界时，在放电体两端的电位差 V_B 称为"击穿电压"或"雪崩电压"，也有人称为"着火电压"。

3.4 电源和反应器系统及优化

Masuda 提出脉冲电晕法并进行了实验研究，在意大利、美国和日本等国进行了广泛的研究并先后建立和运行了试验工厂。

3.4.1 电源和反应器

电源和反应器是脉冲电晕法研究的实体，脉冲电晕特性和反应机理的研究均是为了优化电源和反应器系统。

高压窄脉冲电源回路的设计有许多，主要是利用电容储能并通过火花隙开关形成和传输高压窄脉冲能量。电源研究所追求的是电源效率、输出特性、大功率实现和运行可靠等。利用直流谐振充电已使充电效率大于 90%，但在优化输出特性时放电回路的效率还未得到重视。为了实现优化的输出特性，主要进行了两方面的努力，即高的峰值电压，最高电压已达 150kV；陡的上升曲线前沿，这需要放电回路有小的分布电感，达微亨量级。在工业试验中，电源功率已达 40kW。另外脉冲重复频率最高达 760Hz 和 1100Hz。有关可靠性研究的报道较少，但这也是至关重要的一方面。

由脉冲电晕特性和反应机理的研究结果可知，对电源和反应器必须结合起来进行研究。反应器作为电源负载必须同电源匹配，即经传输线传输到反应器的脉冲能量全部注入反应器，而没有沿着传输线返回。同时，除电源本身外，反应器尺寸、结构和烟气成分等因素均影响脉冲波形。另外，Yan 等进行了电源和反应器设计的研究，确定了工业性试验中关键参数的设计依据。

3.4.2 脉冲电参数测量

3.4.2.1 实验装置

图 3-14 为实验原理图，包括电源原理图和脉冲电参数测量系统。高压窄脉冲由直流电源 DC，旋转火花隙 RSGS1、RSGS2，限流电阻 R，脉冲形成电容 C_p，传输线等组成。

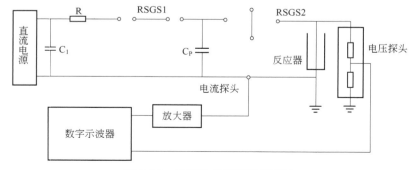

图 3-14 脉冲电参数测量原理图

3.4.2.2　存在问题和原因分析

在一般电路中看作突变的信号，必须以纳秒或微秒为时基获得这一暂态信号。这就导致电源本身所辐射的高频干扰和杂散信号对测量信号起作用。对图 3-14 电源进行测量，发现存在以下主要问题。

① 电压和电流波形叠加严重干扰信号，掩盖了真实信号。

② 电压和电流波形失真，甚至得到 RSGS2 耗能为负值的错误结果。

③ 充放电中地线电位有明显变化。

④ 电流波形干扰更大，除了波形失真，还有高频干扰和杂散磁场的影响（图 3-15～图 3-17）。

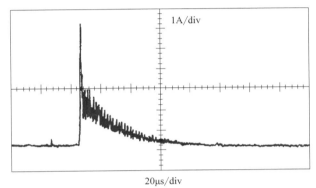

图 3-15　受严重干扰的充电电流波形

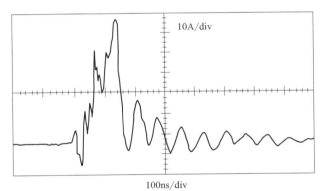

图 3-16　受严重干扰的放电电流波形

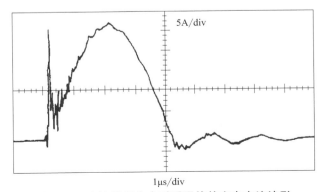

图 3-17　直流谐振充电时受干扰的充电电流波形

⑤ 脉冲形成电容 C_p 上充放电电压波形叠加在一起（图 3-18）。

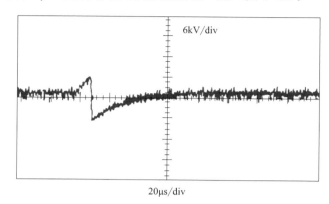

6kV/div

20μs/div

图 3-18　充放电电压波形相叠且杂散严重

给测量带来严重问题的原因如下所述。回路中存在寄生电感和电容，特别是火花隙放电时存在强烈的振荡。再加上因高频振荡引起的空间电磁波和杂散磁场作用于测量探头及其传输线，造成干扰信号与真实信号相互叠加，从而引起波形带有高频振荡，杂散严重和波形失真，还带来误触发即不同波形叠加。

3.4.2.3　消去干扰和失真措施

① 高压窄脉冲电源置于双层屏蔽网中，使示波器、电流探头和增幅器有良好的屏蔽。电源充放电回路一点接地，避免因地端电位抬高带来人身和仪器的危险。

② 为减小电压探头地端电位变化，另引测量地线作为电压探头的地端。由于电压探头地端与其同轴传输线屏蔽网线，示波器地端和电流探头传输线屏蔽网线相连，这样对整个测量系统均起屏蔽作用。另外用高压绝缘线代替裸铜线作为电流探头探测处的回路地线，并使该线与探测槽垂直放置，避免杂散磁场对电流测量的影响。

③ 利用测量仪器解决高频干扰和杂散信号的问题，使获得的波形光滑。如遇到两信号叠加，不能用示波器触发电位高低把它们分开时，应用手动抓获所需信号。例如，C_p 充电电压波形的获得。

④ 因电压探头另引地线，可以测量回路中的地端电压，这样对电源回路中任何元件两端电压波形相减，得该元件上的真实电压降。经电流探头转换后的信号很弱，因此，信号传输线所受电磁波对信号干扰大。干扰不可能完全避免，但可测量干扰信号，电流信号与干扰信号相减得到真实的电流信号。以上对电压和电流测量所采用的措施同时也消去了示波器零点的偏移，该措施称为"补偿"。

⑤ 电压探头因集成一体，对地漏流可以忽略，本身电容很小，因此，不必考虑电压波失真。但对电流测量应选适当的时基和灵敏度，测得不失真的电流波形。在测量中，必须做到干扰足够小，波形不失真，减小人为误差，才能达到精确测量的目的。为确定实验结果准确，还必须采用下述方法。

3.4.3　高压窄脉冲电源及优化

高压窄脉冲电源是产生脉冲电晕的能量来源，为了提高电晕放电能量利用率，在电源研究中表现为提高电源效率和优化脉冲输出特性。经各国研究者的努力，电源效率已达 70%～80%，对电源输出特性的优化也有一致的见解，即高的脉冲电压峰值和短的脉冲上升时间。

各国研究者研制成各具特色的高压窄脉冲电源，而在脉冲形成和传输中的开关元件几乎都为 RSGS，因此，RSGS 是该电源中的关键元件，有必要讨论脉冲形成和传输过程中的耗能和波形畸变。

经过数十年的大功率高压脉冲技术的研究（特别是苏联所做的研究），该领域的许多技术已较为成熟。因此，脉冲电源研究应主要集中在放电回路上。放电回路决定着脉冲形成与传输的耗能和波形畸变，以及脉冲输出特性。

由相关文献可知在电源研究中还须考虑火花开关的烧蚀、脉冲形成电容的寿命和性能等，总之还须考虑电源整体寿命、脉冲电磁屏蔽和噪声屏蔽等。

高压窄脉冲电源输出特性主要由下列参数来体现：脉冲电压峰值、极限脉冲上升时间、最高脉冲重复频率、单次脉冲能量等。相关文献一致认为优化的电源输出特性为：高的脉冲电压峰值、短的极限脉冲上升时间、高的脉冲重复频率和大的脉冲功率。

为了达到优化的电源输出特性，需要努力实现：电源整体高的绝缘等级、高压直流电源大的输出功率、旋转火花隙开关高的转速、脉冲电容低的等效串联电感和电阻、放电回路低的分布电感。

反应器作为电源负载参与脉冲形成，电源输出特性必然与反应器结构、尺寸以及反应器状态有关。同时脉冲电晕特性由电源输出特性和反应器特性决定。

对旋转火花隙开关的研究是电源研究的最重要方面，旋转火花隙开关对电源效率和电源输出特性起着至关重要的作用。另外，若能获得频率可控的真空火花隙开关作为电源的脉冲形成和传输开关，则可能达到优化电源的目的。

3.4.4　电源和反应器系统优化

为了优化脉冲电晕特性，需确定电源和反应器中脉冲电晕特性的影响因素，提出最佳脉冲电晕特性判据，实现脉冲电晕特性最佳。这同时也是电源和反应器系统的优化过程。

3.4.4.1　影响脉冲电晕特性的因素

反应器对脉冲电晕特性的影响已引起许多研究者的注意，其结构和尺寸决定着电晕等离子体的时空分布。图 3-19 给出一组脉冲电压和电流波形，波形特性因反应器尺寸不同而不同。然而有关反应器结构和尺寸对脉冲电晕特性影响的研究较少。除反应器结构和尺寸对脉冲电晕特性有影响外，处理气体的成分也有很大的影响。O_2 含量的增多有助于脉冲能量的注入。相对湿度增大使脉冲波形振荡减小，脉冲电流上升时间减小，脉冲能量集中（图 3-20）。

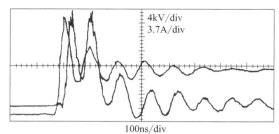

V_{max}=34.5kV；T_m=25.9ns；I_{max}=24.6A；T_n=29.9ns；Q_p=2.55×10⁻⁵C

(a)

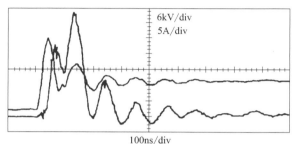

V_{max}=35.1kV；T_m=17.9 ns；I_{max}=33.2A；T_n=87.8ns；Q_p=3.45×10⁻⁵C

(b)

图 3-19   不同尺寸反应器的脉冲波形比较

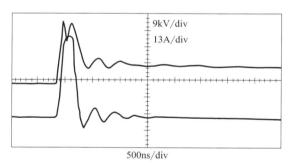

V_{max}=49.3kV；T_m=79ns；V_{min}=15.2kV；I_{max}=65.5 A；T_n=89 ns

图 3-20   相对湿度较大时脉冲波形

3.4.4.2   最佳脉冲电晕特性判据

如果达到电源和反应器匹配，不但可以减小脉冲能量在传输过程中的损失，而且还可以提高能量利用率；如果脉冲电流上升时间同脉冲电压上升时间相比差值大，则表示脉冲电晕形成受限制；如果单次脉冲脉宽窄则放电能量利用率高，相关文献对流光结构的观察结果恰好解释了这一现象。较多文献所得结果说明注入反应器单次脉冲能量太多，并非有效注入。

在脉冲流光形成过程中，脉冲电压瞬态值的大小对应着反应器内电场强度（空间电场）的大小；脉冲电流瞬态值的大小可近似地对应反应器内高能电子的密度。把脉冲电晕特性优化等价成在电场强度强的瞬态高能电子密度是合理的。

基于上述实验和分析，提出脉冲电晕特性最佳判据：若 P_{max}/W_p 达到实验条件所允许的最大值，则脉冲电晕特性最佳。P_{max} 表示脉冲能量峰值，W_p 表示单次脉冲的能量，P_{max}/W_p 的量纲为时间 t 量纲的倒数，该值表示能量脉冲的集中程度。如果 f 表示脉冲重复频率，则 $(P_{max}/W_p)f$ 为无量纲的脉冲能量，其值大小表示脉冲能量利用的有效程度。所以脉冲能量集中，即脉冲电晕特性最佳。脉冲能量集中指脉冲能量波形的上升沿和下降沿陡、脉宽窄且振荡小。此时 P_{max} 趋向 $(V_{max}I_{max})$，V_{max} 为脉冲电压峰值，I_{max} 为脉冲电流峰值。

3.4.4.3 系统优化

电源和反应器匹配指电源通过传输线传输到反应器的脉冲能量被反应器全部吸收而无沿传输线反射，在脉冲电参数上表现为脉冲电压、电流和能量波形无振荡。匹配是反映脉冲电晕特性的重要方面。

在小型实验装置上只要减小回路分布电感就可达到较好匹配（图 3-21），但这不适用于工业规模应用。如图 3-22 所示，电源通过调节直流基压也得到相关文献所给的一致结果（图 3-23），另外，通过调节反应器并联电容得图 3-24 所示的脉冲电参数。上述均可达到较好的电源和反应器匹配。

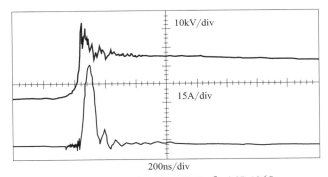

V_{max}=47kV；V_{min}=6.8kV；I_{max}=64.6A；Q_p=2.97×10^{-6}C

图 3-21　放电回路分布电感小时的脉冲波形

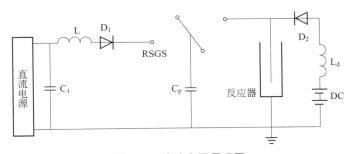

图 3-22　脉冲电源原理图

C_1、C_p—电容；D_1、D_2—二极管；L、L_d—电阻；DC—电源；RSGS—开关

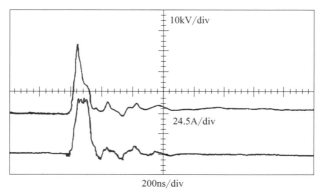

$V_{max}=46.7kV$；$V_{min}=16.8kV$；$I_{max}=66.6A$；$Q_p=6.1\times10^{-6}C$

图 3-23 加一定基压时的脉冲波形

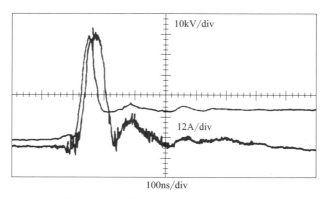

图 3-24 反应器并联电容时脉冲波形

上述给出了达到电源和反应器匹配的方法，在所得的脉冲波形中有一共同特点，脉冲电压波形拖尾的电压值较高，此时不存在脉冲流光，但存在直流电晕。所以达到匹配有可能是由于存在直流电晕。直流电晕的存在促进脉冲流光的形成，因为由流光理论可知流光形成分若干阶段，如雪崩、空间电荷形成和流光阶段等，所以直流电晕使反应器在注入脉冲能量时更快地过渡到流光阶段。这同时也解释了达到匹配时脉冲电流上升沿变陡且峰值更高。另外，相关文献中给出用电感和电阻串联再与反应器并联，同样起储能作用，也一样可以达到电源和反应器匹配。

第4章 直流电晕放电伏安特性

电晕（corona）原意是太阳周围的光环。该术语用于描述不均匀电场中出现的局部放电，如针对板、线对板或筒电极之间的局部电离和激发过程。在电极之间的电压还不足以使空气介质被完全击穿的情况下，如果在曲率半径较小的电极周围产生的不均匀电场足以使气体电离，这时的气体放电现象被称电晕放电。电晕放电是在大气压或高于大气压的条件下，两电极间电场分布不均匀而产生的一种放电方式。当在两电极加上较高电压但未达到击穿电压，而电极表面附近的电场（局部电场）又很强时，电极附近的气体介质就会被局部击穿而产生电晕放电现象。电晕放电产生的条件是：气压较高（一般是一个大气压或以上），电场分布很不均匀，并有几千伏以上的电压加到电极上。电晕放电中，电场的不均匀性对放电特性起着重要作用。电场的不均匀性同电极几何构形、电极间气体种类等有很大关系，电压高低、电极形状、极间距离和气体性质等因素决定着电晕放电的特性。在强电场区气体电离发光形成电离区域，或称电晕层。在此区域外，因电场弱，电流传导主要依靠正负离子和电子迁移，称该区域为迁移区域。若两个电极中只有一个电极起晕则放电迁移区只有一种符号的带电粒子，这种情况下电流是单极性的。

电晕放电按照外加电压频率可以分为直流电晕和脉冲电晕，外加电压为直流高压时放电称为直流电晕放电。电晕放电按照电极形状可以分为线-筒（管）、线-板、针-板、针-针以及由针-板结构演变而来喷嘴电极结构等多种形式。电极结构见图4-1。

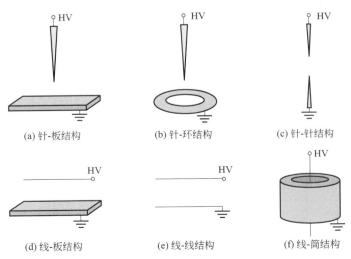

(a) 针-板结构 (b) 针-环结构 (c) 针-针结构

(d) 线-板结构 (e) 线-线结构 (f) 线-筒结构

图 4-1　典型电晕放电电极结构

工业生产排出大量废水、废气对环境造成的污染日益严重。污染物质不仅造成农业和渔业的损失，而且危害人体健康。如今市场无论是具有综合功能的空气净化器，还是单一功能的负离子发生器都需要通过电晕放电来产生负离子，电晕层的场强分布与伏安特性直接影响到仪器的性能。为得到更高的放电能量密度和放电稳定性，人们对各种电晕放电特性的研究也日渐深入。电晕放电在生活中的应用频繁，而了解其伏安特性对利用电晕放电处理大气污染意义重大，故本章将从三个方面介绍电晕放电的伏安特性。

4.1 多针对板电晕放电伏安特性

近年来，用电晕放电技术去除污染气体的研究日益广泛，为得到更高的放电能量密度和放电稳定性，人们对各种电晕放电特性的研究也日渐深入。Cristina 推导出用于静电除尘的线筒式电晕放电的伏安关系，与实验数据基本吻合，认为发射极表面不规则使计算得到的起晕电压略高于实际起晕电压。Yamada 通过实验总结出针对板负电晕放电的伏安关系式：

$$I = C_1(T-132)s^{-2.8}U(U-C_2T^{-1}s^{0.39}) \tag{4-1}$$

式中　　T——温度；

s——电极间距；

C_1、C_2——系数，由电极结构决定。

Adamiak 研究了针对板电晕放电的伏安特性，用边界元方法模拟极不均匀电场，用有限元方法推导空间电荷产生的电场，得到针对板电晕放电的伏安关系式为：

$$I = AK\varepsilon U(U-U_0)/d \tag{4-2}$$

式中　　A——介质阻挡材料的相对介电常数；

K——离子迁移率；

ε——气体介电常数；

U_0——起晕电压；

d——电极间距。

算得伏安曲线和实际曲线基本一致，认为设针尖为光滑的半球形使算得的起晕电压稍高于实际值，在针尖半径不太小（95μm）时准确预测地端平板上的电流密度分布。但目前人们对针板式直流电晕放电微观特性知之甚少。20 世纪 90 年代以来，研究人员将数学物理模型与传统实验方法结合对等离子体放电的微观特性进行了一系列的研究，但有关针板式直流电晕放电电离区及迁移区内电场强度和电流密度分布的理论研究方面的工作还不多见。目前人们对针-板式电晕放电的认识主要以 1914 年 Townsend 给出的线筒式电晕放电伏安特性的近似解为基础，其他学者发现针对板负电晕放电中的伏安特性具有相似的经验关系。本节将实验研究优化的电极结构中多针对板电晕放电的伏安特性，并重新推导伏安关系式。

4.1.1 电晕放电伏安特性分析

图 4-2 为放电实验装置示意图。直流高压电源分正、负，电压从 0 到 60kV 连续可

调，针尖间距 $a \geqslant 1\text{mm}$ 可调，在一直线上排列 10 根针，针板间距 $d \geqslant 5\text{mm}$ 可调，分辨率为 $10\mu\text{A}$、精度为 0.8% 的 μA 表检测放电电流，Tek P6015A 型分压器和 HP54503 型示波器检测外加电压。放电介质为常压空气，相对湿度 $40\%\sim50\%$，温度 $20\sim25^{\circ}\text{C}$。

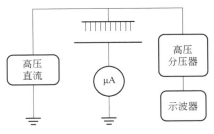

图 4-2　放电实验装置示意图

本实验装置在针尖间距为 20mm 左右时放电稳定且放电功率密度较高，针尖间距为 20mm、不同针板间距（d_{NP}）条件下的伏安曲线，如图 4-3 所示。

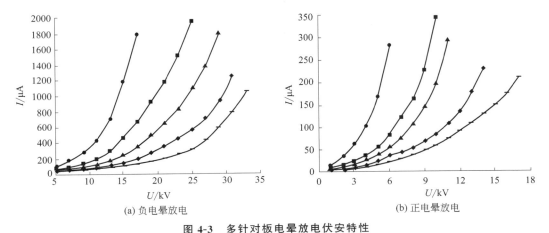

（a）负电晕放电　　　　　　　　　（b）正电晕放电

图 4-3　多针对板电晕放电伏安特性

$\bullet$—$d_{\text{NP}}=10\text{mm}$；$\blacksquare$—$d_{\text{NP}}=15\text{mm}$；$\blacktriangle$—$d_{\text{NP}}=20\text{mm}$；$\blacklozenge$—$d_{\text{NP}}=25\text{mm}$；—$d_{\text{NP}}=30\text{mm}$

图 4-3 中每条曲线右端为接近火花放电处电压和电流值。同其他结构电晕放电一样，无论正、负电晕，针对板电晕放电的放电电流随外加电压升高而增加；负晕的外加电压范围宽，即火花电压高；在相同外加电压下负电晕的放电电流大。所不同的是因其多针结构且针板间距较窄，电流密度较大，放电区内放电能量较高。图 4-3 为稳定的电流和电压值，正电晕放电中不包含初始流光的始发阶段，负电晕放电中不包含 Trichel 脉冲电晕阶段。因电压一直升到火花放电出现，所以必然包含辉光放电和预击穿流光阶段，但单从伏安曲线不能判断各阶段间的过渡过程，同时电晕放电各阶段区分还存在分歧。

4.1.2　伏安关系式推导

以空气为介质，在针对平板的电晕放电中只考虑迁移区（$r>r_{\text{c}}$，假设电晕放电电场的范围在图示虚线圆锥体内，该区域由电离区与迁移区两部分组成，r_{c} 为两区的分界线），电流由单极性的电荷传导，在电场作用下向板电极运动。如图 4-4，建立直角坐标系，高压针电极设半球状，半球半径为 a，θ 为方位角，球心为原点，距平板地极距离为 d。假设电晕放电电场作用区在图示虚线圆锥体内，各点电场强度 E_r 大小在空间位置上只与该点离圆锥顶点即原点距离 r 有关，方向同 r 在同一直线上，并同高压电极的极性相关。

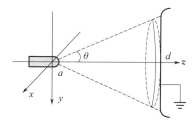

图 4-4　电极结构示意图

根据泊松方程，在球坐标系中电荷密度 ρ 满足方程

$$\frac{\partial (r^2)E_r}{r^2 \partial r} = \frac{\rho}{\varepsilon_0} \tag{4-3}$$

式中　ε_0——介电常数。

在迁移区中设 ρ 不随 r 而变，因 $r^3 \gg a^3$，由 a 到 r 积分得

$$E_r \approx \frac{\rho r}{3\varepsilon_0} + a^2 E_a / r^2 \tag{4-4}$$

式中　E_a——针极球面处场强。

设 $E_r = -\mathrm{d}U/\mathrm{d}r$，由 a 到 d_{NP} 积分得

$$U \approx \rho d_{NP}^2 / 6\varepsilon_0 + a_2 E_a \left(\frac{1}{a} - \frac{1}{d_{NP}}\right) \tag{4-5}$$

只考虑迁移区，E_a 可近似为起晕电场强度 E_s，所以 a 用 r_c 来近似，利用同心球电场强度公式得

$$U_s \approx a^2 E_a \left(\frac{1}{a} - \frac{1}{d_{NP}}\right)$$

则

$$U - U_s \approx \rho d_{NP}^2 / 6\varepsilon_0 \tag{4-6}$$

设 J 为电流密度，μ 为带电粒子迁移率且迁移区 μ 与 E 无关，则在圆锥体内距原点为 r 的曲面上电流 I 为

$$I = 2\pi r^2 (1 - \cos\theta)\mu\rho E_r \tag{4-7}$$

以抛物面针对平面电极的轴向电场强度近似为 E_r，当 $r = d_{NP}$ 时，$2d_{NP} \gg a$，则

$$I \approx \frac{12\pi\varepsilon_0 (1 - \cos\theta)\mu}{d_{NP}\ln 2d_{NP}/a} U(U - U_s) \tag{4-8}$$

设 $\cos\theta = (4/5)^{1/2}$，$a = 1\mathrm{mm}$，$\varepsilon_0 = 8.854\mathrm{pF/m}$，对负电晕放电 $\mu^- = 2.7\mathrm{cm}^2/(\mathrm{V} \cdot \mathrm{s})$，则

$$I \approx \frac{9.5}{d_{NP}\ln 2d_{NP}} U(U - U_s) = c_1 U(U - U_s) \tag{4-9}$$

式中　I——电流，$\mu\mathrm{A}$；

　　　U——电压，kV；

U_s——起晕放电电压；

c_1——常数。

正电晕放电 $\mu^+ = 2.0\,\mathrm{cm}^2/(\mathrm{V}\cdot\mathrm{s})$ 代替 μ，则

$$I \approx \frac{7.0}{d_{\mathrm{NP}}\ln 2d_{\mathrm{NP}}}U(U-U_s)=c_2 U(U-U_s) \tag{4-10}$$

式中　c_2——常数。

4.1.3　c 值确定

设 $c=I/U\,(U-U_s)$，根据图 4-3 中数据作 c-U 曲线，见图 4-5。在负电晕放电中 [图 4-5（a）]，当 $d\geqslant 15\mathrm{mm}$ 时，各曲线中 c 随电压以指数形式上升，表明经过放电的初始阶段已形成电晕放电，且放电强度增强。当 c 达到并保持变化不大的平直部分时，表明处于稳定的电晕放电，随着针板间隙变大平直部分明显，即对应的外加电压范围更宽。通过加大针尖间距测量伏安曲线知，在 d 较小时平直部分不明显是由于多针结构电极中相邻针放电的彼此影响，同时也受 d/a 值变小的影响。随外加电压继续升高，c 由平直向上升发展，表明电晕放电向预击穿流光过渡。

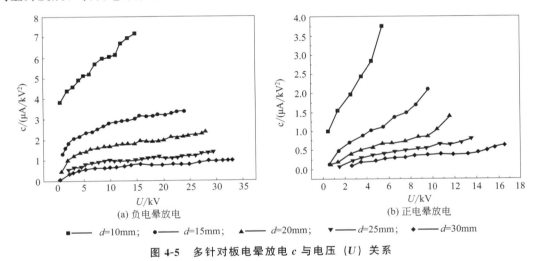

图 4-5　多针对板电晕放电 c 与电压（U）关系

由图 4-5（b）见，在正电晕放电中也有同负电晕放电相似的特点，c 平直部分对应的外加电压范围变小，针板间距更大时曲线出现平直部分。这是因为电子雪崩方向不同于负电晕放电中的方向，且正离子迁移率小于负离子，相对于负电晕放电在迁移区中正电晕放电的电场分布更接近相同电极结构的静电场。对于多针对板结构的放电，针尖间距对正电晕放电的影响更大。同时相对于负电晕放电，随外加电压升高 c 由平直部分向上升发展更快，即电晕放电向预击穿流光过渡点更明显，后面的分析将解释其中的原因。

图 4-5（a）中，$d=30\mathrm{mm}$、$25\mathrm{mm}$、$20\mathrm{mm}$ 时曲线平直部分的 c 分别约 0.75、1.0、1.7。用 Peek 公式计算起晕场强，通过计算得到 $10\mathrm{mm}\leqslant d\leqslant 30\mathrm{mm}$ 时，U_s 约 2.3kV。根据式（4-9）得 $d=30\mathrm{mm}$、$25\mathrm{mm}$、$20\mathrm{mm}$ 时 c_1 分别为：0.077、0.097、0.13。图 4-5（b）中，$d=30\mathrm{mm}$、$25\mathrm{mm}$、$20\mathrm{mm}$ 时曲线平直处的 c 分别约 0.42、0.57、0.80。根据

式（4-10）得 $d=30mm$、$25mm$、$20mm$ 时 c_2 分别为：0.057、0.072、0.095。比较实验值（10 根针放电）和计算值（1 根针放电）可见，推算结果同实验结果的正、负电晕放电 d 在一定范围内一致。Sigmond 估算出针板电晕放电中单极性离子的最大电流 $I_s=2\mu\varepsilon_0 U^2/d$，本节实验得到的电流值和理论分析得到的电流值 $<I_s$，即 c_1 和 $c_2<2\mu\varepsilon_0/d$。Robledo-Martinez 实验研究了低气压下湿空气中针对板电晕放电伏安特性，其针与板间隙在 $10\sim30cm$ 间，d 比本节实验中的 d 大一数量级。利用本节 c 与 d 的关系得 c 同实验 c 值比较，正负电晕放电基本一致，说明本节 c 与 d 的关系式在 d 较大时适用。因 c 和 d 不是线性关系，d 越小放电区放电能量密度越高。但随 d 减小，放电稳定性下降。最近 Akishev 和 Callebaut 等较详细地研究了针板放电伏安特性，得到快速气流通过放电区提高放电稳定性；同时将放电分成电晕、辉光和火花阶段，并得到在电晕区 I/U 同 U 成正比，在电晕区向辉光区过渡中 I/U 同 U 成指数关系。由于电场结构为极不均匀场，同时正、负电晕放电模式不同，在放电区中辉光放电的区域应不同，正电晕中流光放电可发生在针板间几乎整个间隙之间，而负电晕中辉光区只局限在针电极附近，这也是正电晕中 c 由平直部分向上升阶段发展快的原因。本节估算的伏安特性关系式只适于各文献中电晕放电的稳定阶段，这正好同 Akishev 和 Callebaut 得到的实验结论吻合。所以电晕放电实验中得到的 c-U 曲线可判断电晕放电的各阶段，c 由平直部分开始上升意味着放电向预击穿发展，以此可判断放电趋于不稳。

本节近似计算和实验结合确定了空气中针对板电晕放电的伏安关系 $I=cU(U-U_s)$ 中的 c 值；根据 c 同针板间距的关系，得到针板间距小则电流密度大、放电功率密度大；根据 c-U 曲线变化趋势，初步划分了电晕放电的各放电阶段。

4.2 多电极管线电晕放电伏安特性

电晕放电是常压下产生等离子体的主要放电方式并广泛应用于环境污染治理中。在电晕放电中，电极的几何构型起着至关重要的作用，直接影响电晕放电系统稳定性、能量注入效率、放电空间场强等放电参数和处理污染物效果。传统电晕放电发生技术中的电极结构多为线-筒式、线-板式等简单装置，对于废气处理多用线-筒式装置。大量实验已经表明，在一定程度上，废气处理效率和其在反应器内停留时间成正比，和等离子体能量注入成正比，基于传统烟气处理发生装置存在运行电压高、空间扩展性差、能量注入率相对较小及电源能量效率低，对进一步工业应用有一定的局限性。通过增大反应器直径可有效提高气体处理流量及增长停留时间，但同时也导致电晕区减小以及能量注入减少，去除效率反而更低。减小反应器尺寸，虽然注入能量变大，但更容易发生火花放电，造成等离子体发生的不稳定，同时处理气量也变小，反而不利去除废气。因此如何保证在通过处理气量较大的条件下仍保持高的处理效率，是研究者一直追求的目标。

针对上述问题，本章基于气体处理中常用同轴筒式反应器基础上，通过对放电特性的实验研究确定有效增强放电效果的电极形式，从而得出一种更有利于放电发生和能量注入的筒式放电发生技术，本书称之为齿轮阵列电极-筒式电晕放电，并通过对此型电极的不同结构方式考查其伏安特性。

4.2.1　实验装置的建立

4.2.1.1　实验装置

（1）电晕放电反应器结构

实验中电晕放电反应器以直径为 56mm、高 800mm 不锈钢筒为地电极，放电电极是由线电极、圆片阵列型或齿片阵列型电极组成（由数个不锈钢齿轮或者圆片串装而成，厚度均 1mm，如图 4-6），其中线型电极直径 3mm，圆片直径 D_1 为 30mm，齿轮直径 D_1 分别为 50mm、30mm 和 5mm，齿数 20 个，电极片中间小孔直径 D_2 均为 3mm（如图 4-7）。

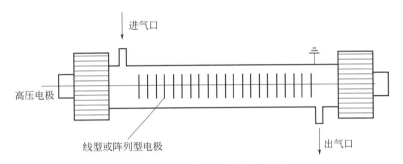

图 4-6　阵列-筒式反应器示意图

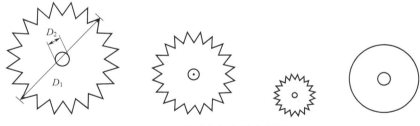

图 4-7　阵列电极中的电极片

（2）供电电源

实验所用的负直流高压电源原理见图 4-8，输入端为经过 T1 自耦实现 220V 可调，经过 T2 实现 0～20kV 电压输出，其次经过二倍整流实现 AC/DC 转化同时电压扩大 3 倍，最后在 V_0 点输出直流高压为 0～60kV 可调，正直流同样的原理实现 0～60kV 可调。

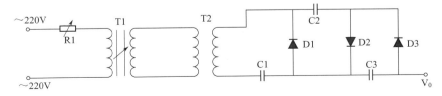

图 4-8　直流高压电源电路原理示意图
R1—电阻；C1、C2、C3—电容；D1、D2、D3—单向电极管；T1、T2—变压器

本实验用正极性短脉冲电源电路原理见图 4-9，直流电源部分的原理与图 4-8 一致，其中 Ce 为储能电容，Cp 为脉冲成形电容，通过两个互相垂直的两个火花隙开关 RSG1 和 RSG2 的交替导通与断开，实现成形电容的充电和向反应器的放电从而形成脉冲，在反应器上即可获得前沿陡峭的窄（短）脉冲高压。

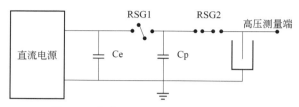

图 4-9　火花间隙式正极性短脉冲电源

4.2.1.2　实验内容

本章实验中放电介质为空气，由气泵将空气鼓入放电区域作为放电气源并从出气口排出，流量为 $0.5m^3/h$，相对湿度 $50\%\sim60\%$，温度 $15\sim20℃$。通过在反应器有效长度（660mm）一定的前提下加载正直流、负直流和正脉冲三种供电方式研究电极形状、放电齿轮间距 a、放电间距 d、放电电压 U、脉冲频率 f 对伏安特性的影响，得出优化规律和最优条件，并研究供电方式对放电特性的影响，在满足高压放电设备要求的基础上优化电晕放电发生装置的结构和供电方式从而尽可能提高反应器生成活性物质的能力和数量。主要内容包括探究电极结构和供电方式对伏安特性的影响。

（1）电极结构对伏安特性的影响

1）放电电极形状：分别用线型、圆片阵列型、齿轮阵列型电极作为高压电极考查在三种供电方式的条件下电极形状的对伏安特性的影响。

2）齿轮放电间距 d：在三种供电方式的条件下研究改变放电间距 d 对伏安特性的影响。

3）齿轮间距 a：在三种供电方式的条件下研究齿轮间距 a 对伏安特性的影响。

4）齿轮数目 n：考查片数 n 对伏安特性影响并考查在有限放电区域内最大输出功率所需用的片数 n。

（2）供电方式对伏安特性的影响

分别加载正直流、负直流、正脉冲三种高压研究优化条件下三种供电方式的伏安特性及功率注入能力。

实验分析方法：

1）为便于表述，本实验脉冲电压电流均用峰值电压电流表示。

2）正、负直流功率计算方法：

$$P = UI \tag{4-11}$$

3）脉冲功率计算方法：

注入功率 P 可以按下式计算：

$$P = \int_0^r u(t) \times i(t) \mathrm{d}t \times f \tag{4-12}$$

式中　$u(t)$——瞬时电压，V；

　　　$i(t)$——瞬时电流，A；

　　　t——单脉冲时间，s；

　　　P——注入功率，W；

　　　f——频率，Hz。

　　4）功率密度表示及计算方法：

$$\rho_\rho = P/dan \tag{4-13}$$

式中　ρ_ρ——功率密度，$\mathrm{W/cm^2 \cdot 个}$；

　　　P——放电功率（或称注入功率），W；

　　　d——放电间距，m；

　　　a——齿轮间距，m；

　　　n——片数目，个。

4.2.2　实验结果与讨论

4.2.2.1　放电电极形状对放电特性的影响

　　为优化电晕放电反应器，选择合适的放电电极形状是需要解决的首要问题。本节以线-筒结构为原型，通过对筒式反应器配置线型、圆片阵列型、齿轮阵列型三种不同类型电极（其中圆片和齿轮数目均为 10，片间距 a 为 25mm）作为高压电极进行放电特性研究，其中外接地筒筒长 $l=800\mathrm{mm}$，直径 $R=56\mathrm{mm}$，分别加载正直流、负直流、正脉冲高压，结果如图 4-10 所示。

　　本实验中电压变化范围为起晕电压至接近火花放电处电压。图 4-10 结果表明，电晕放电电流随着高压电压的增大而增大；线型电极对应的起晕电压最高，击穿电压最高，而齿轮阵列型起晕电压和击穿电压相对最低；在相同电压下齿轮阵列型电极放电电流明显大于圆片阵列型，圆片阵列型电极的放电电流又明显大于线型电极的放电电流。表 4-1结果表明，三种供电方式中齿轮阵列-筒式放电均有最大输出功率，其次是圆片阵列-筒式功率，线-筒式放电输出功率最小，其规律与其伏安特性规律相符，且齿轮阵列型电极可以在相对较低的电压下输出更大的功率。

表 4-1　三种供电方式最大输出功率 P_{max}

电极类型	正直流 P_{max}/W	负直流 P_{max}/W	脉冲 P_{max}/W
线型	0.901	1.584	1.31×10^{-3}
圆片阵列型	1.14	11.70	2.93×10^{-3}
齿轮阵列型	25.75	26.055	5.05×10^{-3}

　　圆片阵列-筒式反应器中单个圆片与筒的电场关系等效于线板式电场分布，齿轮阵列-筒式反应器中单个齿针-筒壁电场分布近似等于针板式电场分布。线-筒式、线-板式电场

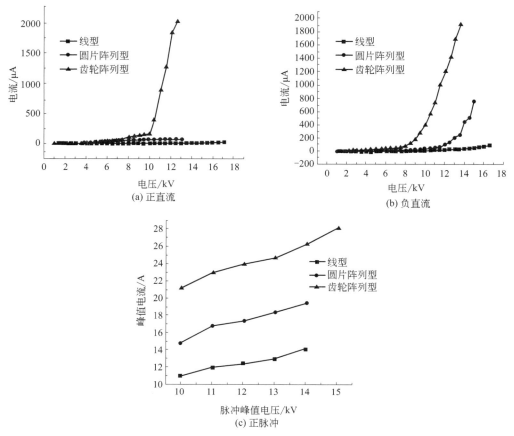

图 4-10　电极形状对 U-I 的影响

强度与电压 U 成正比而与电极间距 d 成反比,圆片阵列式放电距离远小于线筒式放电距离,加载相同电压时圆片阵列式产生的电场强度要大于线筒式电场强度。放电电极曲率半径越小,产生的电场强度越大,则相同放电间距下,针-板式电场强度远大于线-板式电场强度,因此齿轮阵列型电极产生的电场强度要大于圆片阵列型电极。电场强度越大对电子的加速作用越强,电子获得的能量越大且相互碰撞电离并进一步形成电子崩的效果越明显,从而电晕放电电流越大且输出功率越大。

综上所述,实验从放电稳定性和最大输出功率两方面可以论证得出:齿轮阵列-筒式>圆片阵列-筒式>线-筒式。由此可得,在脱硫脱硝等气体处理筒式反应器中,不仅可以有效降低电晕放电运行电压,有效提高放电功率输出,而且在保证气流量足够大,采用大直径接地筒的前提下,为使放电区域不减弱可以通过采用齿轮阵列电极作为高压电极,因此,本实验选择应用齿轮阵列电极作为高压电极。

4.2.2.2　放电间距 d、齿轮间距 a 及齿轮数目 n 的放电特性研究

本节通过研究齿轮阵列-筒式电晕放电反应器高压电极距外接地筒距离即放电间距 d、齿轮间距 a 和齿轮数目 n 对三种供电方式下的电流、功率及功率密度的影响,最终通过

对结构配置优化得出最优化的方法、规律和结论，图 4-11 为反应器横截面结构示意图。

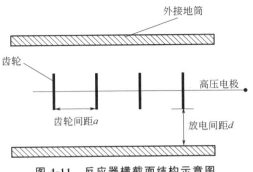

图 4-11 反应器横截面结构示意图

（1）放电间距 d 对放电特性影响

放电齿轮阵列电极参数：厚度 $h=1$mm、齿轮数目 $n=10$、直径 D 分别为 25mm、15mm 和 5mm，齿轮间距 35mm，对应的放电间距 d 分别为 3mm、13mm 和 23mm。对反应器加载正直流高压进行放电，放电间距 d 对放电伏安特性曲线的影响如图 4-12 所示。

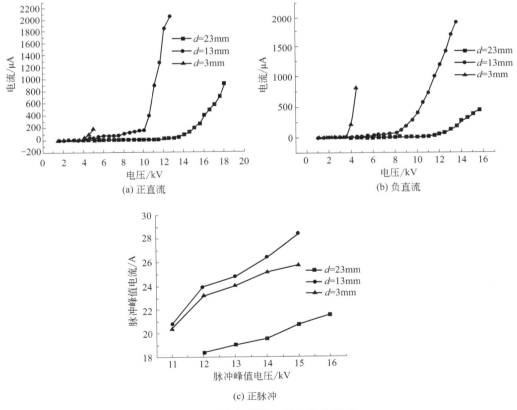

图 4-12 放电间距 d 对 U-I 的影响

由图 4-12 U-I 特性曲线可以得出，无论是正直流、负直流还是正脉冲电晕放电，在一定的电压范围内电流随着 d 的增大而增大；放电距离 d 越小，起晕电压变小，击穿电压越低，电晕区越小；放电距离 d 越大，起晕电压变大，击穿电压增大电流越小。如正直流放电实验结果中，当 d 为 3mm 由于放电间距过小而可放电区域为 $1.5\sim4.5$kV，电流对应为 $1\sim26\mu$A，可放电区域过小且放电不稳定；d 为 23mm 时，可放电区域为 $1.5\sim18$kV，电流对应为 $1\sim930\mu$A，击穿电压因放电间距增大而大大提高，但同时放电电流仍然较小；当 d 为 13mm 时放电稳定且可放电范围为 $1.5\sim12.5$kV，在 12.5kV 时有最大输出电流 2060μA，输出电流最大，对于三种供电方式有 d 为 13mm 时输出电流均为最大。

（2）齿轮间距 a 对放电特性影响

图 4-13 为齿轮阵列筒式放电的效果图，其中放电间距 d 为 13mm，齿轮数目为 15 个，正直流电压为 10kV、负直流电压为 14kV、正脉冲峰值电压为 14kV 时，齿轮间距 a 分别选择 10mm、20mm、30mm，曝光时间为 8s 时的放电状态。

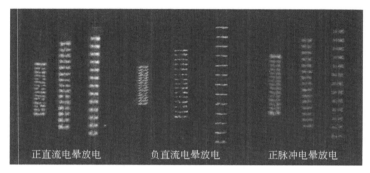

图 4-13 三种供电方式下齿轮间距 a 对放电影响

由图 4-13 可以看出加载不同的供电方式会产生不同的放电效果，且放电齿轮间距不同时其状态也有差别。

研究 a 对齿轮放电特性的影响实验中，放电齿轮数目为 15 个，齿尖距筒放电距离为 13mm，正、负直流以及正脉冲放电（成形电容为 400nF）伏安特性如图 4-14 所示。

由图 4-14 可得出随着齿轮间距 a 从 5mm 增大到 35mm 的过程中，三种供电方式中，电压、间距对电晕放电的影响均有：随着电压的增加电流增加；随着 a 的增大电流增大，但增大的趋势逐渐放缓；随着电压 U 的增大，a 对电流的影响越明显；随着间距 a 的增大，起晕电压上升，击穿电压下降，伏安特性曲线斜率增大。

电场强度在有效范围与距离内成反比，电晕放电过程中在电压相对较小时齿轮间的电场强度不够大因而对电流影响较弱，可以忽略。当电压足够大时，齿片间的电场强度足够大而产生相互影响，其电极间因 a 的不同有相互促进和相互抑制的作用，距离 a 过小，抑制作用起主导作用，因此随着 a 的增大，抑制作用减小而放电区域电场不稳定性增大，因此电流会增大。

（3）齿轮数目 n 对放电特性影响

实验中齿轮间距为 15mm，齿尖距筒放电距离为 13mm，由于这三种供电方式的起晕放电和击穿电压不同，为更科学地反映齿片数目的影响，实验取放电电压近似等于每种放电形式的火花电压的 80%，即分别为正直流电压 11kV、负直流电压 14kV、正脉冲峰值电压 14kV，实验齿轮数目分别为 10 个、15 个、20 个、25 个、30 个时测量齿轮数目对伏安特性影响，如图 4-15、图 4-16 所示。

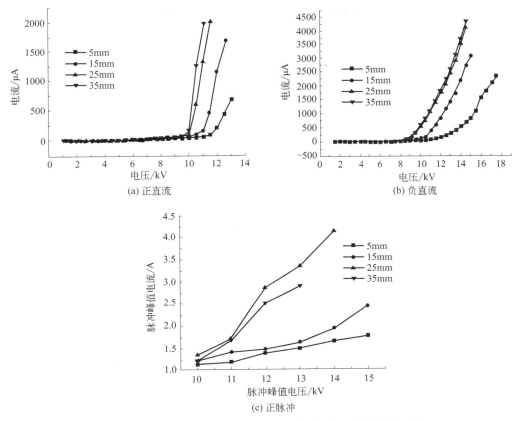

图 4-14　三种供电方式下齿轮间距 *a* 与电压 *U* 对放电的影响

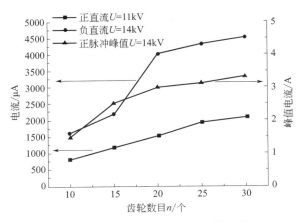

图 4-15　齿轮数目 *n* 与电流 *I* 的关系

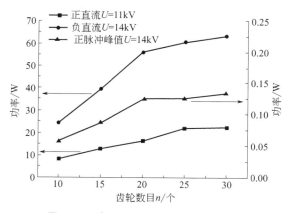

图 4-16 齿轮数目 n 与功率 P 的关系

由图 4-15 可以得出，对每一种供电形式的电压一定时，随着齿轮数目的增大电流增大，但增加的速度逐渐放缓，齿轮数目由 10 个增至 20 个时电流远大于由 20 个增至 30 个的增加量。由图 4-16 可以得出，随着齿轮数目 n 的增加放电功率增大，与电流增加的趋势一致，可以说明，电流和功率的增大与齿轮数目成正相关但并不是成正比关系，在齿轮数目达 20 个之后随着齿轮数目的增加输出功率增加但增加缓慢。

4.2.2.3 最优条件下三种供电形式放电特性

调整齿轮电极配置为放电间距 d 为 13mm，齿轮间距 a 为 25mm，即 d/a 为 0.52 可达到最优化，反应器齿轮数目 n 为 26 时，可使本实验齿轮阵列筒式电晕放电反应器达到最优化，并进行以下实验。如图 4-17 为加载正直流、负直流、正脉冲高压放电的形貌，其中曝光时间 8s，正直流电压为 11kV、负直流电压为 14kV、正脉冲峰值电压为 14kV。

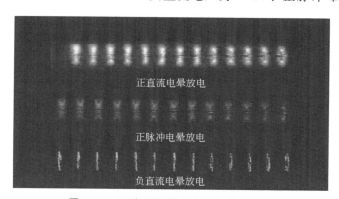

图 4-17 三种不同供电方式电晕放电图

齿轮阵列-筒式反应器在最优化条件下加载三种供电方式，得到图 4-18 伏安特性曲线，图 4-19 为最优化条件下三种供电方式的电压-功率关系曲线。

由图 4-18 可得出，相同电压下负直流电晕放电比正直流电流大，且起晕电压低，击穿电压高；由图 4-19 可得出，负直流最大输出功率远大于正直流，正直流远大于正脉冲。

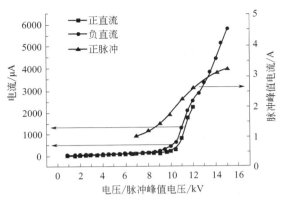

图 4-18　结构优化后的伏安特性

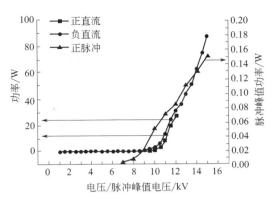

图 4-19　结构优化后的电压-功率关系

4.3　管线极电晕放电伏安特性

电晕放电是在大气压或高于大气压条件下，电极表面曲率半径很小、放电空间电场分布不均匀、电极表面附近电场较强时，发生的放电现象。电晕放电包括正电晕、负电晕等。负电晕是电晕层出现在曲率半径小的阴极的放电形式，阴极一般为针状或是细丝状，而阳极一般为圆筒或平板。其中线筒式负电晕放电是一种典型的负电晕放电形式。

筒式静电除尘器是线筒式电晕放电的一个典型应用。烟气中的尘粒在电除尘器电场中得电，向收尘极运动，然后被收集。其中，电场特性对除尘器的除尘特性有关键影响。鉴于此，本章以服务于实际为本，对电晕放电系统进行理论和实验分析。通过筒式电晕放电伏安特性关系的研究，测得最佳的放电参数，从而指导除尘器的生产。这将对除尘器的设计产生推动作用，使设计趋于合理、高效、节省。本章对高压静电除尘技术起到补充和深化的作用，对高压静电除尘器的优化提供一定理论指导。

4.3.1　实验装置

图 4-20 为实验装置示意图。直流高压电源是负高压电源，电压从 0 到 60kV 连续可调。分辨率为 0.2LA 的微安表用于测量放电电流。电晕线半径分别为 0.15mm、0.25mm、0.5mm，有效长度均为 1m，反应器半径分别为 100mm、80mm、50mm。反应器内放电介质为常压空气，保持在常温常压下，为 20～28℃。

4.3.2　实验结果

实验中测量得到了不同阳极和阴极半径下，线筒式电晕放电的伏安特性关系，再根据实验所得放电电流和外加电压的关系，计算得到各筒径和线径下的 I-U 关系。图 4-21 给出

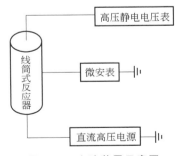

图 4-20　实验装置示意图

了负电晕放电下阳极半径分别为 100mm、80mm、50mm 时，不同阴极半径下的 I-U 关系，并给出了由各实验曲线拟合出的趋势线。

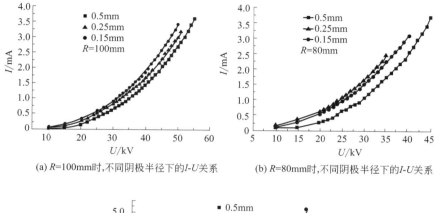

(a) R=100mm时,不同阴极半径下的I-U关系   (b) R=80mm时,不同阴极半径下的I-U关系

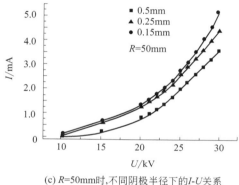

(c) R=50mm时,不同阴极半径下的I-U关系

图 4-21 不同阳极和阴极半径下圆筒式电晕放电伏安特性关系图

由图 4-21 可以发现，相同的实验条件下，放电电流随着所加电压的不断升高而增加；而且随着阳极半径阴极半径的不断减小，放电电流不断增大。另外，实验研究表明，不同阳极半径下 I/U 与 U 之间成较好的线性关系，如图 4-22 所示。

对于上面 I/U 与 U 之间的线性关系可以从下面进行理论分析：汤姆生认为电荷密度 ρ 应满足泊松方程，在圆柱坐标中，若以 r 为离轴的距离，则有

$$\frac{1}{r} \times \frac{\mathrm{d}}{\mathrm{d}r}(rE) = \frac{\rho}{\varepsilon_0} \tag{4-14}$$

欧姆定律为

$$J = \mu\rho_r E_r \tag{4-15}$$

式中 J——电流密度；

  μ——相应带电粒子的迁移率；

  ρ_r——距离轴为 r 的电荷密度；

  E_r——距离轴为 r 的的电场强度。

在实际感兴趣的区域中，可认为迁移率 μ 与电场 E 无关。若 I 为电位长度电晕导线下的电流，则

$$I = 2\pi r\mu\rho_r E_r \tag{4-16}$$

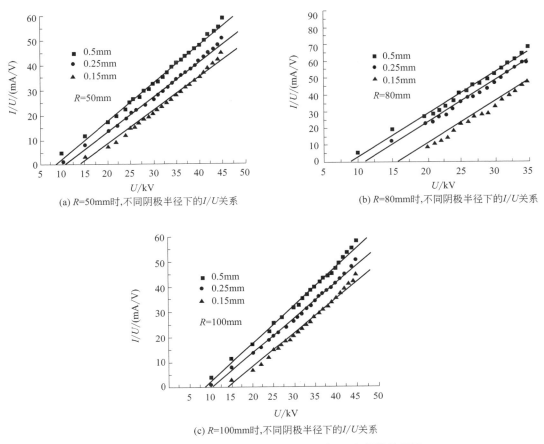

(a) $R=50mm$ 时,不同阴极半径下的 I/U 关系　　　(b) $R=80mm$ 时,不同阴极半径下的 I/U 关系

(c) $R=100mm$ 时,不同阴极半径下的 I/U 关系

图 4-22　不同阳极和阴极半径下 I/U 与 U 之间的关系图

这里认为空间电荷所引起的电场畸变很小，并可忽略不计。此种情况下，电场强度（E_r）有关系式

$$E_r = E_{r_0} \frac{r_0}{r} \tag{4-17}$$

式中，E_{r_0} 为在 $r = r_0$ 处的电场强度，即电极导线外表面上的电场。

由式（4-17）可知，rE_r 为一常数。由于电流 I 与 r 无关，则从式（4-22）可以看出，ρ_r 为常数。将式（4-14）对 r 从 r_0 到 r 求积分，可得

$$E_r r - E_{r_0} r_0 = \frac{\rho}{2\varepsilon_0}(r^2 - r_0{}^2) \tag{4-18}$$

与 r^2 比较，r_0^2 可以略去；用 $\dfrac{dU}{dr}$ 代替 E，再从 r 积分到 R，当 $r = r_0$ 时，$U = 0$，汤姆生得出

$$U = \frac{\rho}{4\varepsilon_0}(R^2 - r_0{}^2) + E_{r_0} r_0 \ln \frac{R}{r_0} \tag{4-19}$$

对于 $r = R$，由式（4-16）

$$I = 2\pi R \mu \rho E_R \tag{4-20}$$

式中　E_R——电场强度。

根据式（4-17），由空间电荷不存在时的计算关系，可推得

$$E_R = \frac{U}{R\ln(R/r_0)}, \quad E_{r_0} = (Er)_s = \frac{U_s}{r_0\ln(R/r_0)} \tag{4-21}$$

将 E_R 代入式（4-20），即有

$$\rho = \frac{I\ln(R/r_0)}{2\pi\mu U} \tag{4-22}$$

式中　μ——迁移率。

再将式（4-21）和式（4-22）的 E_{r_0} 和 ρ 代入式（4-19），并考虑到 $r_0^2 \ll R^2$，汤姆生得到下面的方程

$$I = \frac{8\pi\varepsilon_0\mu(U - U_s)U}{R^2\ln(R/r_0)} \tag{4-23}$$

式（4-23）给出了单位长度导体的电流和加在半径分别为 r_0 和 R（$r_0 \ll R$）的两圆筒电极上的外加电压 U 和阈值电压 U_s 之间的函数关系。

由式（4-23），电流取决于电压 U 平方，将此式左右两边同除以 U，则得出具有直线方程形式的对比特性方程式

$$y = \frac{I}{U} = \frac{8\pi\varepsilon_0\mu}{R^2\ln(R/r_0)}(U - U_s) \tag{4-24}$$

由式（4-24）可知，在近似情况下，I/U 与 U 之间呈线性关系，与实验相符。

第5章 流向变换等离子体用于挥发性有机物去除

流向变换是一种过程强化技术，目的是使系统结构更紧凑、能量利用率更高、产物更少。该技术的提出始于 1938 年，Cottrel 提出了该操作概念并申请了相关专利。目前，流向变换技术多与催化燃烧技术相结合，可用于净化含硫、含氮和挥发性有机物等组分的工业废气。在流向变换催化燃烧反应器的运行过程中，当废气正方向流动维持一段时间后，改变运行方向由反方向进气，该过程重复进行。通过周期改变气体流向，可将反应放出的热量用于入口气体的预热，实现热量的有效利用。流向变化技术将反应过程和换热过程高度集中，有效提高了能量利用率。根据流向变换原理，利用流向变换和低温等离子体的有效结合，实现低温等离子体系统能量的有效利用并提升 VOCs 降解效率和系统能效，是两种技术协同的有效尝试，也为等离子体技术在实际应用中的推广提供技术基础。

5.1 流向变换-等离子体技术去除 VOCs 研究

5.1.1 流向变换-等离子体反应系统热量分布研究

5.1.1.1 换向周期对反应系统的影响

换向周期是影响流向变换反应器操作性能以及运行状况的重要参数。如果换向周期太短，反应过程中产生的热量无法移动，导致大量的热量蓄积在反应器放电区，不利于热量利用，还易导致放电区中心温度过高。换向周期太长，气体长时间保持同一流向，热峰位置越来越靠近反应器两端边缘，最终大量热量被尾气带出，导致放电区温度下降。

(1) 对温升的影响

考察了场强为 13.1kV/cm、频率为 150Hz、接地极匝数为 7 匝、气体流速为 15cm/s 条件下，换向周期为 6min、8min、10min、12min、14min 时 ΔT 变化情况（图中 1~7 表示反应器上 7 个温度测点），结果见图 5-1。

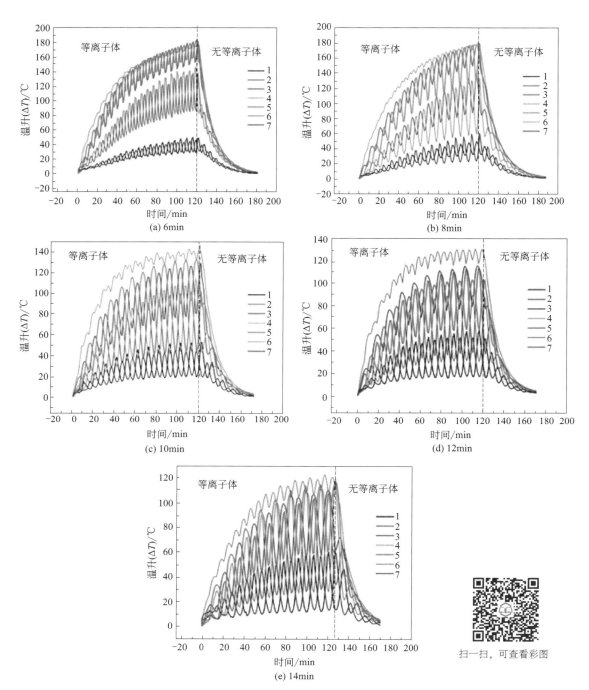

图 5-1　各换向周期下温升 ΔT 变化情况

由图 5-1（a）可见，放电区测点 4 的 ΔT 最高，接近放电的测点 3 与 5 的 ΔT 次之，接近出口的测点 1 与 7 的 ΔT 最低。对比图 5-1（a）与图 5-1（e）可以看出，换向周期延长，放电区 ΔT 有所下降。这是由于换向周期延长，热量随气流移动使得出口端蓄热段和气体出口温度上升，即气流从放电区携带出的热量增多，使放电区 ΔT 下降。当换向周期为 6min 时，位于放电区的 4 测点的 ΔT 随着时间增加呈上升趋势，且上升趋势逐渐

扫一扫，可查看彩图

变缓；当换向周期增至 10min、12min、14min 时，在同一个周期内，放电区 ΔT 存在明显的先上升后下降的趋势，这是由于放电产生的热量随着气流移动，导致蓄热段温度升高，放电区 ΔT 有较小幅度的下降。蓄热段温度测点中，1 与 7、2 与 6、3 与 5ΔT 随流向变换发生周期性变化，其变化周期和反应系统的变换周期一致，且越接近放电区的温度测点，ΔT 变化越明显。放电 120min 后停止放电。之后，随着时间的推移，放电区 ΔT 沿一条平滑的曲线下降，蓄热段的 ΔT 仍然随流向变换周期性下降，直到达到室温，说明放电过程中的很多能量会以热量形式散逸，本系统加有保温措施后，会在一定程度上减缓热量的损失，有助于提高化学反应活性和污染物降解。

因放电区温度升高明显，考察了不同换向周期时间下各经历 8 个周期后，放电区测点 4 的 ΔT_{max} 变化，结果如图 5-2 所示。从图可以看出，经过 8 个周期后，当换向周期为 8min 时 ΔT_{max} 达到最大值，为 147.7℃。

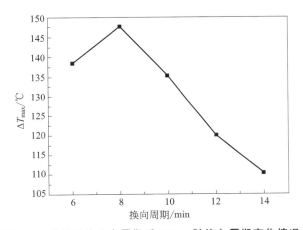

图 5-2　经相同的 8 个周期后 ΔT_{max} 随换向周期变化情况

（2）对能量密度（SED）的影响

换向周期对反应系统 SED 的影响见图 5-3。

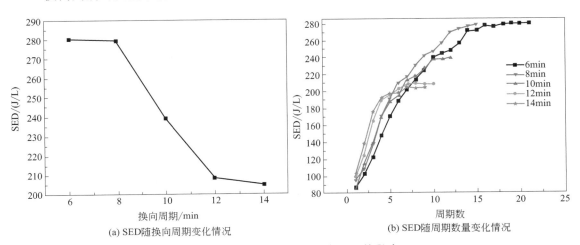

(a) SED随换向周期变化情况　　　(b) SED随周期数量变化情况

图 5-3　换向周期对反应系统 SED 的影响

由图 5-3 可知，随着换向周期的延长，SED 逐渐减小。当换向周期为 6min 和 8min 时，SED 分别为 280.7J/L 和 279.0J/L，换向周期延长至 14min 时，SED 为 204.4J/L。这是由于随着换向周期的延长，放电区高能电子和活性基团与气体分子碰撞次数减少，导致放电区电流下降，此外，换向周期的增长，使得部分能量以热量形式离开放电区，导致部分电子湮灭，SED 降低。随着放电时间的延长，不断向反应器内部注入能量，气体的等离子体反应由自发反应逐渐转变为自持放电，产生的电子和气体放电消耗的电子数量达到平衡，从系统宏观看，等离子体密度逐渐趋于稳定。因此，SED 随时间呈先上升较快后逐渐变缓最后达到平衡的趋势。

5.1.1.2　放电参数对反应系统的影响

（1）场强对温升和能量密度的影响

考察了场强为 10.2kV/cm、10.9kV/cm、11.6kV/cm、12.4kV/cm、13.1kV/cm，频率为 150Hz，接地极匝数为 7 匝，气体流速为 15cm/s，换向周期为 8min 时对反应系统 ΔT 与 SED 的影响，见图 5-4 和图 5-5。

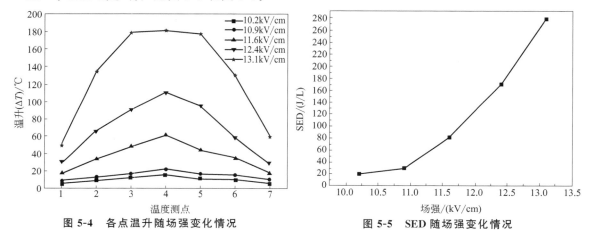

图 5-4　各点温升随场强变化情况　　　　图 5-5　SED 随场强变化情况

由图 5-4 可知，反应系统各点温升随场强升高而增大，放电区测点 4 的 ΔT 最高，接近放电区的测点 3 与 5 的 ΔT 次之，离出口最近的测点 1 与 7 的 ΔT 最低。这与前述 ΔT 随换向周期的变化结果一致。当场强为 10.2kV/cm 时，放电 120min 后测点 4 的 ΔT 为 15.2℃；而当场强增加到 13.1kV/cm 时，放电 120min 后测点 4 的 ΔT 达到 180.7℃，SED 也从 19.5J/L 增至 279.0J/L。原因是介质阻挡放电呈微放电形式，场强的升高会使放电空间的输入能量密度增强，高能电子和活性粒子的数量和能量水平随之增大，与气体分子的碰撞概率增加，电子在运动和与气体分子碰撞以及气体放电过程中释放的部分能量会以热量的形式体现，从宏观来看，反应系统放电区温度升高。

（2）频率对温升与和能量密度的影响

考察了当场强为 13.1kV/cm，频率为 50Hz、75Hz、100Hz、125Hz、150Hz，接地极匝数为 7 匝，气体流速为 15cm/s 时，换向周期为 8min 时 ΔT 和 SED 变化情况，结果如图 5-6 和图 5-7 所示。

由图 5-6 可以看出，反应系统温升随频率升高而增大。放电区测点 4 的 ΔT 最高，接近出口的测点 1 与 7 的 ΔT 最低。当频率为 50Hz 时，放电 120min 后，测点 4 的 ΔT 为 35.4℃；当频率增加到 150Hz 时，测点 4 的 ΔT 达到 180.7℃，SED 也从 45.0J/L 增至 279.0J/L。研究表明，介质阻挡放电过程中，放电产生的带电粒子随电场方向改变而在放电空间内来回迁移（振荡）。当其他条件一定时，电源频率升高，电场方向改变的时间间隔缩短，带电粒子在放电空间内振荡的频率升高，从而导致其与气体分子的碰撞概率升高，产生更多的热量，从而温度升高；高能电子与活性基团数量增多，放电能量密度升高。

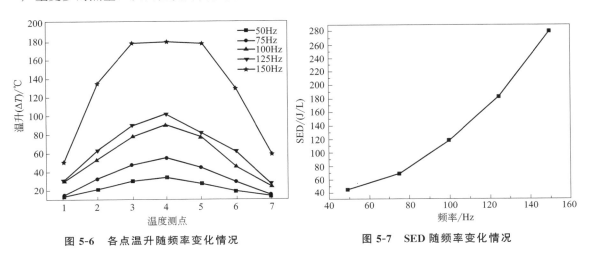

图 5-6　各点温升随频率变化情况　　　　图 5-7　SED 随频率变化情况

5.1.1.3　运行参数对反应系统的影响

（1）接地极匝数对温升和能量密度的影响

研究探究了当场强为 13.1kV/cm，频率为 150Hz，接地极匝数为 4 匝、5 匝、6 匝、7 匝（有效放电区长度不变的前提下，改变匝数密度），气体流速为 15cm/s 时，换向周期为 8min 时 ΔT 变化情况，并计算了各接地极匝数下的 SED，结果如图 5-8 和图 5-9 所示。

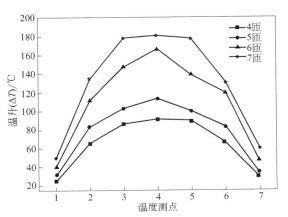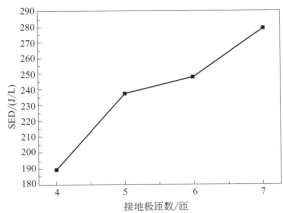

图 5-8　各点温升随接地极匝数变化情况　　　　图 5-9　SED 随接地极匝数变化情况

由图 5-8 可知，反应系统温升随着接地极匝数增多而增加，放电区测点 4 的 ΔT 仍然是最高的。接地极匝数为 4 匝时，放电 120min 后放电区测点 4 的 ΔT 为 90.6℃；当接地极匝数增加到 7 匝时，放电 120min 后测点 4 的 ΔT 达到 180.7℃，SED 也从 188.9J/L 增至 279.0J/L。原因是，匝数增多表明在相同的有效放电区域内接地电极密度增加，系统电场增强，产生的放电电流增加，使得放电能量密度增加，增强了化学反应程度；此外，接地极数量增加也会导致系统发热量增加，温度升高。

（2）气体流速对温升和能量密度的影响

实验探究了当场强为 13.1kV/cm，频率为 150Hz，接地极匝数为 7 匝，气体流速为 14cm/s、15cm/s、16cm/s、17cm/s 时，换向周期为 8min 时对反应系统 ΔT 与 SED 的影响，如图 5-10 和图 5-11 所示。

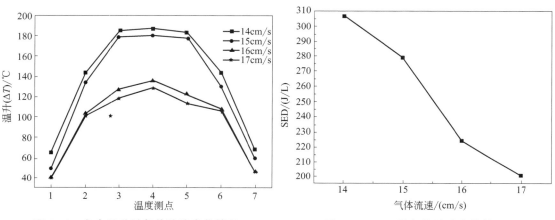

图 5-10 各点温升随气体流速变化情况　　　　图 5-11 SED 随气体流速变化情况

由图 5-10 可以看出，在场强、频率、接地极匝数一定的情况下，随气体流速的升高，各测点的 ΔT 逐渐降低。当气体流速为 14cm/s 时，放电 120min 后，放电区测点 4 的 ΔT 为 187.3℃；气体流速增至 17cm/s 时，测点 4 的 ΔT 降至 128.4℃，SED 也从 305.5J/L 降至 208.7J/L。其原因在于其他放电参数不变的条件下，单位时间内介质阻挡放电在反应器内生成的高能电子和活性基团的数量基本稳定。气体流速的增加缩短了气体在反应器内部的停留时间，降低了气体与高能电子及活性基团碰撞概率，使产热量减少，温度降低；而且气体流速越大，产生等离子体过程中，放电区中心的电子迁移与湮灭更快，使得放电电流下降，因此在相同的放电电压下，SED 下降。

5.1.2　流向变换-等离子体反应系统降解甲苯性能研究

5.1.2.1　降解甲苯的正交实验

在利用流向变换-等离子体反应系统降解甲苯的实验过程中，发现甲苯降解率与换向周期、场强、频率、气速、接地极匝数、初始浓度 6 个因素存在密切关系，其中任何一个因素的改变都会引起降解率的升高或降低。而各因素对甲苯降解率的影响程度是存在差异的，采用正交实验法研究各因素对甲苯降解率影响程度的主次关系。

（1）正交实验因素水平确定

在正交实验中，以甲苯降解率为评价指标，考察换向周期 A、场强 B、频率 C、气速 D、接地极匝数 E、初始浓度 F 六个因素，每个因素各取五个水平，因素水平表如表 5-1 所列。本章均采用的是甲苯浓度稳定后，进入反应器开始放电，放电时间 120min。

表 5-1　正交实验因素水平表

水平	换向周期 A/min	场强 B/(kV/cm)	频率 C/Hz	气速 D/(cm/s)	接地极匝数 E/匝	初始浓度 F/(mg/m³)
1	6	10.2	50	14	3	300
2	8	10.9	75	15	4	400
3	10	11.6	100	16	5	500
4	12	12.4	125	17	6	600
5	14	13.1	150	18	7	700

（2）正交实验结果分析

实验方案及实验结果分析如表 5-2 所列。

表 5-2　正交实验结果及极差分析

实验	换向周期 A/min	场强 B/(kV/cm)	频率 C/Hz	气速 D/(cm/s)	接地极匝数 E/匝	初始浓度 F/(mg/m³)	甲苯去除率/%	能量密度/(J/L)	能量效率/[g/(kW·h)]
1	6	10.2	50	14	3	300	10.6	3.2	35.6
2	6	10.9	75	15	4	400	11.7	7.4	22.8
3	6	11.6	100	16	5	500	15.2	13.6	20.2
4	6	12.4	125	17	6	600	40.8	36.1	24.5
5	6	13.1	150	18	7	700	74.3	124.2	15.1
6	8	10.2	75	16	6	700	10.4	5.5	48.0
7	8	10.9	100	17	7	300	19.6	11.8	18.0
8	8	11.6	125	18	3	400	12.5	9.6	19.9
9	8	12.4	150	14	4	500	41.8	39.3	19.1
10	8	13.1	50	15	5	600	23.3	20.4	24.8
11	10	10.2	100	18	4	600	11.6	7.1	35.3
12	10	10.9	125	14	5	700	13.4	11.6	29.3
13	10	11.6	150	15	3	300	37.6	32.8	12.4
14	10	12.4	50	16	7	400	31.0	20.0	22.4
15	10	13.1	75	17	3	500	20.4	14.2	25.9
16	12	10.2	125	15	7	500	13.6	10.9	22.5
17	12	10.9	150	16	3	600	11.5	7.8	31.7
18	12	11.6	50	17	4	700	14.9	12.6	29.7

实验	换向周期 A/min	场强 B/(kV/cm)	频率 C/Hz	气速 D/(cm/s)	接地极匝数 E/匝	初始浓度 F/(mg/cm³)	甲苯去除率/%	能量密度/(J/L)	能量效率/[g/(kW·h)]
19	12	12.4	75	18	5	300	21.6	15.4	15.2
20	12	13.1	100	14	6	400	41.2	50.0	11.9
21	14	10.2	150	17	5	400	9.7	6.8	20.7
22	14	10.9	50	18	6	500	10.8	5.9	32.7
23	14	11.6	75	14	7	600	19.5	19.8	21.3
24	14	12.4	100	15	3	700	24.5	16.8	36.8
25	14	13.1	125	16	4	300	46.5	36.4	13.8
K_1	152.6	55.9	90.6	126.5	79.5	135.9			
K_2	107.6	67.0	83.6	110.7	126.5	106.1			
K_3	114.0	99.7	112.1	114.6	83.2	101.8			
K_4	102.8	159.7	126.8	105.4	140.8	106.7			
K_5	111.0	205.7	174.9	125.8	158.0	135.5			
极差 R	49.8	149.8	91.3	21.1	78.5	34.1			
因素主-次	B>C>E>A>F>D								
优水平	A₁	B₅	C₅	D₁	E₅	F₁			

注：1. K_1、K_2、K_3、K_4、K_5 为因素 A、B、C、D、E、F 的水平1、水平2、水平3、水平4和水平5所在的试验中考察指标甲苯去除率之和。
2. R 为极差，即 K_1、K_2、K_3、K_4、K_5 五个数值中的最大值与最小值之差。

采用直观分析法对正交实验结果进行分析：

（a）$R_B>R_C>R_E>R_A>R_F>R_D$，所以各因素对指标值影响的主次顺序为：B 场强、C 频率、E 接地极匝数、A 换向周期、F 初始浓度、D 气速。放电参数（场强、频率）的影响大于运行参数（接地极匝数、换向周期、初始浓度、气速）的影响。

（b）分析各因素 K_i 值可得实验最优方案为 $A_1B_5C_5D_1E_5F_1$，即换向周期 6min、场强 13.1kV/cm、频率 150Hz、气速 14cm/s、接地极匝数 7 匝、初始浓度 300mg/m³。

（c）由于通过直观分析得到的最优方案并不包含在已做过的 25 组正交实验中，所以需要进行验证实验。按照最优方案 $A_1B_5C_5D_1E_5F_1$ 进行实验，得到甲苯的去除率为 93.7%。与正交表中的实验结果比较，最优方案的甲苯降解率高于所有正交实验值，因此可确认方案 $A_1B_5C_5D_1E_5F_1$ 为所选实验条件下的最优方案。

通过上述正交试验可知场强等六个因素对甲苯降解率的影响程度不同，其主次顺序为：场强、频率、接地极匝数、换向周期、初始浓度、气速。为深入考察上述六个因素对甲苯降解效果的影响，可通过单因素趋势实验做进一步的研究，实验均在空管条件下进行研究。

5.1.2.2　场强对甲苯降解效果的影响

（1）场强对温升和降解率的影响

研究了流向变换-等离子体反应系统温升（ΔT）、降解率（η）和去除量（q）随场强的变化情况。结果如图 5-12 所示。

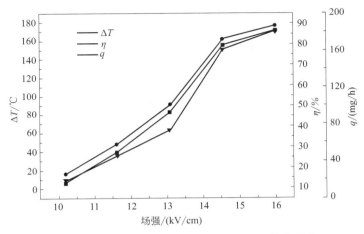

图 5-12　场强对系统温升、降解率和去除量的影响

从图 5-12 中可以看出，反应系统温升、降解率均随场强的增大而增大。当场强为 10.2kV/cm 时，降解率为 12.0%，去除量为 25.9mg/h，ΔT 为 8.5℃；当场强增加到 16.0kV/cm 时，降解率升高到 86.5%，去除量为 186.8mg/h，ΔT 增加到 170.6℃。原因是，场强升高时，增加了反应系统内的高能电子和活性基团的数量，进而增加了甲苯分子受高能电子轰击以及被活性基团氧化的概率，温度升高，甲苯降解率升高，绝对去除量增加。

（2）场强对放电能量密度和能量效率的影响

考察了流向变换-等离子体反应系统放电时能量密度（SED）与能量效率（EE）的大小，并对其中的现象进行了一定的分析，结果如图 5-13 所示。

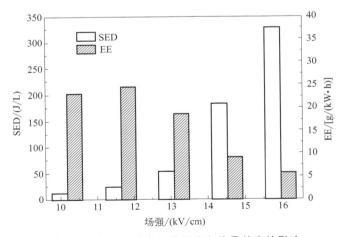

图 5-13　场强对放电能量密度和能量效率的影响

从图 5-13 中可以看出，随着场强升高，SED 升高，当场强为 10.2kV/cm 时，SED 为 11.2J/L；场强增加到 16.0kV/cm 时，SED 为 327.7J/L。原因在于，场强越高，表明注入反应系统的能量越多，产生的活性粒子越多，能量密度也越高。而场强升高，能量效率呈现先升高后降低的趋势，原因可能是：在甲苯进口浓度稳定的条件下，场强较低时，产生的活性粒子较少，甲苯分子相对较多，能充分利用放电区的活性粒子，从而能量效率提高；随场强增大，活性粒子增多，在甲苯进口浓度稳定的前提下，甲苯分子相对较少，活性粒子得不到充分利用，因而能量效率降低。

5.1.2.3　频率对甲苯降解效果的影响

实验探究了场强为 11.6kV/cm，频率为 50Hz、100Hz、150Hz、200Hz、250Hz，接地极匝数为 7 匝，气体流速为 15cm/s，换向周期为 10min，甲苯初始浓度为 600mg/m³ 时，流向变换-等离子体反应系统对甲苯的降解情况。

（1）频率对温升和降解率的影响

考察了流向变换-等离子体反应系统温升（ΔT）、降解率（η）和去除量（q）随频率的变化情况，如图 5-14 所示。

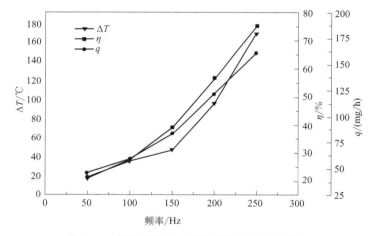

图 5-14　频率对温升、降解率和去除量的影响

从图 5-14 中可以看出，本实验条件下，甲苯去除率和去除量以及反应系统温升均随频率的升高呈上升趋势。当频率为 50Hz 时，甲苯降解率为 21.3%，去除量为 46.1mg/h，ΔT 为 17.3℃；当频率升高至 250Hz 时，甲苯降解率提高到 75.1%，去除量为 162.4mg/h，ΔT 提高至 168.9℃。其原因在于，频率升高，电场方向改变的时间间隔缩短，使更多的带电粒子在放电空间内振荡，频率越高振荡周期越短，与甲苯分子碰撞次数增多，降解率升高，温度随之上升。

（2）频率对放电能量密度和能量效率的影响

实验还对不同频率下流向变换-等离子体反应系统的放电能量密度（SED）与能量效率（EE）进行了探究，结果如图 5-15 所示。

从图 5-15 中可以看出，反应系统的 SED 均随频率的升高而升高，频率越高，电场方向改变的时间缩短，振荡较频繁，与气体分子碰撞机会增加，产生的活性粒子增多，SED 升高。随频率升高，能量效率呈现先升高后降低的趋势。原因可能是，频率较低时，振

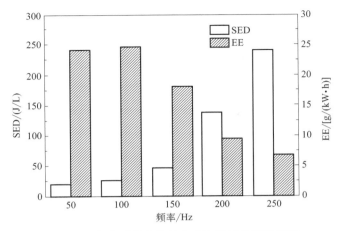

图 5-15　频率对放电能量密度和能量效率的影响

荡周期较长，与气体分子碰撞次数较少，产生的活性粒子较少，甲苯分子相对较多，能充分利用放电区的活性粒子，从而能量效率提高；随频率升高，振荡周期缩短，与气体分子碰撞次数增多，活性粒子增多，而甲苯分子相对较少，活性粒子得不到充分利用，因而能量效率降低。

5.1.2.4　换向周期对甲苯降解效果的影响

固定场强为 13.1kV/cm，频率为 150Hz，接地极匝数为 7 匝，气体流速为 15cm/s，甲苯浓度为 600mg/m³，改变换向周期（范围是 6min、8min、10min、12min、14min），研究换向周期对甲苯降解效果的影响。

（1）换向周期对温升和降解率的影响

实验研究了流向变换-等离子体反应系统在不同的换向周期下，系统温升（ΔT）、降解率（η）和去除量（q）的变化，如图 5-16 所示。

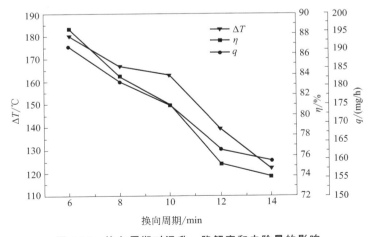

图 5-16　换向周期对温升、降解率和去除量的影响

由图 5-16 可知，甲苯降解率、去除量及温升均随换向周期的延长呈下降趋势，当换向周期为 6min 时，降解率为 88.5%，去除量为 191.2mg/h，ΔT 为 180.5℃；换向周期延长至 14min 时，降解率下降到 74.0%，去除量为 159.8mg/h，ΔT 降低至 122.1℃。这是由于，换向周期越长，气体长时间保持同一流向，放电区高能电子与活性基团降解甲苯放出的热量更多地被带到反应系统蓄热段和出口处，导致放电区 ΔT 下降。同样地，放电区高能电子与活性基团数量减少，导致其与甲苯分子碰撞概率减小，降解率下降，去除量降低。

（2）换向周期对放电能量密度和能量效率的影响

实验对不同换向周期下流向变换-等离子体反应系统的放电能量密度（SED）与能量效率（EE）进行了探究，结果如图 5-17 所示。

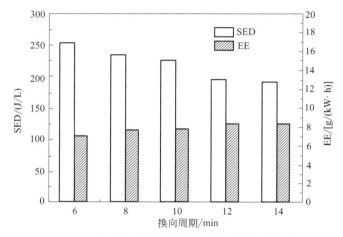

图 5-17　换向周期对放电能量密度和能量效率的影响

由图可看出，换向周期延长，SED 降低，能量效率略有升高。当换向周期从 6min 延长至 14min 时，SED 从 253.8J/L 降低至 192.6J/L，能量效率从 7.0g/(kW·h) 升高至 8.3g/(kW·h)。这是由于，换向周期越长，气体长时间保持同一流向，放电区高能电子和活性基团与气体分子碰撞次数减少，导致放电区电流下降，此外，换向周期延长，使得部分能量以热量形式离开放电区，导致部分电子湮灭，SED 降低，能量效率升高。

5.1.2.5　接地极匝数对甲苯降解效果的影响

实验探究了对流向变换-等离子体反应系统，当场强为 13.1kV/cm，频率为 150Hz，气体流速为 15cm/s，换向周期为 10min，甲苯初始浓度 600mg/m³ 时，接地极匝数（3 匝、5 匝、7 匝、9 匝）对甲苯降解效果的影响。

（1）接地极匝数对温升和降解率的影响

实验中对系统温升（ΔT）、降解率（η）和去除量（q）等评价指标随接地极匝数的变化进行了探讨，如图 5-18 所示。

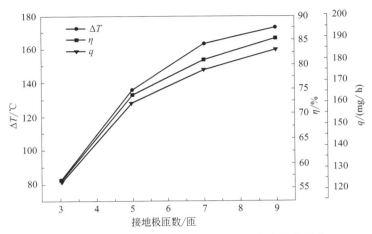

图 5-18 接地极匝数对温升、降解率和去除量的影响

由图 5-18 可知，接地极匝数增多，甲苯降解率、去除量和温升均升高；当接地极匝数为 3 匝时，降解率为 57.0%，去除量为 123.1mg/h，ΔT 为 81.7℃；接地极匝数为 9 匝时，降解率提高到 85.3%，去除量为 184.3mg/h，ΔT 升高至 172.3℃。这是因为，接地极匝数增多，表明在相同面积内具有更多根接地电极，增强了放电强度与化学反应程度，导致放电产生的活性基团与高能电子数量增加，甲苯降解率升高，接地极增多后，发热量也增加，温度升高。

（2）接地极匝数对能量密度和能量效率的影响

考察了反应系统放电时能量密度（SED）与能量效率（EE）的大小，并对其中的现象进行了一定的分析，结果如图 5-19 所示。

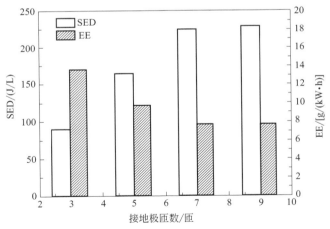

图 5-19 接地极匝数对放电能量密度和能量效率的影响

由图 5-19 可知，接地极匝数增多，系统 SED 升高，能量效率下降。当接地极匝数从 3 匝增多至 5 匝时，SED 从 90.0J/L 升高至 228.6J/L，能量效率从 13.7g/（kW·h）降至 7.7g/（kW·h）。原因在于，接地极匝数增多，增强放电强度，电流密度增加，从而放电能量密度增加，能耗增加，能量效率下降。

5.1.2.6 气体流速对甲苯降解效果的影响

固定场强为 13.1kV/cm，频率为 150Hz，接地极匝数为 7 匝，换向周期为 10min，甲苯初始浓度为 600mg/m³，改变气体流速为 7cm/s、11cm/s、15cm/s、18cm/s，探究气体流速对甲苯降解效果的影响。

（1）气体流速对温升和降解率的影响

实验中考察了不同气体流速下反应系统温升（ΔT）、降解率（η）和去除量（q）的变化。如图 5-20 所示。

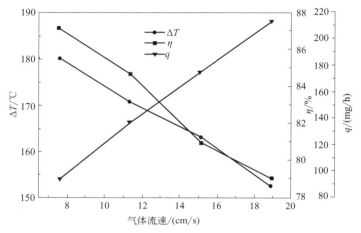

图 5-20　气体流速对温升、甲苯降解率和去除量的影响

由图可以看出，在场强、频率、接地极匝数一定的情况下，随气体流速的升高，甲苯降解率、ΔT 呈下降趋势，去除量呈上升趋势。当气速为 7cm/s 时，降解率为 87.2%，ΔT 为 180.1℃，去除量为 94.1mg/h；气速增加至 18cm/s 时，降解率下降到 79.0%，ΔT 降低至 152.5℃，去除量升高到 213.3mg/h。其原因在于，其他放电参数不变的条件下，单位时间内介质阻挡放电在反应器内生成的高能电子和活性基团的量是基本稳定的。气体流速的增加缩短了甲苯分子在反应器内部的停留时间，降低了其与高能电子及活性基团碰撞概率，从而使甲苯降解率降低，产热量也减少，温度降低。另一方面，随着气体流速的升高，单位时间内通过反应区的甲苯分子总量增多，增大了甲苯分子对活性基团和高能电子的利用率，因此甲苯的绝对去除量呈上升趋势。

（2）气体流速对能量密度和能量效率的影响

探究了反应系统放电能量密度（SED）与能量效率（EE）的大小，结果如图 5-21 所示。

从图 5-21 中可以看出，在场强、频率、接地极匝数一定的情况下，随气体流速的升高，SED 呈下降趋势，能量效率呈上升趋势。当气速从 7cm/s 增加至 19cm/s 时，放电能量密度 SED 从 522.0J/L 降低至 189.0J/L，能量效率从 3.6g/（kW·h）升高至 11.5g/（kW·h）。原因是，气体流速越高，单位时间内通过反应区的甲苯分子总量越多，增大了甲苯分子对活性基团和高能电子的利用率，导致能量效率升高。而且气体流速越大，产生等离子体过程中，放电区中心的电子迁移与湮灭更快，使得放电电流下降，因此在相同的放电电压下，等离子体的能量密度下降。

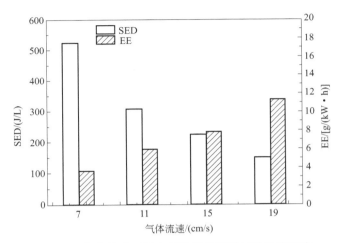

图 5-21　气体流速对放电能量密度和能量效率的影响

5.1.2.7　污染物初始浓度对甲苯降解效果的影响

在实验条件为场强 13.1kV/cm，频率 150Hz，接地极匝数 7 匝，气体流速 15cm/s，换向周期 10min，探究甲苯初始浓度分别为 200mg/m³、400mg/m³、600mg/m³、800mg/m³、1000mg/m³ 时，反应系统温升（ΔT）、降解率（η）、去除量（q）、放电能量密度（SED）以及能量效率（EE）的变化，如图 5-22 与图 5-23 所示。

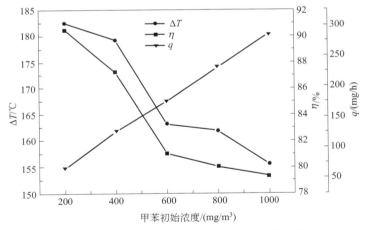

图 5-22　初始浓度对温升、降解率和去除量的影响

（1）初始浓度对温升和降解率的影响

图 5-22 表明，场强、频率、接地极匝数、气体流速以及换向周期一定的条件下，随初始浓度的升高，甲苯降解率和 ΔT 呈下降趋势，去除量明显上升。当甲苯初始浓度为

$200mg/m^3$ 时，降解率为 90.5%，去除量为 $65.2mg/h$，ΔT 为 $182.5℃$；浓度增加至 $1000mg/m^3$ 时，降解率下降到 79.3%，去除量为 $285.5mg/h$，ΔT 降低至 $155.5℃$。原因是，当甲苯浓度较低时，单位甲苯分子受高能电子作用发生断键解离的概率较大，且断键后的碎片自由基周围的活性粒子较多；当甲苯浓度较高时，单位甲苯分子占有的高能电子与活性粒子数量较少，降低碰撞概率，产热减少，因此降解率、ΔT 均呈下降趋势。当气体流速一定时，单位时间内通过反应器的气量一定，随初始浓度的增加，单位时间内通过反应器的甲苯质量大幅度增加，所以去除量增加。

（2）初始浓度对能量密度和能量效率的影响

从图 5-23 看出，场强、频率、接地极匝数、气体流速以及换向周期一定的条件下，随着甲苯初始浓度的升高，SED 下降，能量效率上升。当甲苯初始浓度由 $200mg/m^3$ 时增加至 $1000mg/m^3$ 时，SED 从 $244.8J/L$ 降低至 $217.8J/L$，能量效率从 $2.7g/(kW·h)$ 升高至 $13.1g/(kW·h)$。原因是，当甲苯浓度较低时，单位甲苯分子受高能电子作用发生断键解离的概率较大，且断键后的碎片自由基周围的活性粒子较多；当甲苯浓度较高时，单位甲苯分子占有的高能电子与活性粒子数量较少，降低碰撞概率，产热减少，放电能量密度降低，能量效率升高。

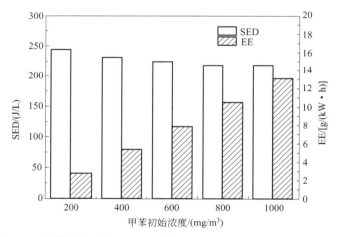

图 5-23　甲苯初始浓度对放电能量密度 SED 和能量效率 EE 的影响

5.1.3　流向变换-等离子体-催化反应系统降解甲苯性能研究

5.1.3.1　流向变换-等离子体-催化反应系统在不同场强下降解甲苯

实验固定频率为 $100Hz$，接地极匝数为 7 匝，流向变换周期为 $10min$，气体流速为 $15cm/s$，甲苯初始浓度为 $600mg/m^3$，研究不同场强 $10.2kV/cm$、$11.6kV/cm$、$13.1kV/cm$、$14.6kV/cm$、$16.0kV/cm$ 下的放电情况。实验所用催化剂为 $7.5\%Mn/$堇青石。

（1）反应系统对降解率和去除量的影响

在上述实验条件下，研究低温等离子体反应系统与流向变换技术结合后，在空管及添加催化剂的情况下，对甲苯降解率及去除量的影响，如图 5-24 和图 5-25 所示。

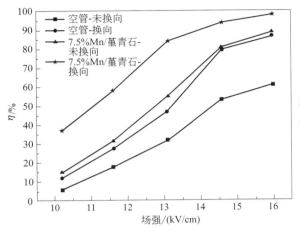

图 5-24　不同反应系统对甲苯降解率的影响　　　图 5-25　不同反应系统对甲苯去除量的影响

从图 5-24 中可以看出，不论是空管还是添加催化剂，甲苯降解率均随场强的增大而增大。在实验场强范围内，空管-未换向的甲苯去除率最低，场强为 16.0kV/cm 时，降解率为 61.0%；结合流向变换技术后，空管-换向在场强 16.0kV/cm 时达到 86.5%，降解率提高了 25.5%。添加 7.5%Mn/堇青石催化剂后，在场强 16.0kV/cm 时，未换向时降解率为 88.5%，换向后降解率达到 97.7%，并且空管-换向的甲苯降解率接近于 7.5%Mn/堇青石-未换向。说明添加流向变换技术后，有利于甲苯降解率的提高。原因是，添加流向变换后，使反应系统蓄热段和出口端的热量也就是被气体带走的那部分热量向反应系统的放电区移动，使放电区的温度升高，进而提高甲苯的降解率。不同反应系统对甲苯去除量的影响与上述规律一致（图 5-25）。

（2）反应系统对能量密度的影响

实验中还对比了不同反应系统放电时能量密度（SED）的大小，并对其中的现象进行了一定的分析，结果如图 5-26 所示。

从图 5-26 中可以看出，各反应系统的 SED 均随场强的升高而升高，场强越高，表明注入反应系统的能量越多，产生的活性粒子越多，能量密度也越高，但不同的反应系统能量密度各不相同。未添加流向变换时，当施加场强较低时，7.5%Mn/堇青石的 SED 略高于空管，但随着场强逐渐增大，空管的 SED 超过 7.5%Mn/堇青石。添加流向变换后，场强在 10.2kV/cm 时，7.5%Mn/堇青石的 SED 略高于空管，当场强增加至 13.1kV/cm 时，空管的 SED 更高。此后，继续增大场强，仍然是空管的 SED 较高。分析原因可能是，电场较低时，放电间隙间的电场强度较低，填充介质还没有发生极化，没有有效地发挥电介质的作用，但填充介质表面存在较强的局部放电现象，同时减小放电间隙，增大位移电流，从而提高能量密度。随着场强升高，7.5%Mn/堇青石被极化，其表面更易

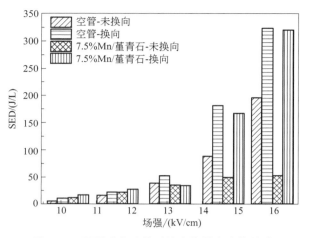

图 5-26　不同反应系统对放电能量密度的影响

发生放电现象，整个放电空间更强烈、均匀、稳定，活性粒子密度更高，使得位移电流变小，从而使能量密度降低。

对于空管和 7.5%Mn/堇青石的反应系统来说，添加流向变换后的 SED 均高于未添加，且场强越大，差距越大。分析原因，添加流向变换后，蓄热段蓄积的热量向放电区移动，反应系统温度升高，增强活性粒子与甲苯分子碰撞概率，提高甲苯降解率，同时，系统能量密度增大。场强越大，产生的活性粒子、空间电荷越多，气流方向改变引起空间电荷在放电区产生位移，使位移电流升高，进而提高放电能量密度。

（3）反应系统对能量效率的影响

实验对比了不同反应系统放电时能量效率（EE）的大小，包括空管-未换向、空管-换向、7.5%Mn/堇青石-未换向与 7.5%Mn/堇青石-换向四种系统，并对其中的现象进行一定的分析，结果如图 5-27 所示。

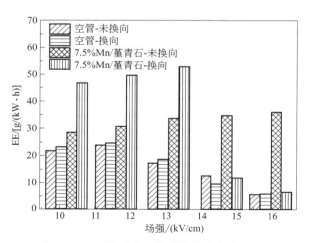

图 5-27　不同反应系统对能量效率的影响

从图 5-27 中可以看出，不同反应系统的能量效率各不相同。对于添加与未添加流向变换，加催化剂的能量效率均高于空管。说明添加催化剂能有效地降低能耗，提高能量效率。对于空管反应器，添加与未添加流向变换，能量效率均呈现先升高后降低的趋势。原因可能是，场强较低时，产生的活性粒子较少，甲苯分子相对较多，能充分利用放电区的活性粒子，从而能量效率提高；随场强增大，活性粒子增多，而甲苯分子相对较多，活性粒子得不到充分利用，因而能量效率降低。对于空管和添加 7.5%Mn/堇青石的反应系统，在场强低于 13.1kV/cm 时，添加流向变换反应系统的能量效率均高于未加流向变换，说明放电产生的部分热量得到利用；场强为 14.6kV/cm 与 16.0kV/cm 时，加流向变换的反应系统能效低于未加流向变换。分析原因可能是，场强较高时，部分没有被利用起来的能量以热量等形式散失，导致能量效率下降。

5.1.3.2　流向变换-等离子体-催化反应系统在不同频率下降解甲苯

实验固定场强为 11.6kV/cm，接地极匝数为 7 匝，流向变换周期为 10min，气体流速为 15cm/s，甲苯初始浓度为 600mg/m³，研究不同频率 50Hz、100Hz、150Hz、200Hz、250Hz 下的放电情况。实验所用催化剂为 7.5%Mn/堇青石。

(1) 反应系统对降解率和去除量的影响

实验中考察了流向变换-低温等离子体反应系统在不同频率下对甲苯的降解情况比较了流向变换技术应用前后甲苯降解率和去除量的不同，如图 5-28、图 5-29 所示。

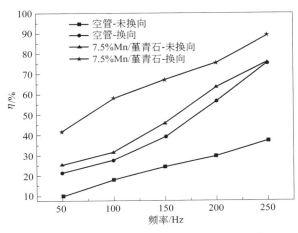
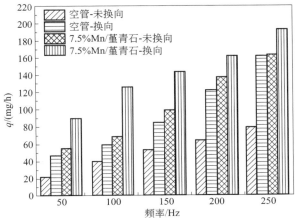

图 5-28　不同反应系统对甲苯降解率的影响　　图 5-29　不同反应系统对甲苯去除量的影响

由图 5-28 可知，对于空管和添加催化剂的反应系统，甲苯降解率均随频率的增大而增大。在实验频率范围内，空管-未换向的甲苯降解率最低，频率为 250Hz 时，降解率为 37.0%；结合流向变换技术后，空管-换向在频率 250Hz 时达到 71.5%，降解率提高了 34.5%。同样地，去除量也从 79.9mg/h 增加至 162.4mg/h(图 5-29)。添加 7.5%Mn/堇青石催化剂后，在频率 250Hz 时：未换向时降解率为 75.5%，去除量为 163.1mg/h；换向后降解率达到 89.0%，去除量升到 192.2mg/h。可以看到，添加流向变换后，甲苯降解率明显提升。并且空管-换向的甲苯降解率接近于 7.5%Mn/堇青石-未换向。原因可能是，低温等离子体添加流向变换工艺后，使得被蓄热段蓄积的热量和随气体流向移动至出口的热量沿放电区移动，使得放电区温度升高，加快了甲苯氧化反应速率，增强了甲苯氧化，进而提高甲苯的降解率。

（2）反应系统对能量密度的影响

不同反应系统对 SED 的影响如图 5-30 所示。

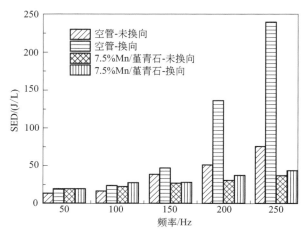

图 5-30　不同反应系统对 SED 的影响

从图 5-30 中可以看出，各反应系统的放电能量密度均随频率的升高而升高。频率升高，电场方向改变的时间缩短，振荡较频繁，与气体分子碰撞机会增加，产生的活性粒子增多，SED 升高。但不同的反应系统 SED 各不相同。对于使用流向变换技术前后的反应系统来说，当施加频率小于 100Hz 时，7.5%Mn/堇青石的 SED 略高于空管，但随着频率逐渐增大，空管的 SED 超过 7.5%Mn/堇青石，并且频率越大，差距越明显。

比较使用流向变换工艺前后反应系统的 SED 发现，添加流向变换技术的反应系统 SED 高于未添加。分析原因，添加流向变换技术后，蓄热段蓄积的热量向放电区移动，反应系统放电区温度升高，增强活性粒子与甲苯分子碰撞概率，增强化学反应活性，这与 VOCs 降解规律一致。频率越高，产生的活性粒子、空间电荷越多，气流方向改变引起空间电荷在放电区产生位移，使位移电流升高，进而提高放电能量密度。

（3）反应系统对能量效率的影响

不同反应系统对 EE 的影响如图 5-31 所示。

从图 5-31 中可以看出，同样的实验条件下，不同反应系统的能量效率各不相同。添加催化剂的反应系统能量效率明显高于空管，说明添加催化剂能降低反应系统能耗，提高能量利用率。在频率低于 150Hz 时，对于空管和 7.5%Mn-堇青石的反应系统来说，添加流向变换技术的反应系统能量效率高于未添加，频率为 200Hz 和 250Hz 时，添加流向变换的反应系统能量效率略低于未添加。说明低频率时，蓄积在蓄热段的部分热量被利用，提高了能量利用率；频率较高时，部分没有被利用起来的能量以热量等形式散失，导致能量利用率下降。

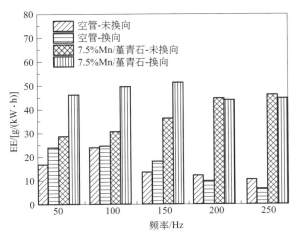

图 5-31　不同反应系统对 EE 的影响

5.2　VOCs 降解产物研究及降解途径分析

5.2.1　气相副产物分析

（1）GC-MS 分析

采用 Trace-DSQ 单四极杆型气-质联用仪（GC-MS 美国 Thermo 公司）分析降解甲苯反应过程中的中间有机副产物，根据总离子流图中出峰时间不同，通过 NIST2000 谱库检索定性分析产物类型；通过对比色谱峰的丰度进行定量分析，相对丰度越大，该物质浓度越大。在相同实验条件下（施加电压 22kV，频率 150Hz，气量 6L/min，甲苯初始浓度 600mg/m³），本研究对比了空管放电、协同 Mn-La/γ-Al$_2$O$_3$ 小球放电和协同 Mn-La/堇青石放电时尾气中的有机副产物，结果见图 5-32。

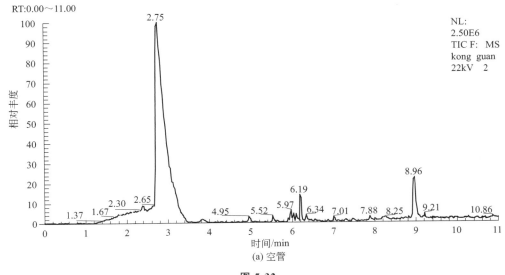

图 5-32

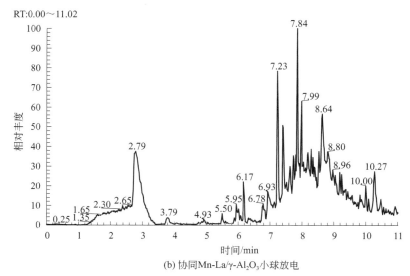

(b) 协同Mn-La/γ-Al₂O₃小球放电

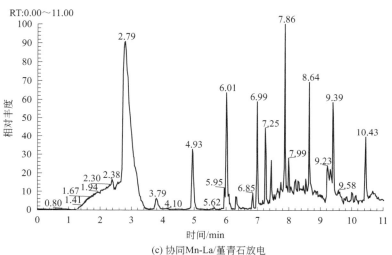

(c) 协同Mn-La/董青石放电

图 5-32　气体副产物 GC-MS 分析图

如图 5-32 所示，出峰时间为 2.75min 左右的物质是甲苯，对比图 5-32（a）、图 5-32（b）、图 5-32（c）三幅图可以看出，相同实验条件下，空管放电尾气中甲苯浓度最高，表明催化剂的加入在一定程度上提高了甲苯的降解能力。同时发现，三种反应器中甲苯均未完全转化为 CO_2、H_2O，产物中主要包括烃类、醇醛酮类、羧酸类等有机物。此外，图 5-32（c）中的出现很多含有 Si 元素的杂质峰，主要是因为本实验所用的董青石类催化剂上面涂有硅溶胶，经等离子体作用后会产生含 Si 元素的副产物。

（2）NICOLETis5 型红外分析

本研究采用 NICOLETis5 型红外分析（美国 ThermoFisher 公司）分析降解甲苯反应过程中的气相副产物，结果如图 5-33、图 5-34 所示，具体副产物类别见表 5-3、表 5-4。

图 5-33 展示了空管放电和协同 Mn-La/γ-Al₂O₃ 催化剂放电尾气中的气相副产物情况。为了更清楚尾气中的副产物种类，将谱图中出现的具体物质种类列于表 5-3。结合图

5-33 和表 5-3 发现，不论是空管放电还是协同 Mn-La/γ-Al$_2$O$_3$ 催化剂放电，甲苯均未完全转化为 CO$_2$、H$_2$O，产生一些中间有机副产物。通过比较二者生成的有机副产物种类，发现差别不大，空管放电时尾气中检测到 O$_3$，而协同 Mn-La/γ-Al$_2$O$_3$ 催化剂放电时未检测出 O$_3$，表明催化剂的加入大大提高了 O$_3$ 的氧化分解能力；在放电强度一定的条件下，稀土助剂 La 的加入，进一步有效降低了尾气中的 O$_3$ 浓度。

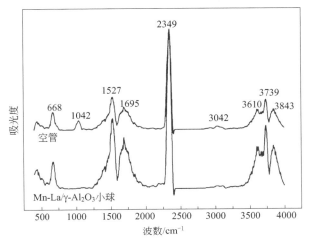

图 5-33　气相副产物红外分析图（γ-Al$_2$O$_3$ 小球）

表 5-3　气相副产物红外分析（γ-Al$_2$O$_3$ 小球）

空管		Mn-La/γ-Al$_2$O$_3$ 小球	
振动频率/cm^{-1}	官能团	振动频率/cm^{-1}	官能团
668、2349	CO$_2$	668、2349	CO$_2$
1042	O$_3$	—	—
1527	芳香族-NO$_2$ 反对称伸缩	1527	芳香族-NO$_2$ 反对称伸缩
1695	芳香族 C═O	1695	芳香族 C═O
3042	芳烃═C—H 伸缩	3042	芳烃═C—H 伸缩
3610	饱和脂肪醚 C—O—C 伸缩	3610	饱和脂肪醚 C—O—C 伸缩
3739、3843	气态 H$_2$O	3739、3843	气态 H$_2$O

图 5-34 展示了空管放电和协同 Mn-La/堇青石催化剂放电尾气中的气相副产物情况。为了更清楚尾气中的副产物种类，将谱图中出现的具体物质种类列于表 5-4。结合图 5-34 和表 5-4 发现，二者反应器均产生有机副产物，且二者副产物类别差别不大。

表 5-4　气相副产物红外分析（堇青石型）

空管		Mn-La/堇青石	
振动频率/cm^{-1}	官能团	振动频率/cm^{-1}	官能团
668、2349	CO$_2$	668、2349	CO$_2$
1042	O$_3$	1042	O$_3$
1527	芳香族—NO$_2$ 反对称伸缩	1527	芳香族—NO$_2$ 反对称伸缩

续表

空管		Mn-La/菫青石	
振动频率/cm^{-1}	官能团	振动频率/cm^{-1}	官能团
1695	芳香族 C=O	1695	芳香族 C=O
—	—	1603	芳环—C=C—伸缩
3042	芳烃=C—H 伸缩	3042	芳烃=C—H 伸缩
3610	饱和脂肪醚 C—O—C 伸缩	3610	饱和脂肪醚 C—O—C 伸缩
3739、3843	气态 H$_2$O	3739、3843	气态 H$_2$O

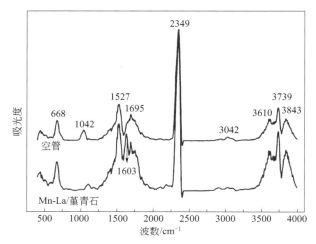

图 5-34 气相副产物红外分析图（菫青石型）

5.2.2 气溶胶态副产物分析

实验中发现，无论是空管还是协同催化剂降解甲苯，在反应器内壁上均会沉积黄色物质，而且发现这些黄色物质溶于水和乙醇。为确定这些黄色物质成分，进一步探究低温等离子体协同催化降解甲苯的反应途径，用无水乙醇将其冲洗下来，待乙醇挥发完全后，将样品与 KBr 按照一定比例混合，研磨均匀后压片，用傅里叶红外光谱仪（Nicolet6700）进行测定，结果如图 5-35、图 5-36 所示，具体副产物类别见表 5-5、表 5-6。

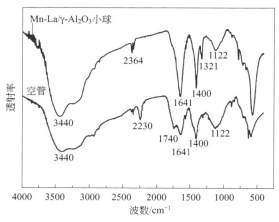

图 5-35 气溶胶态副产物红外分析图（γ-Al$_2$O$_3$ 小球）

表 5-5　气溶胶态副产物分析（γ-Al$_2$O$_3$ 小球）

空管		Mn-La/γ-Al$_2$O$_3$ 小球	
振动频率/cm^{-1}	官能团	振动频率/cm^{-1}	官能团
3440	OH 伸缩	3440	OH 伸缩
2230	芳香族 —C≡N 伸缩	2364	CO$_2$ 反对称伸缩
1740	饱和脂肪酸 C=O 伸缩	1641	液态 H$_2$O 变角
1641	液态 H$_2$O 变角	1400	CH$_2$ 烯烃变角
1400	CH$_2$ 烯烃变角	1321	CH$_3$ 烷烃扭曲
1122	饱和脂肪醚	1122	饱和脂肪醚

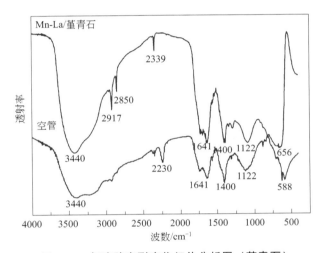

图 5-36　气溶胶态副产物红外分析图（堇青石）

表 5-6　气溶胶态副产物红外分析（堇青石）

空管		Mn-La/堇青石	
振动频率/cm^{-1}	官能团	振动频率/cm^{-1}	官能团
3440	OH 伸缩	3440	OH 伸缩
2230	芳香族 —C≡N 伸缩	2917	CH$_2$ 烷烃反对称伸缩
1641	液态 H$_2$O 变角	2850	CH$_3$ 对称伸缩
1400	烯烃变角	1641	液态 H$_2$O 变角
1122	饱和脂肪醚 C—O—C 伸缩	1400	CH$_2$ 烯烃变角
—	—	1122	饱和脂肪醚 C—O—C 伸缩
—	—	656	醇 COH 面外弯曲

上述图表分析结果表明甲苯并未被完全氧化，3400cm^{-1} 和 1641cm^{-1} 为水峰，说明反应过程中有水生成；2230cm^{-1} 为芳香族 —C≡N 伸缩的特征峰，说明在放电过程中，氮气与氧气（实验以空气为背景气）共同参与了反应，生产含苯环的一系列衍生物；2917cm^{-1}，2850cm^{-1}，1400cm^{-1} 为烷烃和烯烃的特征吸收峰，可能是苯环上面的甲基断

裂和苯环开环，在活性基团（高能电子、O・和・OH 等）作用下逐渐生成；$1122cm^{-1}$ 为饱和脂肪醚 C—O—C 伸缩的特征峰，$656cm^{-1}$ 为醇 COH 的特征吸收峰，可能是苯环开环后及中间产物进一步生成的。

对比协同空管反应器和两种催化剂的分析结果，发现协同催化剂放电的副产物中有烷烃和醇类物质，而空管中没检测出，表明催化剂的加入促进甲苯进一步氧化分解，提高甲苯的降解程度，减小二次污染。

5.2.3　副产物臭氧分析

5.2.3.1　等离子体催化降解甲苯中臭氧的生成

为探究催化剂在低温等离子体协同催化体系中对臭氧浓度及甲苯降解的影响，比较了等离子体放电区不引入催化以及分别引入 7.5％Mn/堇青石催化剂和 0.2％Pd-0.3％Ce/堇青石催化剂条件下甲苯降解时臭氧浓度的变化，结果见图 5-37。

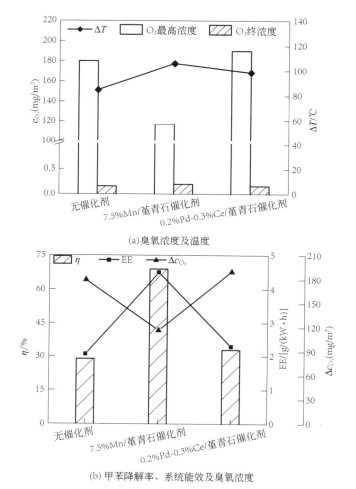

(a)臭氧浓度及温度

(b)甲苯降解率、系统能效及臭氧浓度

图 5-37　催化剂浓度对臭氧浓度及甲苯降解率的影响（放电条件：放电电压 12～16kV，频率 100Hz）

由图 5-37 可知，与单独低温等离子体相比，使用 7.5％Mn/堇青石催化剂，其臭氧最高生成浓度降低了 63.32mg/m³，甲苯降解率提高了 40.05％。由于催化剂的引入，系统内部温度升高，系统温度普遍达到 80℃以上。臭氧在常温下分解缓慢，随着温度升高分解逐渐加快，当温度达到 100℃时分解剧烈。从图可以发现 Mn 基催化剂条件下，系统温升可达到 105.8℃，与其他条件相比温升最高最快，此时臭氧受热分解更为剧烈。在放电初始阶段臭氧浓度快速增长，达到峰值后，放电区中的温度升高，臭氧分解逐渐剧烈，臭氧浓度开始下降，当臭氧生成速率与分解速率达到平衡时，臭氧浓度达到稳定值。

在低温等离子体协同催化体系中，7.5％Mn/董青石催化剂能够进一步增强放电效应，利于高能活性氧原子的电离形成和向更高能量水平的转移，使得系统内部温度和能量水平升高，促进臭氧分子在催化剂表面的分解，再次生成活性氧原子参与到甲苯降解当中，从而提高甲苯降解率和系统能量的利用率，增加系统能效。在等离子体反应器中臭氧的生成经历了原子氧生成和原子氧与氧分子的重组两个步骤，臭氧既是副产物，又是强氧化剂，对甲苯的破坏起着重要的作用。由于臭氧的电子亲和能（2.1eV）远高于 O_2（0.44eV），使得臭氧可以作为电子受体，促进高氧化态氧原子的形成。

同时在 Mn 基催化剂上，臭氧的分解主要发生在催化剂外表面。臭氧在催化氧化过程中的作用主要是作为电子受体，降低了电子空穴对的复合速率，促使羟基自由基的产生。在 Mn 基催化剂条件下，臭氧分子先吸附在催化剂表面，由 Mn^{n+} 分解/还原为 O^{2-} 和 O_2，在 $Mn^{(n+2)+}$ 存在下，O^{2-} 与其他臭氧分子反应生成活性 O_2^{2-} 和 O_2，O_2^{2-} 将 $Mn^{(n+2)+}$ 还原为 Mn^{n+}，O_2 分子解吸。气体中的臭氧、O_2、电子和自由基通过 Mn 价态之间的相互转化吸附在催化剂表面，并参与到污染物的降解当中，大大提高了甲苯的去除率。与 7.5％Mn/董青石催化剂相比，在 0.2％Pd-0.3％Ce/董青石催化剂条件下，臭氧最高生成浓度较高，甲苯降解率及能量效率较低。由于 0.2％Pd-0.3％Ce/董青石催化剂的低温活性较差，催化剂起活温度高于 150℃，而实验过程中未提供辅助热源，反应在常温下进行，导致低温等离子体协同 0.2％Pd-0.3％Ce/董青石催化剂处理甲苯时未能达到催化剂的起活温度，催化作用不明显，臭氧分解效果不佳。此时反应过程中，臭氧的分解主要依赖于温度的升高和等离子体作用，随着放电时间的延长，臭氧的生成和分解最终达到平衡状态，浓度趋于稳定。实验结果表明该放电条件下，高能粒子未能激发钯基催化剂的活性，活性氧原子未得到充分利用，从而生成大量臭氧分子。因此低温等离子体协同贵金属催化剂催化甲苯时为充分利用催化剂的催化活性，应提供辅助热源或加强系统的保温性能确保达到催化剂的起活温度，或者在较高放电能量水平下实现催化剂的激活。

5.2.3.2　催化剂用量对甲苯降解中臭氧生成的影响

改变反应系统中催化段的长度，探究催化剂用量对低温等离子体协同催化处理甲苯时臭氧浓度的变化情况，结果见图 5-38。由图可见，随着放电区催化段长度不断延长，系统臭氧最高浓度呈上升趋势，此时系统温度、甲苯降解率和系统能量效率也逐渐上升，在 7.5％Mn/董青石催化剂条件下，Δc_{O_3} 浓度值上升趋势较 0.2％Pd-0.3％Ce/董青石催化剂更为明显，表明延长催化段的长度，相当于增加了催化剂用量，增强了 7.5％Mn/董青石催化剂与等离子体反应的协同作用，对高能活性粒子与污染物反应更显著，促进活

性氧原子与 O_2 分子的碰撞，使得放电前期生成更多的臭氧，臭氧所达到的最高浓度渐增。随着放电时长增加，催化段延长促使更多甲苯吸附到催化剂表面得到降解，受激发的活性粒子越多，与臭氧分子发生二次碰撞的概率越大，并且已生成的臭氧分子逐渐受系统蓄积的热量影响而分解，消耗增多，Δc_{O_3} 浓度值升高，导致更少的表面氧物种可用来参加甲苯氧化反应，使甲苯降解率上升趋势减缓。因此增加催化剂用量会使臭氧初期生成加剧，更多的臭氧参与甲苯分子的降解，有效地利用了臭氧分子的强氧化性。同时，催化段用量的增加也使得在 Mn 基催化剂条件下 CO_2 选择性最高可达到 16.52%，较催化剂用量最少时提高了 3.37%，而在 Pd 基催化剂条件下 CO_2 选择性无明显改善，表明 Mn 基催化剂的引入，使 CO_2 选择性得到一定提高，促进了甲苯分子向最终产物 CO_2 的转化。相较于单独等离子体系统，引入催化剂之后有机副产物主要为苯系物和酮类物质，种类相对较少，促进了甲苯的转化。

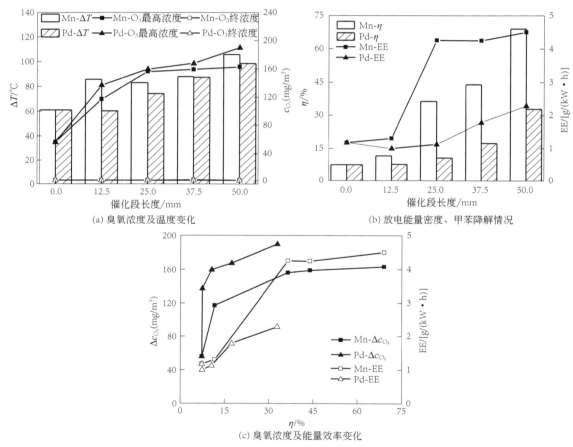

(a) 臭氧浓度及温度变化

(b) 放电能量密度、甲苯降解情况

(c) 臭氧浓度及能量效率变化

图 5-38 催化段长度对臭氧浓度及甲苯降解率的影响

5.2.3.3 放电能量水平对甲苯降解过程中臭氧生成的影响

实验中通过改变放电电压进而得到不同放电能量水平下的臭氧浓度变化情况，并比较了相应甲苯降解情况，结果见图 5-39。从图中可以看出，放电参数是影响甲苯降解及臭氧浓度的重要参数之一。放电能量密度随放电电压的升高而升高，系统能量水平逐渐提高，甲苯降解时臭氧最高浓度逐渐升高，相比 0.2％Pd-0.3％Ce/堇青石催化剂而言，臭氧最高浓度在 7.5％Mn/堇青石催化剂条件下较低。而在低放电能量密度时，系统温度较低，活性氧原子的数量和能量水平随放电能量水平的提高而增加，氧原子碰撞聚合生成臭氧后，臭氧不能及时受热发生分解，或发生二次碰撞得到降解，因此臭氧终浓度呈上升趋势，在 13kV 条件下最高，采用 7.5％Mn/堇青石催化剂时达到 74.2mg/m³，对于 0.2％Pd-0.3％Ce/堇青石催化剂而言，在 14kV 条件下最高，此时浓度可达 102.4mg/m³。随着放电电压和能量密度的进一步提高，生成的臭氧进一步与部分脱附的活性氧原子发生反应，参与到甲苯降解中去，同时系统放电所产生的热量蓄积使得反应器的温度会随着能量水平的提高和放电的逐步增强而上升，部分臭氧受热分解。两种催化剂条件下臭氧终浓度都呈现下降趋势，最终在 16kV 时，臭氧终浓度趋于 0mg/m³。而热量的损失、臭氧的生成与分解造成放电能量的浪费，系统能量效率随能量水平的提高而下降。

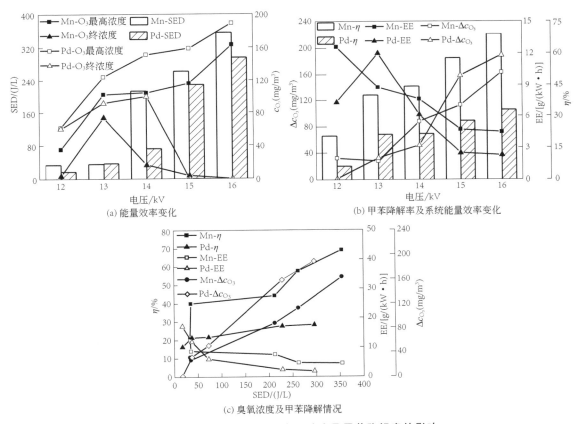

图 5-39　放电能量水平对臭氧浓度及甲苯降解率的影响

5.2.3.4　气体流量对甲苯降解过程中臭氧生成的影响

改变污染物的气体流量条件，比较臭氧浓度变化及甲苯降解情况，结果如图 5-40 所示。由于反应系统设置了气流流向的变换，等离子体放电所产生的部分热量被储存在蓄热段中。当气量增加，臭氧的生成浓度呈下降趋势，这是由于气量增加使得在相同时间内，更多的污染物分子进入到反应系统当中，促使甲苯在与活性氧原子反应中消耗更多的活性氧，使得臭氧生成减少，臭氧最高浓度呈下降趋势，同时活性氧的消耗抑制了甲苯与氧原子的正向反应速率。在相同放电条件下所产生的定量活性氧原子被消耗量一定，因此随着气速的提高，在放电末期臭氧终浓度趋于稳定值，即 0。

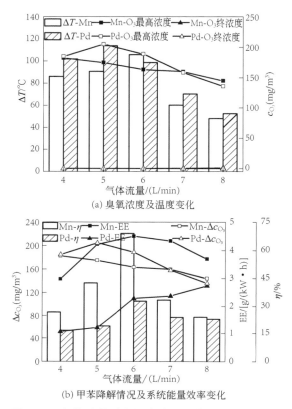

(a) 臭氧浓度及温度变化

(b) 甲苯降解情况及系统能量效率变化

图 5-40　气体流量对臭氧浓度及甲苯降解率的影响

随着气量的升高，在 0.2%Pd-0.3%Ce/堇青石催化剂条件下的 Δc_{O_3} 浓度在低气量时出现阶段性上升现象。这是因为在低气量下，气量的提高使得污染物分子数量逐渐增多，活性氧原子之间碰撞生成臭氧分子的可能性增大，使得臭氧生成浓度变高；当气量进一步升高时，污染物分子在放电区的停留时间不断缩短，相同放电条件下停留时间越短，反应时间也相应变短，臭氧的生成受到活性氧原子数量和停留时间的限制，导致生成浓度降低。停留时间的减少还使得污染物分子与高能活性粒子的碰撞概率降低，大部分污染物未能及时得到降解就被排出，使得甲苯降解率和系统能量效率下降。当气量大于 6L/min 时，气速升高，高温段振荡区间逐渐延长，温度下降趋势明显，表明此时高温段振荡区间已逐渐移出蓄热段，气流携带走大部分热量。

5.2.4　等离子体系统光谱分析研究

近年来，低温等离子体协同催化技术越来越受广大研究者的关注，但对高压放电中产生的光谱研究还较少。高压放电时，高能电子与气体分子发生非弹性碰撞，电子把自身的能量转移给它们，使之激发电离，这些激发态粒子会自发辐射，因这些粒子运动状态较复杂，所以辐射出大量形式各不相同的电磁波，其波长范围相当广，有微波，有红外光，可见光，紫外光直到 X 射线，而辐射过程跟等离子体内部状态有密切关系。因而通过对等离子体辐射光谱的测试分析，可以察知常压介质阻挡放电等离子体的特性，比如电子温度、密度或者电子能量分布函数等，进一步研究完善等离子体放电的机理，为实现其工业化和多样化应用做好基础研究。本研究采用光栅光谱仪进行测试，并进一步研究了实验运行参数和放电参数等对场中各种光强的影响，进一步完善低温等离子体的机理研究，推进低温等离子体应用进程。

我们知道电磁波按波长大小分为六类：无线电波、红外光、可见光、紫外光、X 射线和 γ 射线。具体如图 5-41 所示。

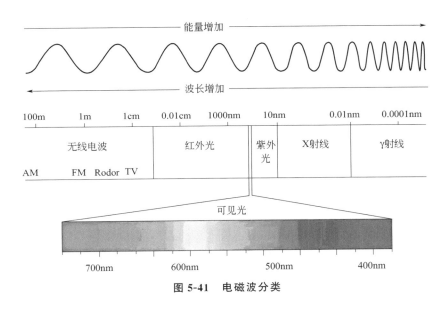

图 5-41　电磁波分类

电磁波中的可见光根据波长又可分为红、橙、黄、绿、蓝、靛、紫，具体波长以及紫外光波长见表 5-7。

表 5-7　可见光和紫外光波长

分类		波长范围
可见光	红	770～622nm
	橙	622～597nm
	黄	597～577nm
	绿	577～492nm
	蓝、靛	492～455nm
	紫	455～350nm
紫外光		10～400nm

通过总结实验结果发现，低温等离子体场中光谱波长主要集中在：299nm，316nm，

338nm，358nm，359nm，376nm，377nm，382nm，395nm，400nm，407nm，428nm，436nm 和 632nm。对比表 5-7 发现，等离子体场中产生的光谱主要集中在紫外光波段，尤其是长紫外光波段，也有一些紫光和红光，以上波长不在下文图中一一标注。

5.2.4.1 放电参数对场中光谱影响

本节考察了放电参数对场中光谱影响，包括平均场强和放电频率，实验反应器均为空管且反应气路中无甲苯。

（1）平均场强影响

实验条件：频率 150Hz，有效放电区长度 10cm，匝数 9 匝，气量 6L/min。考察的场强大小分别为 8.3kV/cm、12.4kV/cm、15.2kV/cm，结果如图 5-42 所示。从图中可以看出，随着平均场强的增大，光强不断增大。低场强条件下，光强较小，不同波段的光也较少；高场强条件下，光强较大，不同波段的光也较多。同时，介质阻挡放电（DBD）产生低温等离子体场中，紫外光较强，可见光相对较弱。

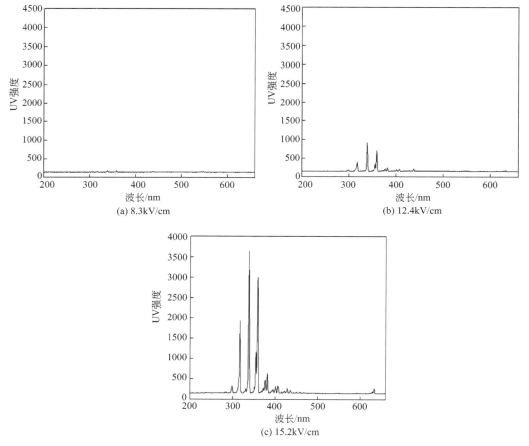

图 5-42　不同平均场强对光谱影响

（2）频率影响

实验条件：平均场强 15.2kV/cm，有效放电区长度 10cm，匝数 9 匝，气量 6L/min。考察的频率范围 50～200Hz，结果如图 5-43 所示。从图中可以看出，随着频率的增大，光强不断增大。低频率条件下，光强较小，不同波段的光也较少；高频率条件下，光强较强，不同波段的光也较多。

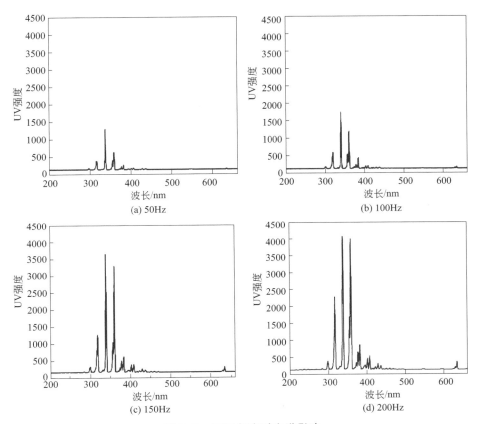

图 5-43 不同频率对光谱影响

5.2.4.2 运行参数对场中光谱影响

本节考察了放电参数对场中光谱影响，包括接地极匝数和实验气量，实验反应器均为空管且反应气路中无甲苯。

（1）接地极匝数影响

实验条件：平均场强 12.4kV/cm，频率 150Hz，有效放电区长度 10cm，气量 6L/min，接地极匝数分别为 5 匝、9 匝、13 匝和 20 匝。结果如图 5-44 所示。从图中可以看出，在接地极匝数一定范围内，随着接地极匝数的增大，光强不断增大。低匝数的条件下，光强较弱，不同波段的光也较少；高匝数条件下，光强较大，不同波段的光也较多。当接地极匝数增加到一定程度时，低温等离子体场中的光强和种类几乎不变。

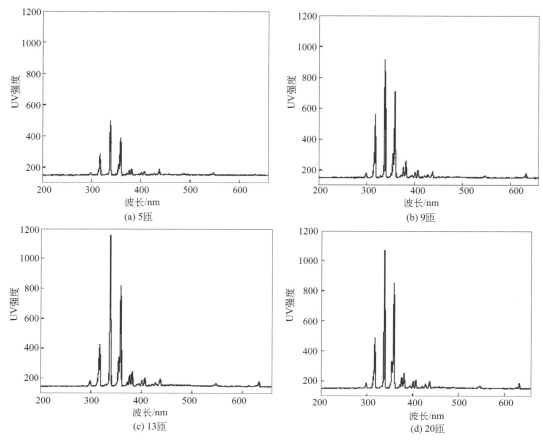

图 5-44 不同匝数对光谱影响

（2）实验气量影响

实验条件：平均场强 13.8kV/cm，频率 150Hz，有效放电区长度 10cm，匝数 9 匝，气量分别为 0L/min、2L/min、4L/min、7L/min。结果如图 5-45 所示。从图中发现，实验气量范围内，随气量不断增加，光强呈现先增加后降低的趋势，气量为 2L/min 时，光强较大。

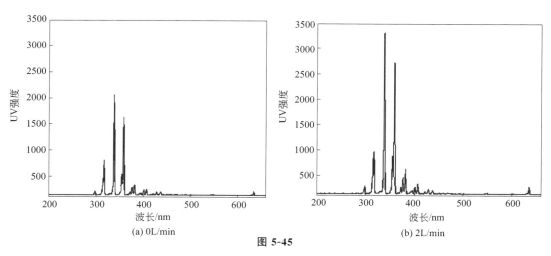

图 5-45

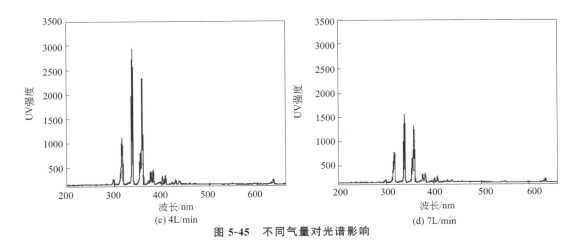

(c) 4L/min

(d) 7L/min

图 5-45　不同气量对光谱影响

5.2.4.3　反应气路中有无甲苯对场中光谱影响

本节在实验条件相同的情况下，考察了反应气路中有、无甲苯时的光谱。实验条件：频率 150Hz，有效放电区长度 10cm，匝数 9 匝，气量 6L/min，甲苯初始浓度分别为 $0mg/m^3$、$600mg/m^3$，平均场强 8.3kV/cm、12.4kV/cm、15.2kV/cm。结果如图 5-46 所示。从图中可以看出，低场强时，反应气路中有无甲苯对场中光强的影响不大；高场强时，气路有甲苯时的光强强度小于无甲苯时的光强强度，表明等离子体场中的光子部分被用来降解污染物。

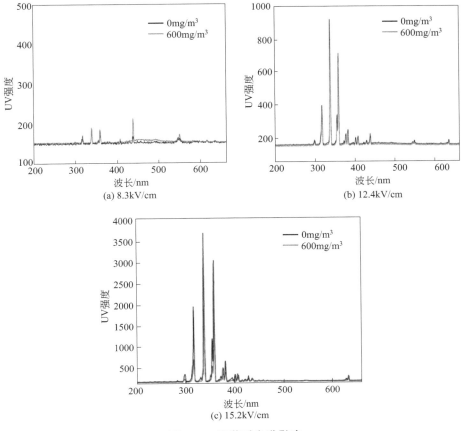

(a) 8.3kV/cm

(b) 12.4kV/cm

(c) 15.2kV/cm

图 5-46　甲苯对光谱影响

5.2.4.4 不同载体对场中光谱影响

本节在实验条件相同且反应气路中无甲苯的情况下，考察了低温等离子体协同单纯载体（γ-Al$_2$O$_3$ 小球和堇青石）放电时对光谱影响。实验条件：频率 150Hz，有效放电区长度 10cm，匝数 9 匝，气量 6L/min，平均场强 8.3～15.2kV/cm。结果如图 5-47 所示。此外，相同实验条件下，等离子体协同两种不同载体降解甲苯的效率图如图 5-48 所示。

从图 5-47 可以看出，中、低场强时，协同 γ-Al$_2$O$_3$ 小球放电时的光强强度要高于协同堇青石放电时的光强强度；较高场强时，协同二者放电产生的低温等离子体场中的光强区别不大，这一结果与协同二者放电时，甲苯降解率大小的结果相一致，具体如图 5-48 所示。

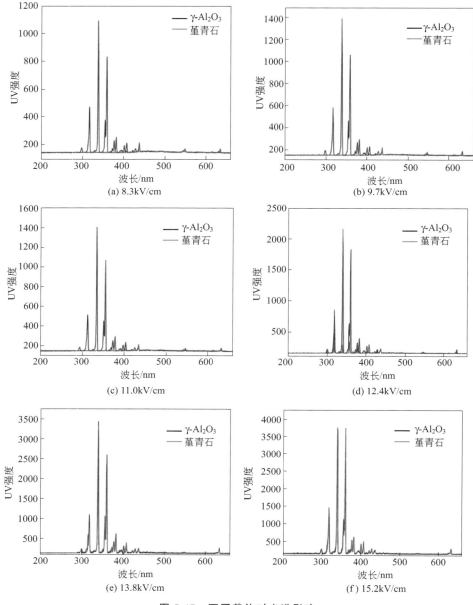

图 5-47　不同载体对光谱影响

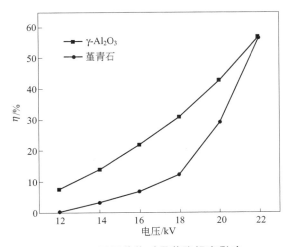

图 5-48　不同载体对甲苯降解率影响

5.2.5　低温等离子体系统 VOCs 降解途径探讨

低温等离子体协同催化技术处理 VOCs 过程是低温等离子体和催化剂共同作用降解甲苯，反应复杂，机理也很复杂，目前机理研究不够深入。甲苯在低温等离子体催化体系中被降解的途径主要有两个：①高压放电产生的高能电子直接与甲苯分子及中间产物作用；②高能电子电离、激发背景气中的 O_2、H_2O、N_2 等产生一系列活性基团、自由基等，这些活性物种继续与甲苯分子和中间产物作用。

在低温等离子体反应器中，VOCs 降解的过程如图 5-49 所示。由图可知，在外加电场的作用下，气体放电产生大量高能电子轰击 VOCs 分子和空气中其他分子，使其发生电离、离解、激发、离子分子反应以及辐射。分子和原子的电离可产生高能电子，VOCs 分

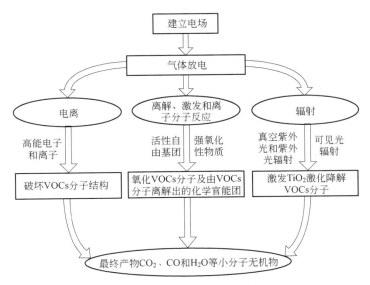

图 5-49　低温等离子体法降解 VOCs 的过程

子在高能电子的轰击下会发生断键反应，分子结构遭到破坏，使其更易于降解。空气中 O_2、CO_2 和 H_2O 等分子在高能电子的作用下发生离解、激发和离子分子反应，在此过程中可生成大量氧自由基、超氧自由基、羟基自由基和臭氧等高活性自由基团及氧化性物质。这些物质能够将 VOCs 分子及由 VOCs 分子离解出的化学官能团降解为 CO_2 和 H_2O 等小分子无机物。与此同时，由激发形成的原子、分子和准分子处于不稳定激发态，当这些粒子由激发态向基态跃迁时会产生光辐射，辐射范围包括真空紫外、紫外和可见光谱。由低温等离子体辐射产生的光波可为 TiO_2 光催化剂提供激发光源。低温等离子体降解 VOCs 分子的过程包括了一系列复杂的物理、化学反应，其最终目的是将复杂大分子污染物转变为简单小分子安全物质，或将有毒有害物质转变为无毒无害或低毒低害物质，从而使污染物得以降解去除。

在实际反应过程中，等离子体起主要作用。通过放电条件的影响研究，可以发现放电电压和频率对甲苯降解的影响最为显著，因此可以推测放电过程中所产生的高能电子的数量和运动状态是整个反应的决定性因素。

部分高能电子在甲苯废气中运动，并与其他粒子发生非弹性碰撞将其大部分的动能传递给粒子，改变粒子的状态或结构，从而产生大量激发态的活性自由基：

$$e^- + O_2 \longrightarrow 2O\cdot + e^- \tag{5-1}$$

$$e^- + H_2O \longrightarrow \cdot OH + H\cdot + e^- \tag{5-2}$$

$$e^- + N_2 \longrightarrow 2N^* + e^- \tag{5-3}$$

甲苯分子的破坏通过高能电子和气相自由基（如 $O\cdot$ 和 $\cdot OH$）的攻击来实现。由于高能电子与甲苯的反应速率较大，因此被其破坏的可能性较高。因此在实验中能够产生均匀密集电场的铝箔接地方式以及高电压、高频率都能够产生高数量水平的高能电子和活性自由基，有效促进甲苯的降解。

由于苯环上甲基的 C—H 键的键能（C—H 键：3.5eV）、苯环与甲基之间的 C—C 键的键能（C—C 键：3.8eV）较低，高能电子和活性自由基的攻击使得苯环与甲基之间的 C—C 键或苯环上甲基的 C—H 断裂，从而形成带有苯环的衍生物等有机中间产物，由 GC-MS 的分析谱图中可以得到典型的中间产物可能为以下几种物质：

苯环碳原子间以大 π 键结合，存在共轭关系，结构相对稳定，当苯环在活性基团、高能电子的双重攻击下导致苯环破裂，在开环后进一步生成醚类、酸类、酮类等副产物，如

同时部分中间产物会进一步发生反应，聚合形成更为复杂的结构，如

低温等离子体协同催化时，通过产生等离子体化学反应和降低催化剂表面势垒，等离子体和催化剂共同作用于污染物组分。低温等离子体放电可以改变催化剂的表面形态、形成表面微放电增强电场等来实现与催化剂的协同。等离子体激活气体分子，形成自由基，影响催化过程；而催化剂的物化性质，如粗糙度、介电常数等，可以影响催化剂表面电场的分布情况，从而影响气相过程的速率。两者相互依赖，形成协同效果。

等离子体与催化剂的结合主要对污染物的降解效率、能源效率和产物选择性等方面带来影响。系统内部填充催化剂后，放电形式转变为催化剂的表面放电和气隙空间的弱微放电的组合，导致转换效率的降低。只有当所产生的表面放电能够增加催化剂的活性时，才能通过催化作用进行补偿。这也解释了在 DDBD 协同催化反应器中，催化剂表面被覆盖导致失活，直接影响污染物的降解效果。在研究中将锰基催化剂引入反应系统，其引入使气体中的 O_3、O_2、高能电子和活性自由基通过 Mn^{n+} 价态之间的相互转化吸附在催化剂表面。催化剂表面反应速率则取决于甲苯的化学吸附、化学吸附氧的种类、$Mn—O$ 键的强度以及不同价态锰氧化物之间的转化速率。

在多种活性自由基中，氧自由基 $O·$ 和羟基自由基 $OH·$ 的氧化能力最强，因此在反应过程中可直接与催化剂表面吸附态的甲苯分子和中间产物发生反应。随着氧自由基 $O·$ 和羟基自由基 $OH·$ 的持续氧化作用下，苯环进一步脱碳，生成链状有机中间产物。在持续放电和催化剂的作用下，最终氧化生成 CO_2 和 H_2O。

介质阻挡放电等离子体可以诱导催化剂的介电加热，从而提高催化剂的表观催化活性，而流向变换技术的结合使得系统温度提升，进一步激活了催化剂活性。DDBD 协同催化降解甲苯时，其作用机理与 DBD 协同催化反应器条件下相似，其关键是生成各种活性物质，如高能电子、羟基自由基、氧自由基等。

在低温等离子体协同催化降解甲苯反应过程中，高能电子与废气中的氧气反应生成氧自由基，进而生成臭氧。其反应过程主要包括原子氧的形成和原子氧与氧分子的重组：

$$O_2 + e^- \longrightarrow O(^1D) + O(^3P) + e^- \tag{5-4}$$

$$O(^3P) + O_2 + M \longrightarrow O_3 + M \tag{5-5}$$

其中 $O(^1D)$ 和 $O(^3P)$ 分别代表激发态氧原子和基态氧原子，M 代表 O_2 或 N_2。

由于 O_3 的电子亲和能（2.1eV）远高于 O_2（0.44eV），使得 O_3 可以作为电子受体，促进高氧化态氧原子的形成。因此 O_3 既是副产物，同时又是强氧化剂，对甲苯的破坏起着重要的作用。

臭氧在催化氧化过程中的作用主要是作为电子受体，产生更多的羟基自由基，降低了电子空穴对的复合速率，从而加快羟基自由基的生成。

$$O_3 + e^- \longrightarrow O_3· \tag{5-6}$$

$$O_3· \longrightarrow O· + O_2 \tag{5-7}$$

锰基催化剂作为分解 O_3 活性物质，通过催化活性位点吸附臭氧，将其分解可产生 $O·$ 和 O_2，部分与吸附态氧物种继续反应，部分氧化甲苯和中间有机产物，使其生成 CO_2 和 H_2O：

$$O_3 + X^* \longrightarrow O^* + O_2 + X \tag{5-8}$$

$$O_3 + O^* \longrightarrow 2O_2 \tag{5-9}$$

其中，X 和 * 为催化剂及其活性位。

同时，在实验中流向变换所聚集起来的热量使得部分 O_3 发生热分解，所生成的氧原子也进一步参与到甲苯降解当中。在反应过程中 O_3 在被高能电子和催化剂破坏的同时，可以连续生成。因此，随着放电时间的延长，O_3 浓度最终达到平衡状态。

结合上述产物分析的结果，可推测低温等离子体协同催化技术降解甲苯的反应进程大体如图 5-50 所示。甲苯在等离子体作用下的降解途径主要有三个：①苯环与甲基之间的 C—C 键断裂，甲基脱落，在活性基团——高能电子、O・和・OH 等作用下生成醇、醛和醚等类中间产物；②苯环上的 C—H 或苯环与甲基之间的 C—C 键断裂，在活性基团作用下生成芳香族等中间产物；③甲苯或者芳香族中间产物的苯环开环，经过一系列反应，生成烷烃、酸类、酮类和含氮物质等不完全降解产物，部分中间产物最终被氧化为 CO_2、H_2O。

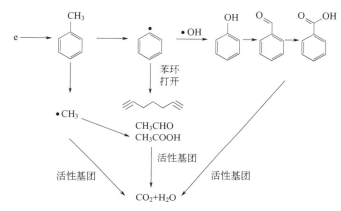

图 5-50　等离子体催化降解甲苯路径图

第**6**章 低温等离子体协同催化技术去除 VOCs

近年来伴随着化工行业的迅速发展，越来越多的 VOCs 排放到大气中。VOCs 作为一种大气污染物，不仅具有毒性，甚至还具有"三致"效应，对人类的身体健康产生有害的影响，且对环境产生多重影响。对 VOCs 的治理已经成为一个重要的话题，同时在 VOCs 的治理上又出现了一系列的难题。针对浓度较低、流量较大的 VOCs 的治理，传统的处理技术在技术和经济上的存在一定的局限性，达不到预期的结果。而低温等离子体（non-thermal plasma，NTP）技术作为一种新兴的等离子体处理工艺，在处理 VOCs 方面具有反应器处理费用少、反应器的结构简单、操作简单、技术上的适用范围宽（能有效处理低浓度大风量的有机废气）、反应条件温和等诸多优点，在治理 VOCs 方面已经成为一个热门的工具。然而实验研究结果也表明单独等离子体降解 VOCs 存在 O_3、NO_2、有机副产物众多等问题，易对环境造成二次污染。近年来研究者将低温等离子体技术与催化技术进行联合构建低温等离子体协同催化降解 VOCs 体系。研究表明，将 NTP 与多相催化剂结合使用对于提高 VOCs 降解率、降低反应系统能耗、减少有害副产物产生均有显著作用。因此 NTP 协同催化技术在降解 VOCs，尤其是石化行业产生的低浓度大风量有机气体方面的应用受到研究者的广泛关注，迅速成为一个研究热点。

6.1 低温等离子体协同催化技术

低温等离子体协同催化技术是一种理想的环境污染治理技术。该技术将低温等离子体技术和催化净化技术有机地结合起来，克服了两者各自的缺陷。

6.1.1 低温等离子体和催化协同作用处理有机废气的原理

国内外研究表明，低温等离子体协同催化氧化技术比传统低温等离子体或单一催化氧化技术具有更好的净化效果。由于低温等离子体中的活性粒子寿命极短以及现有分析手段的制约，对低温等离子体与催化剂的协同作用原理研究不是很多，大多仅是基于对反应产物和反应过程的光谱分析而进行推论，或者说很多研究仅仅基于某一因素对反应的影响，而进行系统性研究的相对较少。

低温等离子体和催化协同作用处理有机废气的原理如下：等离子体中包含的离子、高能电子、激发态原子、分子及自由基都是高活性物质。它们可以加速通常条件下难以进行或速率很慢的降解反应，提高污染物的降解效果。同时，由于活性离子和自由基气体放电时，一些高能激发粒子向下跃迁产生紫外光，当光子或电子的能量大于半导体禁带宽度时，会激发半导体催化剂内的电子，使电子从价带跃迁至导带，形成具有很强活性的电子空穴对，并诱导一系列氧化还原反应的进行。光生空穴具有很强的捕获电子能力，可在催化剂表面形成羟基自由基，从而进一步氧化污染物。此外，催化剂可以选择性地与等离子体产生的中间副产物反应，得到理想的降解物质（如 CO_2 和 H_2O）。因此，低温等离子体与催化剂协同作用时比单一使用催化剂或等离子体具有更好的脱除效果，可以更加有效地减少副产物的产生，提高 CO_2 的选择性，进一步降低反应能耗。

6.1.2 低温等离子体与催化剂结合方式

低温等离子体-催化技术将催化剂引入等离子体系统，主要通过以下两种方式来实现：①催化剂置于放电区域内部（in-plasma catalysis，ICP）；②催化剂置于放电区域后部（post plasma catalysis，PPC）。在这两种方式中，催化剂物质均通过以下 3 种形式负载于反应器内：①涂覆于反应器壁或电极；②填充床；③催化剂膜层。结合方式见图 6-1。

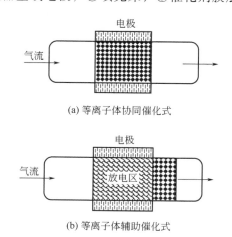

(a) 等离子体协同催化式

(b) 等离子体辅助催化式

图 6-1　低温等离子体与催化剂的协同结合方式

6.1.3 催化剂

目前研究中的催化剂主要有过渡金属氧化物和光催化剂二氧化钛等。

过渡金属氧化物常被用来做催化剂，国外学者 Yamamoto 等利用放电等离子体-催化结合在填充式反应器降解四氯化碳。Co、Cu、Cr、Ni 和 V 催化剂浸渍在钛酸钡颗粒上，实验结果表明催化剂的引入，不仅提高了恶臭的去除效率，同时减少了副产物的产生，在使用 Ni 催化剂时，CO 可最后转化为 CO_2，且有报道认为钛酸钡本身就是催化剂。国内学者晏乃强等对催化剂的效果进行了研究，并对其排序为 Mn＞Fe＞Co＞Ti＞Ni＞Pd＞Cu＞V。

光催化剂二氧化钛在放电等离子体中能发挥独特的作用。国外专家 Oda 等考察线-筒式石英玻璃阻挡反应器内填充 TiO_2 催化剂颗粒前后对三氯乙烯（TCE）的降解。实验结果表明催化剂的引入提高 TCE 降解的能量效率，催化剂颗粒的大小和表面积影响能量效率。Li 等利用光催化剂 TiO_2 和直流电晕结合降解甲苯。实验结果表明：在针-网板式直流电晕放电反应器内合理放置光催化剂 TiO_2 床层，当电晕流注覆盖其表面时能提高甲苯的去除效率。

等离子体与催化协同作用，不仅可以增强放电等离子体对污染物的降解能力，也可以降低催化反应的能耗，使两者结合的效果大大强于两者净化效果的叠加。此外，催化剂可以选择性地与等离子体产生的中间副产物反应，得到理想的降解物质（如 CO_2 和 H_2O）。

6.1.4　等离子体与催化剂相互影响

等离子体协同催化式（plasma-driven catalysis，PDC）反应器中，是将催化剂放置在等离子体区域内，催化剂与等离子体相互影响，达到协同作用。

（1）催化剂对等离子体的影响

将催化剂引入等离子体区后，等离子体放电特性、分解污染物的性能将会受到影响。非均相催化剂的引入，会使放电模式变得更为集中，提高放电区域的平均能量密度，激发更多活性物质的生成，增强其氧化分解性能。

以多孔材料为载体的催化剂，可以将污染物分子、中间产物、活性物种等吸附在其表面上，增加污染物的停留时间、增加活性物种与污染物分子及中间产物的碰撞概率，从而加快污染物的氧化分解。

（2）等离子体对催化剂的影响

等离子体作用可以改变催化剂的表面形貌，改变反应过程中催化剂对污染物分子及活性物种的吸附能力，进而影响对污染物的氧化分解性能。放电反应过程中，等离子体会影响催化剂中活性组分的分布，可能使催化剂暴露更多的活性位，甚至会形成新的活性位。

此外，等离子体可以激活催化剂内部晶格氧，产生紫外光和电子空穴，激发催化剂，引发光催化反应；而且在放电过程中，各粒子间的非弹性碰撞使催化剂表面温度升高，形成局部热点，这些都可能会改变催化剂发挥催化性能时所需的活化能大小。

6.1.5　等离子体催化系统

能效是评价等离子体催化技术的重要参数之一。为了获得更低能耗，Kiml 和 Kuroki 等提出并研究了存储放电（SD）和循环存储放电（CSD）的等离子体催化系统。与传统的等离子体催化系统相比，CSD 等离子体催化系统具有能耗低、反应副产物少、碳平衡和去除率高等优点，是一种很有发展前景的等离子体催化系统。

在传统的等离子体催化系统中，低浓度的 VOCs 不断进入吸附和放电同时进行的放电区，即连续放电等离子体系统。Gandhi 等在填充 α-Al_2O_3、SiO_2、ZrO_2 和玻璃棉的等离子体反应器系统中进行乙烯分解实验，发现 α-Al_2O_3 具有最佳的分解效率。AnH 等采用不同金属组分（Ag、Au、Cu、Co）负载在 Al_2O_3 上，利用 DBD 在传统等离子体催化体系中进行甲苯的分解，发现 Au/Al₂O₃ 对甲苯的去除率最高。Jiang 等以 Ag-Mn 双金属氧化物为催化剂，采用三电极结构的脉冲滑动介质阻挡放电（SLDBD）反应器，在室温下对二甲苯进行等离子体催化降解。实验结果表明，与传统的表面介质阻挡放电（SDBD）相比，SLDBD 等离子体系统中活性物种分布更均匀，二甲苯降解效率更高，SLDBD 等离子体与催化剂结合形成的等离子体协同催化反应器比单独等离子体反应器明显提高了二甲苯的降解效率和 CO₂ 的选择性。Ag 掺入到锰氧化物中增强了其催化活性。Van Durme 等也报道了在传统的等离子体催化体系中，TiO₂ 的加入对甲苯的降解效率显著提高。

CSD 等离子体催化系统作为一种崭新的等离子体系统，近年来得到了广泛的关注和研究。在该系统中，VOCs 先被吸附在催化剂上，然后被吸附的 VOCs 与载气一起被等离子体降解。Mokter Hossain 等研究了在 Pd/ZSM-5 催化剂填充的固定床介质阻挡放电（DBD）等离子体催化反应器中使用循环吸附/氧化法去除甲苯。Pd/ZSM-5 催化剂大大改善了对甲苯的吸附能力。在等离子体催化氧化过程中，催化剂吸附的甲苯易于再生。催化剂的协同作用促进了甲苯的氧化过程，并提高了 CO₂ 的选择性。

6.2　低温等离子体协同催化技术去除 VOCs 研究现状

目前，国内外涉及等离子体协同催化作用机理方面的分析和研究还处在起步阶段。作为一种全新概念的处理技术，低温等离子体催化处理技术被国内外研究者认为是一种可以取代传统净化方法，并具有一定的实际应用前景及产生经济效益的有效的污染物处理技术。目前被国内外学者较为认可的净化原理认为，等离子体协同催化作用机理是基于等离子体空间汇聚的大量极活泼的高活性物种——离子、高能电子、激发态的原子、分子和自由基等，当等离子体与催化剂协同处理污染物时，会产生一连串的活化作用：①高活性粒子（电子、激发态原子和离子等）会轰击催化剂表面，使催化剂颗粒极化，激发电子发生二次发射，在表面形成场强加强区；②由于催化剂能够吸附一定的气相污染物，从而在等离子体和催化作用下迅速发生各种化学反应，脱除这些汇聚的气相污染物；③等离子体中的活性物种（尤其是高能电子）含有的巨大能量能够激活位于等离子体附近的催化剂，降低其反应的活化能；④由于催化剂还可选择性地与等离子体产生的副产物反应，得到无污染的物质（如二氧化碳和水），从而使其可以有效抑制有毒副产物的产生。

等离子体协同催化技术，克服了单一方式处理效率低、能耗大、处理不完全的缺点，使催化剂的活性增强，使化学反应趋向温和，展现了较好的工业应用前景。近年来该项技术被认为在净化机动车尾气、可吸入颗粒物治理、烟气脱硫、脱除氮氧化物、降解挥发性有机化合物、去除毒性化合物等方面表现出了较突出的优势。但是，目前该技术机理研究还不完全成熟，还需要对低温等离子体催化协同作用产生机理、与被处理废气间的物理、化学过程加以研究，以优化工艺设计。

6.2.1　低温等离子体协同无机化合物催化净化技术

当前，国内外很多学者做了详细深入的研究，主要涉及催化剂种类、催化剂负载方式、浓度、温度、电压、反应机理等对协同净化技术的影响，并进一步研究了如何抑制副产物的产生。随着低温等离子体结合催化技术相关研究的不断深入，在去除污染物方面，低温等离子体协同催化技术较单一的低温等离子体催化器处理形式逐渐显现出其技术优势，其去除率更高。

在还原氧化的研究中，为了更好地脱除 NO_x，国内已有不少学者对还原剂或氧化剂的作用机理进行了研究。刘新等人采用 CSTR 模型，对低温等离子体烟气脱硝的化学反应过程进行了模拟，从原理上证实了 SO_2 和外加 NH_3 产生的增效不是 SO_2 的贡献，而是外加 NH_3 的效果。吴宇煌和商克峰等人通过试验提出，丙烯的存在能极大地促使 NO 氧化为 NO_2。

研究学者采用 NTP 催化联合技术，以玻璃球状 $BaTiO_3$ 为载体，$\gamma\text{-}Al_2O_3$、TiO_2 和 Ag、Pt、Pd 为催化剂。试验结果表明：随着温度的升高，NTP 联合催化技术使苯和甲苯的降解效率得到了较大的提高。Demidiouk 等通过 NTP-V 催化剂协同降解乙酸丁酯的试验结果表明，在 245℃时对乙酸丁酯的脱除效率提高了 28%，在 210℃时提高了 36%，其协同作用的脱除效率均高于 NTP 和 Pt 分别单一作用的效率。蔡慧煊等采用新型的针-针式介质阻挡放电的等离子体技术，在没有使用催化剂和 VOC_s 浓度不高的情况下，探讨了新型的低温等离子体对 VOC_s 的去除效果，该装置有效去除效率可达到 76%。可以设想，当有催化剂协同作用时，VOC_s 的去除效果将更加理想。Anna 等将 TiO_2 薄膜均匀涂抹在玻璃小球的表面，然后以玻璃小球作为介质阻挡放电系统的介质材料，研究发现 NO 和 SO_2 在该系统下的去除率要高于单一等离子体中反应的去除率，还发现随峰值电压、脉冲频率和气体停留时间的增加脱除率相应升高。目前等离子体协同催化还原 NO_x 的研究主要考虑电压、温度、等离子体系统结构以及气体组分对 NO_x 脱除效率的影响。虽然相关研究表明在 100～300℃温度下选择在 PDC 反应系统下 NO_x 的脱除效果已达到较高的脱除率，但是反应能耗较高，并且催化还原 NO_x 气体组分中的还原剂（NH_3）等造成的二次污染较为严重。而等离子体协同催化氧化法去除 NO_x 就避免了 NH_3 等气体组分中还原剂的腐蚀及二次污染问题，投资也相对较少。所以低温等离子体协同催化氧化脱除 NO_x 是相对比较有发展前景的技术。

6.2.2　低温等离子体协同光催化净化技术

低温等离子体和光催化的协同不但解决了光催化技术的一些难点，而且还优化了低温等离子体技术，其操作条件更加温和，能耗进一步降低，过程中的副产物也得到了抑制。

等离子体-光催化协同空气净化技术解决了光催化技术的瓶颈，同时也使等离子体技术得到了进一步延伸和发展。与传统的气体净化技术相比，该技术具有工艺简单、成本低、效率高、操作条件温和且二次污染少等优点，具有广阔的应用前景。

等离子体技术和光催化技术研究的不断深入，为等离子协同光催化技术提供了很好的契机。为了使等离子体-光催化技术尽早能在工业上得到推广应用，研究人员开始关注一些研究热点，如反应器结构、光催化剂有效利用等离子体光源、光催化剂载体的选择、等离子体光源的光催化作用、电源以及放电材料等方面。Huang 等针对 NTP 联合光催化技术进行了研究，却发现来自 NTP 反应器的紫外光极其微弱，其对甲苯的降解贡献值几乎可以忽略不计。Huang 等同时还发现在 NTP 中外加 UV 发射源，甲苯的去除率提高了20%，但认为这应归功于 NTP 与 UV 的协同作用，而不是 NTP 与单纯内载催化剂的协同作用。梁亚红在实验中发现，气体放电-光催化反应器在处理含苯气体时，尾气中的生成物主要为 CO_2、H_2O，CO_2 的产率也较一般的气体放电反应器高；同时测定反应器在处理低浓度（$750mg/m^3$）含苯气体时去除率与降解率几乎相同，可达99%；处理高浓度（$1500mg/m^3$）含苯气体时，去除率也可达90%以上。Li Duan 等人发现等离子体与 TiO_2 光催化剂结合能显著提高甲苯的降解效率。

由于低温等离子体协同光催化技术使反应过程更加复杂，目前国内外相关的研究还比较少，但可以预见，辅助光对于污染物的处理效果起到很大的作用，对其作用机理的研究也将是学者研究的重点。

6.2.3 低温等离子体联合吸附净化技术

Yan 等在脉冲放电等离子体反应器装置的出口端增加改进型活性炭过滤装置，改进前，H_2S、MM、DMS 的去除率分别为90%、69%和52%；加装后，3 种物质的去除率均超过了98%，能耗也由 $3W·h/m^3$ 降至 $1.2W·h/m^3$。Harada 等联合表面电晕放电（SCPC）和陶瓷过滤器，将气体中的灰尘捕集于陶瓷过滤器上，使其在放电过程中消失，从而达到同时去除灰尘和 NO_x 的目的。Harada 在进一步的试验中，发现这种新技术对三氯乙烯、苯、甲苯有较好的去除效果，且在处理之后没有检测到有机副产物。Matin 等也采用 NTP 联合吸附技术处理低浓度 VOCs，在介质阻挡放电之后利用矿物床吸附副产物，并且在实验室内取得了较好的去除效果，下一步将要进行工业规模的试验研究。

目前，研究的重点主要集中在 NTP 装置与吸附装置的结构设计，及联合技术所能处理的污染物种类及处理效果。

6.2.4 低温等离子体协同催化降解 VOCs 影响因素

低温等离子体协同催化降解 VOCs 反应体系受到许多因素制约，比如氧浓度、湿度、温度、载气类型、气体流速、污染物初始浓度等。针对这些影响因素，国内外学者展开了相关研究。

6.2.4.1 氧浓度

由于反应体系中的氧对气体放电和催化降解效果有明显的促进作用，因此在整个反应体系中氧浓度是不容忽视的。但是，氧浓度对 VOCs 降解反应的促进作用只有在氧浓度较低的情况下才能发挥。这是因为，当氧浓度过高时，过量的氧会强化活性物质之间的竞争作用，从而抑制催化剂的催化作用。在氧浓度较低时，随着氧浓度的增加，大量的活性氧自由基生成，可以显著提高 VOCs 去除效率。

6.2.4.2 湿度

一定量的水蒸气可以被分解成·OH 和 H·自由基，从而在等离子体催化反应中起重要作用。Zadi 等利用等离子体与光催化剂联合处理医院室内的三氯甲烷，将空气的相对湿度值（RH）设置在 5%～90% 之间，结果表明，无论三氯甲烷的初始浓度多少，水分子的存在对降解率都有促进作用。当三氯甲烷初始浓度为 $25mg/m^3$ 时，RH 分别从 5% 增加到 50%，三氯甲烷的转化率提高了 15%。在相对湿度较低的情况下，湿度的增加可以提高 OH 自由基的产生，从而提高转化率。

然而，在 ICP 系统中，水蒸气会抑制反应体系对 VOCs 的去除。这是因为，在反应器中，水蒸气会影响气体放电的电学和物理性质。在等离子体催化系统中，水蒸气会减少微放电过程中的总电荷转移数，从而使部分高速电子迅速猝灭，最终生成的等离子体反应区的体积会明显地减小。因此，湿度对低温等离子体协同催化降解 VOCs 的影响也不是简单的线性关系。不同的作用条件，以及作用于不同种类的 VOCs 都会影响湿度对 VOCs 的降解效果。

6.2.4.3 温度

同样，温度对 VOCs 的降解也具有明显的影响。一般来说，由于在等离子体反应过程中氧原子或羟基自由基与 VOCs 分子的反应是吸热反应，因此一般而言，温度越高，VOCs 的去除效率相应地也越高。在 VOCs 的降解反应中，活性自由基主要参与 VOCs 的分解反应，并且在气相反应中起主导的作用。此外，温度的增加，还增大了在催化剂表面发生的一系列反应的反应速率常数。然而，由于等离子体系统中的高能电子的温度一般在 $1.0×10^4$ K 左右，而催化剂床层的表面温度仅仅只有几百开尔文，一般认为，放电所产生的平均电子能要远远超过 VOCs 分子裂解成激发态物质所需要吸收的电子能。

6.2.4.4 载气类型

在等离子体反应中，等离子体中的离子、原子、激发态分子和自由基等活性物质表现出高的化学反应活性。载气的作用是为后续反应提供活性物质。因此，载气类型对 VOCs 的降解性能也会产生显著影响。Harada 等考察了使用不同类型的载气（空气、氮气、氮气和氧气或水蒸气的混合物）对三氯乙烯、甲苯和苯去除效率及产物分布的影响。研究发现，当载气中含有氧或水时，三氯乙烯能有效分解；而使用氮气作为载气时，三氯乙烯的去除率相对较低。在氧源充足的情况下，HCl 是唯一的副产物，而在惰性载气中则生成了其他有机副产物。显然，氧气是 VOCs 分解所必需的物质。在实际应用中，空气是最方便、最经济的氧气来源。

6.2.4.5 气体流速

在等离子体催化降解 VOCs 系统中，VOCs 的气体流速同样扮演着关键的角色。一般而言，随着 VOCs 的气体流速的增大，VOCs 分子在等离子体放电区域停留的时间会相应地减少，因此 VOCs 分子与等离子体区域内的电子、活性自由基等的碰撞概率会降低，从而 VOCs 的分解效率会降低。

6.2.4.6 初始浓度

在等离子体协同催化降解 VOCs 中，VOCs 的初始浓度对去除率的影响也得到了大量的研究。结果表明，较高的初始浓度不利于污染物的分解。大量研究表明，等离子体催化系统适合于低浓度 VOCs 的分解。这是因为当初始浓度较高时，单个的 VOC 分子与反应体系中的高能量的电子和高活性的活性粒子发生碰撞的可能性就会减小，从而降低 VOC 分子的分解效率。因此，就等离子体催化系统而言，近年来对 VOCs 浓度的研究范围控制在几百 mg/m^3 左右。然而有研究发现，VOCs 气体的初始浓度对某些卤代碳的去除效率几乎不会产生影响。这可能是碎片离子引起的二次分解或者初次降解产生的自由基作用的结果。

6.2.4.7 反应器结构

反应器结构对 VOCs 的去除能力也会产生显著的影响。反应器是等离子体协同催化体系的重要组成部分，典型的介质阻挡放电反应器可分为板式、线筒式和填充式三类。Li 等搭建了单介质阻挡放电（SDBD）反应器和双介质阻挡放电（DDBD）反应器来降解甲苯，通过比较两个反应器对于甲苯的矿化率、CO_2 选择性和能量利用率得知，双介质阻挡放电反应器较单介质阻挡放电反应器而言放电更加稳定和均匀。同时，在 $22\sim24kV$ 时，双介质阻挡放电反应器的甲苯去除效率也明显要高。

6.2.4.8 催化剂

常用的催化剂有金属氧化物、贵金属、复合金属氧化物和过渡金属氧化物。催化性能因催化剂的类型、组成和结构而异。催化剂的比表面积、活性中心组成、缺陷中心数和孔径会影响催化剂的吸附性能和稳定性，从而影响其催化活性。

Li 等人使用了四种催化剂，Co-OMS-2/Al_2O_3、Cu-OMS-2/Al_2O_3、Ce-OMS-2/Al_2O_3 和 K-OMS-2/Al_2O_3，与等离子体协同降解乙醇。结果表明，该催化剂能提高乙醇的降解效率，抑制臭氧的生成，Co-OMS-2/Al_2O_3 的催化性能最佳。

6.3 产物分析

国内外许多学者对低温等离子体协同催化降解 VOCs 过程中的副产物进行了研究。由于注入反应系统的能量有限或者反应不完全，VOCs 没能全部转化为 CO_2 和 H_2O，中间会产生 O_3、NO_x、CO 等气相副产物，同时反应器壁、电极表面及催化剂表面会沉积一些未完全反应的气溶胶态副产物。目前，学者对于低温等离子体协同催化降解 VOCs 过程中副产物的研究侧重点主要集中在气相产物和气溶胶态副产物，对反应过程中产生的光谱研究较少。

等离子体放电过程中，高能电子与气体分子发生非弹性碰撞，使之激发电离，一些激发态原子和分子会自发辐射，因这些粒子运动状态较复杂，所以辐射出的大量电磁波形式各不相同，其波长范围较广，有微波、红外线、可见光、紫外线直到 X 射线。这些辐射有的是线光谱，有的是连续光谱，辐射过程跟等离子体内部状态有密切关系。因而通过对等离子体发射光谱的测试分析，可以进一步研究等离子体放电特性，完善等离子体放电的机理，为等离子体实现工业化和多样化应用做好基础研究。

黄新明采用回流-共沉淀法制备出一系列 $Fe_x Mn_y/Al_2O_3$ 催化剂，采用 BET、XRD、XPS 和 SEM 等手段对催化剂进行表征，分别以甲苯、氯苯为 VOCs 模式物，开展了低温等离子体协同 $Fe_x Mn_y/Al_2O_3$ 催化降解甲苯、氯苯的研究，考察了 VOCs 初始浓度、湿度、停留时间等对降解效果及 CO_2 选择性生成的影响规律。对比单独低温等离子体，低温等离子体协同 $Fe_x Mn_y/Al_2O_3$ 显著提高了甲苯/氯苯的去除效率和 CO_2 选择性，降低了 O_3 和 NO_x 等副产物的产量。

在等离子体协同降解 VOCs 过程中，必然会产生 O_3 和 NO_x 等副产物。因此，在考察催化剂对 VOCs 降解效果的同时，也应该考虑催化剂的使用能否抑制副产物的产生。等离子体放电产生 O_3 和 NO_x 的途径如反应式所示：

$$e + O_2 \longrightarrow e + O(^3P) + O(^3P) \tag{6-1}$$

$$e + O_2 \longrightarrow e + O(^3P) + O(^1D) \tag{6-2}$$

$$O(^3P) + O_2 + M \longrightarrow O_3 + M \tag{6-3}$$

$$O(^1D) + O_2 \longrightarrow O_3 \tag{6-4}$$

$$e + N_2 \longrightarrow e + N(^2D) + N(^2D) \tag{6-5}$$

$$e + N_2 \longrightarrow e + N(^2P) + N(^2P) \tag{6-6}$$

$$N(^2D) + O_2 \longrightarrow NO + O \tag{6-7}$$

$$N(^2P) + O_2 \longrightarrow NO + O \tag{6-8}$$

$$N + \cdot O + M \longrightarrow NO + M \tag{6-9}$$

$$N + O_3 \longrightarrow NO + O_2 \tag{6-10}$$

$$\cdot O + NO + M \longrightarrow NO_2 + M \tag{6-11}$$

$$NO + O_3 \longrightarrow NO_2 + O_2 \tag{6-12}$$

$$NO_2 + N \longrightarrow N_2O + \frac{1}{2}O_2 \tag{6-13}$$

为了获得低温等离子体协同 $Fe_x Mn_y/Al_2O_3$ 降解甲苯过程中有机副产物的形态与分布规律，黄新明采用气相色谱质谱联用仪分析稳定性测试实验产生的尾气中有机副产物的分布。由表 6-1 可知，甲苯降解后的有机副产物包括乙酸乙酯、4-甲基-2-戊酮、乙炔、顺-2-丁烯、癸烷等烃类、酯类以及酮类物质。在低温等离子体放电区域，高能电子及高能粒子及自由基等与甲苯分子直接碰撞，或是与吸附在催化剂表面的甲苯分子碰撞，首先苯环被打开，随后在 $\cdot O$、$\cdot OH$ 等自由基的作用下进一步裂解，形成不稳定的小分子烃、酮等物质，最后在催化剂的作用下形成深度氧化的最终产物 CO_2 和 H_2O。

表 6-1　等离子体协同 Fe_xMn_y/Al_2O_3 降解甲苯有机副产物

序号	保留时间/s	物质	浓度/(μL/L)	序号	保留时间/s	物质	浓度/(μL/L)
1	2.11	乙烷	0.095	11	15.112	庚烷	0.046
2	3.258	乙烯	0.179	12	17	顺-2-丁烯	0.340
3	4.807	丙烷	0.113	13	17.705	异戊烷	0.049
4	8.395	丙烯醛	0.080	14	18.031	3-甲基庚烷	0.085
5	8.809	丙酮	0.104	15	18.034	4-甲基-2-戊酮	4.110
6	10.578	丙烯	0.088	16	18.794	甲苯	1.523
7	11.054	正己烷	0.062	17	18.985	正辛烷	0.131
8	12.826	乙酸乙酯	58.136	18	20.209	2-己酮	0.122
9	13.128	乙炔	2.193	19	25.728	癸烷	0.136
10	14.592	苯	0.131	20	31.767	十二烷	0.085

　　氯苯作为化工、农业等行业常见的工业溶剂，是含氯 VOCs 的典型代表物之一，其具有毒性强、污染面积大、苯环结构难降解等特点。研究发现，传统过渡金属催化剂在氯代烃、氯苯催化燃烧过程中反应温度较高、转化率较低、选择性低产生大量多氯副产物且催化剂表面容易积氯而快速失活；负载型贵金属催化剂虽然活性很高，但是价格昂贵、易烧结、积碳、积氯使贵金属催化剂转化为相对不活泼的 MO_xCl_y 而中毒失活等，这些缺点也限制了该类催化剂在含氯 VOCs 催化燃烧中的应用。低温等离子体协同催化技术结合了低温等离子体技术和催化氧化技术的优点，具有能耗低、能源利用率高、选择性高和净化率高等优势，在氯苯无害化治理领域具有广泛应用前景。

　　黄新明以氯苯为目标污染物，实验研究低温等离子体协同 Fe_xMn_y/Al_2O_3 对氯苯的降解性能，获得氯苯初始浓度、湿度、停留时间等对转化率及二次污染物生成的影响规律，获得低温等离子体协同催化降解氯苯反应动力学参数及模型，结合反应前后催化剂表征结果，揭示等离子体协同 Fe_xMn_y/Al_2O_3 降解氯苯作用机理。

　　如表 6-2 所示，氯苯降解后的有机副产物主要包括烷烃、酮、醚以及少量含氯化合物等。反应中含氯副产物主要为二氯甲烷和四氯乙烯，对比研究结果发现，低温等离子体协同 Fe_xMn_y/Al_2O_3 催化剂能够抑制副产物的生成，使 VOCs 更多地转化成无毒无害的 CO_2 和 H_2O。

表 6-2　等离子体协同 Fe_xMn_y/Al_2O_3 降解氯苯有机副产物

序号	保留时间/s	物质	浓度/(μL/L)	序号	保留时间/s	物质	浓度/(μL/L)
1	2.11	乙烷	0.059	11	17	顺-2-丁烯	1.546
2	4.807	丙烷	0.112	12	17.705	异戊烷	0.045
3	8.809	丙酮	0.060	13	18.031	3-甲基庚烷	0.098
4	9.77	二氯甲烷	10.82	14	18.034	4-甲基-2-戊酮	4.672
5	10.578	丙烯	0.088	15	18.794	正辛烷	0.161
6	11.054	正己烷	0.057	16	18.985	四氯乙烯	0.071
7	12.826	乙酸乙酯	52.912	17	20.209	2-己酮	0.100
8	13.128	乙炔	1.963	18	22.03	氯苯	0.493
9	13.268	四氢呋喃	0.435	19	25.728	癸烷	0.136
10	13.751	异庚烷	0.056	20	31.767	十二烷	0.085

竹涛等采用高压交流电源和管-线式填充床低温等离子体反应器，反应器填充材料选用陶瓷拉西环表面上担载纳米 $Ba_{0.8}Sr_{0.2}Zr_{0.1}Ti_{0.9}O_3$ 膜及 $\gamma\text{-}Al_2O_3$ 表面担载质量分数为 10% 的 MnO_2（两种填料等体积比混合），对甲苯气体进行处理。从甲苯的降解率、反应器输入能量密度及能量利用率等角度，对低温等离子体-催化耦合技术降解甲苯的性能进行评价；采用色谱-质谱连用和红外光谱对反应净化尾气及结焦产物进行了分析，探讨了低温等离子体-催化耦合降解甲苯废气的机理：①由于甲苯分子受高能电子的碰撞，甲基容易断键，形成苯环自由基；②氧自由基和羟基自由基是甲苯氧化过程中的引发剂，也是出现多种苯环衍生物的诱导物质，他们与其他高能电子裂解的自由基之间进一步反应生成一系列含氧有机中间产物，醛类、酚类等；③在高电场强度下（14.3kV/cm），除了有低电压已有的中间产物外，还因氮氮键的开裂产生酰胺类；④由于自由基的活泼性，极易发生一系列的聚合反应，产生复杂的聚合物；⑤低温等离子体处理甲苯废气的反应历经一系列复杂的中间过程，最终产物应为 CO_2、H_2O，但在较低电场强度下，由于输入反应器能量不足以完成整个反应，故会检测到中间产物的存在。因此，低温等离子体-催化耦合技术可以有效地降低反应副产物及中间产物，具有广阔的应用前景。

（1）色质联用检测结果分析

研究系列实验中，在 10kV/cm 和 14.3kV/cm 两种电场强度下对甲苯的气相降解产物采用 GC-MS 进行定量定性的检测，结果发现，经过联合反应器净化处理后，尾气中还存在少量的醛类、酰胺类及带有苯环的衍生物，同时还检测到羰基类的存在。这在一定程度上说明了甲苯的降解途径。

酰胺类的存在说明，在等离子体降解甲苯的过程中，尽管氮气的键能很大（9.8eV），但仍有少数电子能达到这个能级，从而使该键发生断裂反应，生成一系列的含氮化合物。当电场强度为 14.3kV/cm 时，除在检测时间为 1.26s 时检测到甲苯外，其他中间产物检测含量极低。这说明电场强度足够强，反应器输入能量足够高，受高能电子破坏的甲苯分子，在氧等离子体和臭氧的继续作用下，最终被氧化成 CO_2 和 H_2O。

（2）尾气的红外吸收图谱分析

为了进一步确定反应器尾气成分，对尾气进行了红外吸收光谱的测试，测试结果见图 6-2。图中，a 和 b 分别代表电场强度 10kV/cm 和 14.3kV/cm 时甲苯降解产物 FT-IR 谱图。

由图 6-2 可知，在 $3350cm^{-1}$ 红外吸收峰，表明产物中存在—NH—和—NH$_2$ 基团。由于在 $2730cm^{-1}$ 处峰缺失，暗示 N＝C—N 基团不存在。而在 $3450cm^{-1}$ 处延伸宽化的峰表明可能存在带苯环的—NH—。意味着产物中存在少量的酰胺类物质。在 $3400cm^{-1}$ 处宽化的峰是典型的水峰，表明产物中存在大量的—OH 基团。在 $2900cm^{-1}$ 的吸收峰附近，配合出现的是—CH$_3$/—CH$_2$ 基团，而在 $1700\sim1100cm^{-1}$ 出现的吸收峰均说明产物中存在着带有苯环的衍生物。$2300\sim2100cm^{-1}$ 出现吸收峰由高到低依次代表产物中含有 CO_2 和 CO。$700\sim500cm^{-1}$ 出现吸收峰也代表产物极有可能为 CO_2。图 6-2 表明，尾气中的主要成分除了 CO_2、CO 和 H_2O 外，中间产物还有大量的 O_3（$1000cm^{-1}$ 左右，强峰）、少量的酰胺、羟基及带有苯环的衍生物等，这与色质联用 GC-MS 的实验结果基本

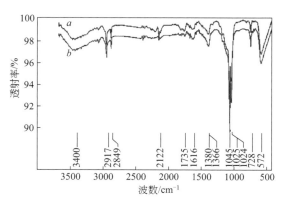

图 6-2 甲苯降解产物 FT-IR 谱图

相同。另外，从 FT-IR 谱图还证实，当电场强度增高时，在甲苯降解的中间产物中，苯类衍生物逐渐减少，O_3 也开始逐渐减少，较多的是 CO_2、H_2O 等。

（3）结焦产物分析

无论反应条件如何变化，反应结束后都会观察到在反应器内壁及填料表面上生成一种黄棕色黏稠的结焦物质。

采用空管反应器产生等离子体降解甲苯，经采样后对放电后的结焦物质进行 FT-IR 谱图分析，见图 6-3(a)。在 $1700cm^{-1}$ 左右，出现了强峰，代表产物中含有较大量的苯环类衍生物，如苯或其他聚合物。结合图 6-2 的分析，可知产物内还含有少量的酰胺类物质。

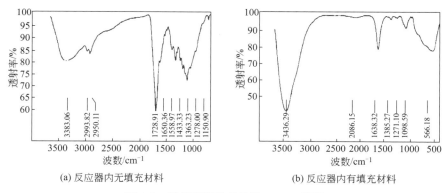

(a) 反应器内无填充材料　　(b) 反应器内有填充材料

图 6-3　甲苯降解结焦产物 FT-IR 谱图

选用复合催化剂作为反应器填充材料构成等离子体-催化反应器，对甲苯气体进行处理。采样后对放电后反应器内填料表面的结焦物质进行 FT-IR 谱图分析，见图 6-3(b)。结果发现，中间产物大大减少，尤其是苯环类聚合产物减少较快，但仍表现出少量的含氮物质-酰胺类。这说明，低温等离子体-催化耦合技术可有效提高等离子体能量效率，充分脱附 γ-Al_2O_3。所吸附的苯类衍生物，增强催化剂的表面反应，对降低反应副产物及中间产物，具有广阔的应用前景。

第**7**章 低温等离子体协同吸附技术净化 VOCs

7.1 概述

低温等离子体（non-thermal plasma，NTP）处理 VOCs 技术具有处理效率高、适用范围广、系统压损小、占地面积小以及反应流程短等优点，但是该技术单独应用时也存在着一些不容忽视的缺点，比如能耗较高、降解不完全、副产物较多、易产生二次污染等。近年来，有学者尝试将低温等离子体与吸附技术协同用于 VOCs 降解，即将吸附剂填充在低温等离子体反应器内或将吸附器与低温等离子体反应器串级联用。研究结果表明，这两项技术的联合不仅提高了 VOCs 的降解效率，还延长了吸附剂的穿透时间，显示出了良好的协同效果。

低温等离子体与吸附协同处理 VOCs 污染物的作用机理可概括为吸附法捕集作用与低温等离子体降解作用的高度耦合。前文对于低温等离子体技术降解 VOCs 的机理已详细阐述，下面对吸附法去除 VOCs 的机制进行简要阐述。

7.1.1 VOCs 的吸附净化过程

在 VOCs 的多种治理技术中，吸附法具有十分重要的地位。其优点主要包括：①运行设备简单，工艺流程较短，容易实现自动化控制，具有较好的灵活性；②应用范围广，净化效率高；③不产生二次污染物；④有利于 VOCs 的资源化利用，对于附加值较高的挥发性有机物，可通过吸附回收技术将其收回。因此，吸附技术的应用，对于 VOCs 的高效治理具有重要的意义。

吸附过程实际上是吸附质逐步迁移进入到吸附剂微孔的过程，而在整个吸附过程中有多种因素均会影响到 VOCs 的吸附量和吸附速度，这些因素主要包括吸附剂类型、吸附质种类和吸附操作条件等。

7.1.1.1 吸附剂类型

吸附剂类型是影响 VOCs 吸附量的关键，不同类型的吸附剂对 VOCs 的吸附量差别很大。这种差别主要是由吸附剂本身的结构和性质决定的，如比表面积、孔容积和吸附剂的表面官能团等。

（1）吸附剂孔容的影响

吸附剂的吸附量和吸附剂孔容有较大关系，特别是有效孔容，例如学者 Guo 等研究了氯苯在活性炭上的动态吸附过程，结果表明活性炭的微孔含量决定了氯苯的吸附量。

（2）吸附剂孔径分布的影响

吸附剂的孔径分布也会对 VOCs 的吸附量有较大影响，例如学者 Nevskaya 等研究了水中吸附质芳香环化合物分子大小对其吸附性能的影响，结果表明，因为大分子的吸附质会由于尺寸效应不能进入活性炭的微孔中，造成了微孔比例高的活性炭相对吸附量的降低。Moreno-Lin 等研究了三维有序大孔铁氧化物对硫化氢的去除效果，结果表明，当吸附剂孔径尺寸为 150nm 时，孔道内传输对吸附质扩散的限制作用基本可以忽略；而当孔径继续增大，较大的比表面积会更有利于硫化氢的吸附，主要是由于其具有更多可用的活性位。

（3）吸附剂孔道形状的影响

吸附剂中孔道的形状也会对不同吸附质的吸附量产生影响，对于狭缝状的孔需要考虑吸附质分子的最小尺寸，即吸附质分子的最小尺寸必须要小于狭缝孔尺寸才能够进入孔道内；而对于圆柱形孔，则至少需要考虑吸附质分子的两个较小的尺寸。Agueda 等研究了活性炭整体式吸附剂孔道形状对吸附性能的影响，结果表明，整体式活性炭在微观结构、单元密度和墙体厚度均一致时，采用二维六方的孔道比正方形孔道更有利于吸附，主要是因为二维六方的孔道具有较高的传质速率和较低的压降。

（4）吸附剂表面官能团的影响

吸附剂表面官能团的含量通常可以由滴定的方法测得，尽管含量很少，但是对吸附量的影响较大。学者 Vivo Vilches 等采用橄榄核作为碳源，经过炭化和活化步骤后制得高孔隙率的活性炭，并采用过硫酸铵作为氧化剂对合成的活性炭进行改性，采用乙醇和正辛烷作为含氧 VOCs 和脂肪族 VOCs 的特征污染物，研究了活性炭的吸附性能，结果表明，正辛烷的吸附量主要取决于活性炭的孔容，而乙醇的吸附量与活性炭表面的化学性质有关，在羧基存在的条件下其吸附量会大幅增加。

（5）吸附材料弹性的影响

除了上述主要的影响因素外，还有一些特殊的材料，其独特的性能也会对材料的吸附产生一定的影响，如吸附材料的弹性性能。传统的吸附剂，如活性炭和分子筛等，其骨架主要由 C—C 键和 Si—O 键等组成，这些化学键通常都具有一定的刚性，因此材料本身也具有一定的固定结构。然而，随着新型材料的发明，人们在研究的过程中发现，某些材料具有一定的弹性性能，如新型的 MOFs 材料等。Zhao 等研究了氢气在 MOFs 材料上的储存性能，研究结果表明，材料具有特殊的类似"弹性"的性能，在较高的压力下材料孔道之间会形成一定的"窗口"，此时氢气分子进入材料内部，而当处于低压条件时，这些"窗口"就会关闭，氢气于是被储存在材料内部。Zhang 等合成了新型金属多氮唑框架化合物 MAF-2，并对其气体吸附/分离性能进行了研究，结果表明，在吸附苯和环己烷混合蒸气时，由于材料框架结构的弹性会发生一定的变化，进而使苯分子能够扩散进入材料内部，环己烷则被排除，因此具有较高的苯环己烷吸附选择性；同时，这些由蒸气吸附脱附过程导致的结构变化是可逆的。

（6）吸附材料溶胀性能的影响

有一些吸附材料在特定情况下会表现出一定的溶胀性能，其对 VOCs 的吸附与孔容之间的关系也比较特殊。Shen 等合成了新型的聚酰亚胺材料，材料的孔容为 0.372mL/g，对苯蒸气具有较高的吸附量，在 298K 时对苯蒸气的吸附量达到了 99.2%。若有 1g 吸附剂，并且假设苯在吸附态的密度与 298K 时的液态密度接近（0.879g/mL），则吸附的苯的体积约为 1.13mL，远大于材料由氮气吸脱附曲线得到的孔体积 0.372mL，表现出了优良的VOCs 吸附性能。

7.1.1.2　吸附质种类

吸附质的吸附量除了和所选用的吸附剂有关外，还和吸附质分子本身的性质有关。吸附作用是吸附质分子和吸附剂表面之间发生的物理作用，而对这种物理作用有影响的方面均会影响到吸附剂的吸附量。

（1）吸附质极性的影响

Pires 等利用 Dubinin-Astakhov 方程对极性不同的丙酮、甲乙酮、1,1,1-三氯乙烷和三氯乙烯在颗粒活性炭上的吸附等温线进行了拟合，并利用特征吸附能参数揭示了不同吸附质的吸附性能。该研究结论表明，由于极性不同，所选用的吸附质在活性炭上的吸附作用力也不相同；对于含氧的 VOCs，如丙酮和甲乙酮，特征吸附能会随着极化率的增加而增加，但两者的贡献难以区分开来；对于含氯的 VOCs 三氯乙烷和三氯乙烯，吸附能参数与极化率的关系并不明确，偶极矩的作用也不明显，可简单推测色散力是吸附过程中主要的作用力。

（2）吸附质沸点的影响

Wang 等研究了八种 VOCs 分子在颗粒活性炭上的吸附行为，结果表明，在吸附过程中，吸附质的吸附量与吸附质的沸点具有密切的关系，低沸点的吸附质会逐渐被高沸点的吸附质置换，最终的吸附量较低。在研究吸附过程时还应注意到，许多吸附质分子存在不同的构型，这些同分异构体也会影响到吸附质的吸附效果。

（3）吸附质分子尺寸的影响

Pinto 等在研究乙苯分子在微孔吸附剂中的吸附时发现，当吸附剂的孔径和吸附分子的尺寸相接近时，构型效应会变得很重要。若乙苯的乙基官能团垂直于芳环的平面，那么乙苯进入到微孔吸附剂内部时就会受到阻碍；相反，乙基官能团在平面位置时更有利于吸附。

7.1.1.3　吸附操作条件

（1）温度的影响

温度是影响吸附剂吸附量的最主要因素。大多数情况下，吸附剂的吸附作用会随着温度的升高而降低，主要是由于温度升高，吸附质分子的动力学能量增加，此时更加不容易被吸附剂吸附和捕获。然而，在一些特殊情况下，温度对吸附剂的影响也存在着吸附量随着温度增加而增加的情况，主要原因为：一是在低温时，由于孔道形状和尺寸的因素限制了吸附质分子向吸附剂内部的扩散，此时吸附量并没有达到饱和吸附量，而温度的升高使更多的吸附质分子扩散进入吸附剂内部，因而吸附量反而随着温度的升高而增加；二是由于吸附剂在压力、温度和吸附质的相互作用下发生了结构的改变，如形变或者溶胀等，造成了吸附量的增加。

（2）湿度的影响

湿度也会对吸附剂的吸附量产生较大影响。例如，对于活性炭来说，相关的研究表明当相对湿度大于30%的时候，水蒸气便会严重影响活性炭对VOCs的吸附量。这主要是由于水蒸气的存在妨碍了活性炭对VOCs分子的进一步吸附。水分子在活性炭中的吸附主要包括以下几个步骤：首先，水分子是极性吸附质，其与活性炭中的含氧官能团之间具有较强的作用力，因此在吸附初期会快速吸附在活性炭中的极性官能团上；其次，水分子在氢键作用下在这些主要吸附位上形成了水分子团簇；最后，这些水分子团簇和吸附剂的孔壁之间形成桥键，进而堵塞整个孔道，造成VOCs分子难以进入孔道内部而被吸附。需要指出的是，活性炭是由疏水的石墨微晶叠加而成，因此从结构上来讲其本质是疏水的，但是在生产过程中，由于一系列氧化、还原等反应，使活性炭表面产生了含氧官能团。尽管这些含氧官能团的含量相对不多，但是仍然显著地降低了VOCs分子的吸附量。为了定量描述吸附剂的疏水性能，人们引入疏水指数的概念，其定义为材料对甲苯或异戊烷的吸附量与对水蒸气的吸附量之比。通常疏水指数越高，材料的疏水性越好。总体来说，截止到目前，如何降低湿度对活性炭吸附性能的影响仍然是一个具有挑战性的问题，还需要进一步的研究。

吸附技术的关键是吸附剂的选择，而吸附剂在高湿度条件下对VOCs的吸附效率不高。所以，研究出不受温度、湿度影响的吸附剂和低再生成本的吸附剂是以后改善吸附法净化效果的方向。

7.1.2 等离子体与吸附协同净化 VOCs 的机制

等离子体与吸附协同净化VOCs的机制可理解为一个吸附与降解同时或交替发挥作用的过程。低浓度VOCs废气可根据吸附剂的物理特性被不同程度吸附，而有害废气的成分、浓度和流速对停留时间和吸附量都会产生影响。吸附剂的化学特性也会影响到吸附效果，例如活性炭、沸石等吸附剂表面带有羧基、内酯基、羰基和酚羟基等多种含氧基团，这些官能团能够促进VOCs的吸附。与等离子体技术匹配的最常使用的成型吸附剂结构为蜂巢结构，该结构能够加宽放电区域，使放电更均匀，而且能够增加VOCs的有效停留时间。

关于VOCs被等离子体-吸附协同降解的详细机制有很多推断，可概括描述为以下三步过程：①进入协同净化装置的VOCs分子首先被吸附剂吸附，延长了其在等离子体放电区的停留时间；②当电极间施加高压电时，吸附剂被极化，在吸附剂周围形成一个强烈的电场，导致大量的自由电子产生，形成低温等离子体，存在水分子的情况下会产生激发态氮（N）、氧（O）等活性粒子和羟基自由基·OH；③富集在吸附剂上的 VOCs 受到激发，这些激发态的 O、N、·OH 和 VOCs 分子以自由基和离子的形式相互吸引，并释放到反应器空间中去。持续地放电会产生更多的活性粒子，这些活性物质与从吸附剂中释放出来的 VOCs 发生电子、离子、自由基和分子四种碰撞反应，使得 VOCs 分子进一步激发并发生化学键断裂，经过复杂的物理和化学反应，生成 CO、CO_2 和 H_2O 等小分子物质。对于未降解 VOCs 和副产物剩余量较多的情况，可通过补充催化剂单元，利用能带效应以及产生的电子-空穴对剩余的有害物质进一步处理。该机理过程如图 7-1 所示。

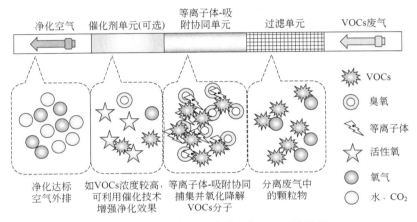

图 7-1　等离子体协同吸附净化 VOCs 的机制

7.2　常与低温等离子体技术协同应用的吸附剂类型

目前经常与低温等离子体技术协同应用于降解 VOCs 的吸附剂类型主要包括活性炭、分子筛、$\gamma\text{-}Al_2O_3$、碳纳米管等。此外，为提升两项技术的协同效果，一些改进型吸附材料也陆续开发出来，并收到了较理想的成效。下面将对这些常用吸附剂的基本特性进行必要的介绍。

7.2.1　活性炭及改性活性炭吸附材料

7.2.1.1　活性炭

活性炭（activated carbon，AC）是由一些以碳为主要成分的原料（如秸秆、果壳、木屑、煤炭等），经高温炭化、活化等加工后制得的疏水性吸附剂，是一种具有丰富孔隙结构、较高比表面积和孔隙率的吸附材料。其主要成分除碳以外，还含有少量的 H、O、S、N 等元素，以及灰分。活性炭具有稳定的化学性能和良好的吸附性能，能够耐受高温、强酸、强碱，不溶于水和有机溶剂，机械强度高、不易破碎。活性炭良好的吸附能力得益于自身发达的孔隙结构（孔隙容积、孔径分布、比表面积和孔的形状）和各种表面化学官能团，对气、液态污染物都有较强的吸附性能。常见的活性炭结构类型有柱状、粉末状和蜂窝型，如图 7-2 所示。

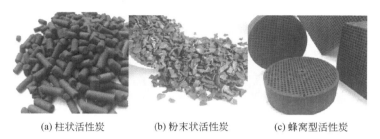

(a) 柱状活性炭　　　　　(b) 粉末状活性炭　　　　　(c) 蜂窝型活性炭

图 7-2　活性炭结构类型

根据国际理论和应用化学联合会（IUPAC）的定义，吸附剂的孔分为 3 类：孔径小于 2nm 的微孔，2～50nm 之间的中孔，大于 50nm 的大孔。各种孔在吸附过程中发挥不同的作用：大孔内表面可以发生多层吸附，但它在比表面积中所占比例很小，其主要作用是吸附质分子的通道，另外当活性炭作为催化剂载体时，较大的孔隙可以作为催化剂附着的场所；中孔在一定压力下发生毛细管凝结，吸附吸附质分子，还起着吸附质分子通道的作用；微孔的作用最重要，其比表面积、孔容决定了活性炭的吸附量。微孔对吸附气、液态小分子相当有利，但是当吸附质是大分子聚合物、维生素、染料等物质时，只有中孔和大孔可以容纳。因此在活性炭吸附过程中，吸附质分子大小只有与孔结构相匹配才能被吸附。气相吸附应选择以微孔结构为主的吸附剂，而用于催化剂载体、食品脱色、溶剂回收等领域时，为尽快达到吸附平衡，适宜采用中孔所占比例比较大（50%～70%）的活性炭。刘伟等选用 4 种商用活性炭，研究了活性炭孔结构对甲苯吸附性能的影响。结果表明 4 种活性炭对甲苯的吸附性能随其比表面积变大而增大，孔径在 0.8～2.4nm 之间的孔与甲苯吸附量之间存在较好的线性关系。Seul-Yi Lee 等研究了经氢氧化钾改性后活性碳纤维（ACF）的孔结构和 CO_2 吸附行为之间的关系，结果表明增加活性碳纤维对 CO_2 吸附能力的关键不是总微孔体积和比表面积，而是改性后孔隙较窄的孔的尺寸分布，可以吸附 CO_2 最窄的微孔孔隙度范围为 0.5～0.7nm。

活性炭的吸附性能不仅取决于微孔结构，还取决于其表面化学性质。化学性质主要是指活性炭表面的化学官能团，其中对其吸附性能有重要影响的是含氮官能团和含氧官能团：含氮官能团是活性炭与含氮试剂反应的产物或制备过程中含氮原料遗留的，含氧官能团是原料炭化不完全或在活化过程中活性炭与活化剂发生化学反应产生的，活性炭表面含氧官能团可能有羧基、酸酐、酚羟基、羰基、内酯基等。含氧官能团使活性炭具有弱极性，改变了活性炭对有机物、无机物的吸附选择性，利用这一特性对活性炭表面进行改性，可以增强活性炭对某一种或某一类吸附质的吸附性能。Shen 等指出增加酸性官能团可以提高活性炭对亲水性物质的吸附量，增加碱性官能团可以提高对疏水性物质的吸附量。李立清等以甲苯、丙酮、二氯乙烷和甲醇为吸附质，探讨活性炭热改性前后吸附量的变化，结果表明随着改性温度的升高，活性炭表面碱性官能团增多，由于甲醇、丙酮是亲水性物质，其在活性炭上的吸附受到一定抑制。

7.2.1.2　改性活性炭

如前所述，活性炭具有多孔结构，吸附容量大、速度快，能有效地吸附气体、胶态物质及有机色素等，因此广泛应用于食品工业、化学工业和环境保护等各个领域。活性炭具有很大的吸附性能主要是由其特殊的表面结构特性和表面化学特性所决定的，同时，活性炭的电化学性质和表面结构特性决定其吸附性能。

化学官能团作为活性中心支配了活性炭表面化学性质，而活性炭表面官能团的数量和种类主要由生产活性炭的原材料所决定，从而对成品活性炭进行改性处理以改善其吸附性能就有一定的意义。活性炭表面化学性质的主要改性方法包括：

（1）氧化改性

主要是利用强氧化剂在适当的温度下对活性炭表面的官能团进行氧化处理，从而提高表面含氧基团的含量，增强表面的极性。表面极性较强的活性炭易吸附极性物质，从而可以达到吸附回收或废水处理的目的。当前对活性炭进行氧化改性研究主要以硝酸氧化改性为主，此外针对过氧化氢和次氯酸的研究也较多。氧化改性可增强活性炭对 CO_2、SO_2、苯、金属离子等极性较强的物质的吸附，但减弱了对苯酚、腐殖酸等有机物质的吸附。

（2）表面还原改性

主要是通过还原剂在适当温度下对活性炭表面的官能团进行还原改性，从而提高含氧碱性基团的含量占比，增强表面的非极性，这种活性炭对非极性物质具有更强的吸附性能。还原改性的手段主要集中在 H_2 或 N_2 等惰性气体对活性炭的高温处理和氨水浸渍处理，主要机理是去除活性炭表面的大部分酸性基团。如经 H_2 在 700℃ 吹扫处理的活性炭对多种染料有着很好的吸附效果。

（3）负载金属离子改性

其原理大都是通过活性炭的还原性和吸附性，使金属离子在活性炭的表面上优先吸附，再利用活性炭的还原性，将金属离子还原成单质或低价态的离子，通过金属离子或金属对被吸附物较强的结合力，从而增加活性炭对被吸附物的吸附性能。目前经常用来负载的金属离子包括铜离子、铁离子等。李德伏等研究发现硝酸铜水溶液改性增强了改性活性炭对乙烯的吸附能力，但也发现，金属浸渍量过高时，会堵塞部分孔隙结构，使其对烃类的吸附量降低。

（4）酸碱改性

利用酸、碱等物质处理活性炭，根据实际需要调整活性炭表面的官能团至所需要的数量。通常对活性炭进行酸碱改性是为了改善活性炭对以铜离子为代表的金属离子的吸附效果，常用的改性剂有 HCl、NaOH、柠檬酸。研究表明：NaOH 处理可以增加活性炭表面羟基的数量，而 HCl 处理则大大增加了诸如酚羟基、内酯基等含单键官能团的数量。

7.2.2 分子筛吸附材料

分子筛是一种结晶性硅铝酸盐多孔材料，具备规则且均一的孔道结构，由于其具有高的比表面积，可调的孔径结构，强的酸性，高的热稳定性和化学稳定性，不仅被广泛应用于吸附分离、催化、离子交换等领域，也被用于纳米器件、微激光器以及非线性光学材料等新兴领域。分子筛多孔材料根据其孔径大小可分为三类：微孔分子筛（<2nm）、中孔分子筛（2～50nm）以及大孔分子筛（>50nm）。分子筛的外形结构常被加工为球形或柱状，如图 7-3 所示。

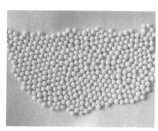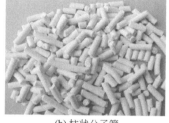

(a) 球形分子筛 　　　　　　　　　　(b) 柱状分子筛

图 7-3　分子筛外形结构

（1）分子筛的特点

从 20 世纪 60 年代以来，以分子筛为催化剂或催化剂载体，被越来越广泛应用于石油化工生产中。分子筛孔道中存在的质子酸使其具备酸催化性能，而其特殊的孔道结构、特定的孔道尺寸决定了分子筛具备能够在分子水平上对分子进行筛分的功能，两者同时存在决定了分子筛具有择形催化的能力，是性能优良的催化剂，从而被广泛应用于精细化工、石油化工等领域。沸石分子筛结构上的优点主要有以下两个：一个是尺寸特定的微孔结构使其能够用于分子水平上的筛分；另外一个是拥有强度较大的酸性催化活力。这些优点使它们在催化、吸附分离和药物载体等诸多领域中得到广泛的应用。不过微孔分子筛在应用及其发展中所受到的制约，也同样是这两者所引起的。因为沸石分子筛的酸性活性中心都存在于其孔道和笼结构的内部，因此当分子筛被用于涉及大分子的催化反应和吸附分离时，较大的分子无法进入其孔道内部与活性中心接触反应或在孔道内反应生成的大分子不能迅速地被从孔道中排出，使其催化活性大大降低，因而使其在实际的应用中受到了很大的限制。因此该领域的一个研究热点就是合成具有较大孔径的沸石分子筛，从而解决沸石分子筛在涉及大分子处理过程中所暴露出来的传质限制问题。

1992 年孔道尺寸可调（1.5～10nm 范围内）的 MCM-41 型介孔沸石分子筛问世，此后其成为分子筛研究应用领域的一个热点。介孔分子筛是以微孔分子筛为基础而发展起来的，在强化扩散系数方面，由于介孔分子筛孔道的孔径尺寸已扩大至 2～50nm，能够很好地改良传质限制问题。而且介孔分子筛比表面积较大（通常大于 $1000m^2/g$），具有排列有序且均匀的介孔结构，极大降低了传质阻力。在合成有序的介孔分子筛的过程中其关键因素之一是模板剂，即应用两亲性双功能模板剂中的液晶模板机理，采用不同的模板剂以及无机物种使其相互作用，能够制备出不同孔径尺寸、结构、形貌以及组成的介孔分子筛。比较典型的有二维六方的 SBA-15 和 MCM-41 以及立方结构的 SBA-16、SBA-1 和 MCM-48。但是由于介孔分子筛孔壁中无定形 SiO_2 的存在，使其水热稳定性比较差，且介孔分子筛酸性较弱，也导致其催化活性比微孔分子筛低，所以使其水热稳定性提高是目前介孔分子筛的改性以及修饰的研究过程中的热点。

（2）微孔分子筛孔径调变方法

根据应用需求，可通过一定方法进行分子筛孔径的调变。如在沸石孔道中嵌入其他分子或原子团，使沸石的孔道变窄，即可达到调变沸石有效孔径的目的，该方法被称为内表面修饰法。最早使用的修饰剂为氧化物，研究人员用浸渍法将碱土金属盐类负载在 HZSM-5 沸石上，焙烧以后氧化物进入了沸石的孔道，在减少沸石表面强酸中心的同时，也使沸石的孔道变窄，沸石的有效孔径变小。20 世纪 80 年代，学者 E. F. Vansant 提出用硅烷化法来修饰沸石的孔道，利用硅烷与氢型沸石的表面羟基进行反应，水解后形成氧化硅，使孔道变窄，达到调变沸石孔径的目的。然而，由于修饰剂是对沸石整个孔道进行修饰的，因而除了改变孔径以外，沸石内表面的性质也发生了较大的变化，有可能影响沸石的吸附和催化能力。

为克服内表面修饰法的缺点，在不影响沸石内部孔道的情况下，有效地实现沸石孔径调变，必须采用分子尺寸比沸石孔径大的修饰剂。徐如人等用化学气相沉积法（chemical vapor deposition，CVD）修饰 HZSM-5，成功地用于二甲苯和甲酚异构体的择形选择吸附分离。化学气相沉积法能有效调变沸石的孔口尺寸，经过这种方法改性的沸石的择形吸附分离和择形催化性能都得到了显著的提高。

化学液相沉积法（chemical liquid deposition，CLD）调变沸石孔径的原理与化学气相沉积法相似，通过溶液中的修饰剂与沸石外表面和孔口的羟基作用，形成 SiO_2 涂层沉积在沸石外表面和孔口，从而达到调变沸石孔口尺寸的效果。学者高兹等用 CLD 法对 HZSM-5 进行孔径调变，以提高其在甲苯气化反应中的对位选择性，结果显示随着沉积量的增加，沸石孔径逐渐减小，甲苯转化率略有下降。CLD 法对各种沸石均适用，且不需要特殊设备，反应条件温和，易于操作。另外，CLD 法沉积剂覆盖在沸石外表面，对沸石总的比表面、孔体积、表面酸性影响不大。

（3）中微双孔分子筛的制备方法

为了克服微孔分子筛、中孔分子筛存在的缺点，减小大分子的扩散阻力，近年来研究人员开始关注中微双孔分子筛的合成。中微双孔分子筛将微孔分子筛水热稳定性良好、酸性强的特点与中孔分子筛的扩散性能良好的特点相结合，从而达到优势互补。

中微双孔分子筛可通过在微孔分子筛中引入中孔或通过孔壁晶化在中孔材料中引入微孔的方式制备获得。Zhu 等通过老化正硅烷乙酯、异丙醇铝、四甲基铵混合溶液形成 ZSM-5 分子筛的子纳米晶体，再将充满纳米晶体的溶液与十六烷基三甲基溴化铵表面活性剂混合，在乙醇/水溶液中水热合成具有中孔结构的 ZSM-5 分子筛。该方法不同于传统的模板法，纳米晶种的合成尤为关键。然而该方法最终并没有合成结晶的分子筛，仅仅是沸石纳米晶体根据模板剂胶束进行的组装。Ban 等使用硝酸铵溶液对钠丝光沸石进行脱钠处理，得到硅铝比为 50 的具有中微双孔的分子筛，该文章中首次提出丝光沸石的脱铝模型，且与实际测试结果十分吻合。

现今合成中微双孔分子筛的新方向是模板法，人们可以根据需要设计合成各种模板剂，模板剂经过分子间自组装反应，导向合成出具有多级孔结构材料。Tong 等利用碳颗粒作为过渡模板，成功合成了具有多级孔结构的 Beta 分子筛。由于反应中的碳/二氧化硅复合物的合成是通过溶胶-凝胶过程实现的，因此其尺寸形状可通过合成温度、pH 值等条件控制，从而控制中孔、大孔的尺寸。使用该方法在 pH 值较低的条件下难以在中微双孔分子筛中引入杂原子，这对于分子筛的大规模的生产以及应用产生了很大的限制。

Na 等通过水热合成法，分别使用季铵盐 $C_{22}H_{45}-N^+(CH_3)_2-C_6H_{12}-N^+(CH_3)_2-C_6H_{13}$ 以及季铵碱 $[C_{22}H_{45}-N^+(CH_3)_2-C_6H_{12}-N^+(CH_3)_2-C_6H_{13}](OH)_2$ 表面活性剂作为结构导向剂，合成具有单晶胞厚度的 MFI 纳米片层分子筛，该分子筛同时具有微孔与中孔结构。分析表明使用季铵盐作为模板剂时，纳米片通过溶解-重结晶过程，同时在长时间的水热老化下，实现由无序组装向有序的中孔结构的转化，此时合成层状分子筛结构。由于模板剂的存在，纳米片间间距相同，由季铵盐尾部碳链长度决定。然而模板剂的烧除可能导致中孔的消失，不过以硅烷试剂（如 TEOS）对其进行柱撑就可获得具有有序中孔的中微双孔片层分子筛。

7.2.3　碳纳米管吸附材料

（1）碳纳米管的结构

碳纳米管（carbon nanotubes，CNTS）因其纳米级尺寸且呈中空结构而得名，由石墨烯卷曲而成，是典型的富勒烯，整体呈管状中空结构，管壁由 1 个类石墨微晶的碳原子通过 sp^2 杂化与周围 3 个碳原子完全键合形成六边形碳环结构，共轭的 sp^2 碳原子形成大的 π 体系，又分为单壁碳纳米管（single-walled carbon nanotubes，SWCNTs）［如图 7-4（a）］和多壁碳纳米管（multi-walled carbon nanotubes，MWCNTs）［如图 7-4（b）］。碳纳米管因其比表面积大和化学性质稳定等优点而广泛地被应用于有机污染物治理当中。

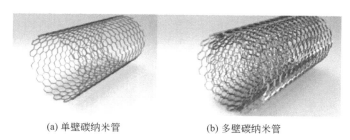

(a) 单壁碳纳米管　　　　　　　(b) 多壁碳纳米管

图 7-4　碳纳米管结构

（2）碳纳米管的性质

研究表明，碳纳米管的表面化学性质（表面化学官能团、表面杂原子和化合物的种类和数量等）决定了它良好的吸附性能，同时可通过改变碳纳米管的表面性质，包括物理结构和表面化学性质，达到有效提高其对有机物的吸附能力的目标。比如增加其孔隙结构、开辟新的活性位点、掺杂表面含氧官能团和表面活性基团等。决定碳纳米管吸附性能的重要影响因素是表面含氧官能团（羟基、羧基、内酯基、羰基等）。碳纳米管在制备、纯化和改性过程中很容易将含氧官能团引入到其表面，如使用各种酸、臭氧、等离子氧化和电化学氧化等。

7.2.4 多孔黏土异质结构材料

7.2.4.1 多孔黏土异质结构材料的发展

多孔黏土异质结构材料（porous clay heterostructures，PCHs）为当前新兴的一种吸附材料，其主要原料为膨润土。

（1）膨润土的性质及应用

膨润土是一种非金属矿物，其主要的成分为蒙脱石。蒙脱石中间是由 Al 和 O 原子组成的八面体结构，结构上下为 Si 和 O 原子组成的四面体，即一种有三层结构的片状黏土矿物。蒙脱石各层之间还含有层间水分子和一些易被交换的阳离子如铜 Cu^{2+}、镁 Mg^{2+}、钠 Na^+、钾 K^+ 等，因此有较大的离子交换容量。

膨润土有几个基本的性质，如吸水性、膨胀性、吸附性、阳离子交换性等。膨润土的吸水性能和膨胀性能都极好，最大的吸水量在自身体积的 10 倍左右，吸水后膨胀体积甚至可变为几十倍。当将膨润土加入水中后，其会形成胶滞状态，类似悬浊液，膨润土与泥沙等混合后还具有一定的黏结性。

膨润土由于其容易吸水和吸水后体积急剧增大的特性，以及易在水中分散形成悬浊液的性质，在灭火方面有所应用。膨润土的阳离子交换性使其在汽油净化、废水处理（水中金属离子的吸附）、土壤治理方面也应用广泛。学者 Mohammed 等将 Fe_3O_4 纳米颗粒涂附在膨润土上，发现经涂附后的材料对于 Cu 离子的吸附性能明显增加，最大吸附量为 46.948mg/g，且 Cu 离子的去除效率在条件最佳时可达到 96% 以上。Nasseri 等制备了纳米改性膨润土，并研究了其在吸附 Cu 和 Zn 离子上的吸附速率、吸附过程中熵与焓的变化、吸附步骤等吸附机制。Qing 使用 CTMAB 对膨润土进行改性，利用柱撑的方式将其层间的间距扩大，并对比膨润土原土与改性后的土对水中的四环素类抗生素的吸附效果，结果表明经改性后的黏土矿物吸附性能有了极为明显的增加。Li 等人使用膨润土作为原料，制备了有机硅可导电黏合剂，并研究了其填充量对于黏合剂的导电性能、硬度、剪切强度等指标的影响，结果表明，在膨润土最佳填充比例下，可制成体积电阻率较小、硬度和剪切强度佳的导电黏合剂。

（2）柱撑和柱撑层状黏土矿物

膨润土由于其各层间较好的阳离子交换性能在许多领域得到广泛运用，但一般矿物原土的层间距较小，在吸附一些大分子的物质时吸附性能不强，因此近年来多用各种方法对膨润土原土矿物进行处理，以扩大其片状层间的间距。柱撑黏土（pillared clay，PILC）是一种通过柱撑的手段将片状硅酸盐原土层间距扩大后形成的新的改性黏土。柱撑黏土层间的可交换离子会被一些特定的离子基团所替代和固定，形成类似于柱子的形状，这些柱子可撑开二维的通道，以满足大分子反应所需。膨润土能够通过改性形成柱撑黏土主要归因于其两个性质：一为吸水膨胀，当其遇到水或者一些极性分子（诸如烷基氨和乙二醇）时，水分子即极性分子可进入黏土层间，内部阳离子会发生水合反应，因此黏土的层间距会扩大，这种现象称为溶胀，其一般是由晶层与极性的分子形成氢键或阳离子水合反应导致的；二为阳离子交换特性，在层状硅酸盐中含有一些正的阳离子，比如 Si^{4+}、Al^{3+}、Mg^{2+} 等，这些离子会发生同晶替代。就比如 Al^{3+} 能够替代 Si^{4+}，Mg^{2+} 和 Fe^{2+} 也会替代 Al^{3+}。发生同晶置换后，黏土矿物中的电荷会不平衡，会产生负电荷过多的情况，因此通常状况下，这些负电荷就会吸引一些在黏土层之间的阳离子，比如 Na^+、K^+、Ca^{2+} 等，以使结构中达到电荷平衡。

柱撑黏土早期制备可追溯至 1954 年，Barrer 以及 McLeod 首次成功制备了 PILCs。制备方式为利用天然黏土的离子交换特性将离子基团引入其层间，在经过高温焙烧后，脱除了层间水分子，离子基团即会失去羟基成为层间稳定的"柱子"，因此可在天然黏土中构造一定的微孔通道，增强其反应性能。柱撑黏土层间离子可使用不同的阳离子进行交换，能形成各种不同类型的柱撑黏土，例如 Ti-PILC、Al-PILC、Fe-PILC、Zr-PILC 等。柱撑黏土有晶体间距大、比表面积高、热稳定性能好、孔隙多等特性，因此在目前制备催化剂载体和废水处理等方面研究众多。

7.2.4.2 多孔黏土异质结构材料的性质、合成和研究现状

（1）PCHs 的性质

普通的柱撑黏土 PILC 由于其孔径分布宽泛，黏土各个层间柱结构分布不均，稳定性能差等缺陷限制了其作为吸附剂与催化剂的应用。而在 1992 年 Beck 等发现了介孔材料 M41S 可由模板剂控制孔道结构和形貌，即发现了能够解决柱撑黏土孔径分布过分宽泛、柱层不均一缺点的方法，给后来的研究者们提出了一种新的改性天然黏土矿物的路径。1995 年 Galarneau 等提出了一种模板导向组装法，其使用了含氟锂的层状化合物蒙脱石作为基底，加入了含阳离子的季铵盐和无机前驱体正硅酸四乙酯和中性胺，季铵盐和中性胺作为表面活性剂会与含水硅酸盐物质即基底蒙脱石发生协同作用，在片层状化合物各层之间由于这个协同作用（后来发现为化学反应水合和缩聚）形成二氧化硅骨架，之后通过煅烧除去表面活性剂和 TEOS，仅仅剩下存在有孔道结构的固体物质，即为多孔黏土异质结构材料（porous clay heterostructures，PCHs）。各个层间形成的骨架结构的原料为二氧化硅，因此其能够耐极高的温度，热稳定性佳，大约可耐 600℃高温。

（2）PCHs 的合成

PCHs 的合成原理是中性的无机前驱体［如正硅酸四乙酯（TEOS）］在中性胺［如正丙胺（PPA）、十二胺（DDA）］和烷基季铵盐（烷基氯化铵或烷基溴化铵）作为共表面活性剂的模板导向作用下，可在片状黏土层间发生水解和缩聚反应，从而形成类分子筛结构的多孔黏土异质结构材料。

在制备 PCHs 的过程中，起模板导向作用的烷基氨碳链的长短对制成的黏土层间距

影响颇大，碳链越长，所形成的改性黏土层间距可更大，可制得的 PCHs 的孔径尺寸也更大，因此多用长链烷基季铵盐作为表面活性剂。在水解、聚合反应完成之后，需要除去模板剂和无机前驱体，常用的方法有焙烧去除、溶剂萃取、超声处理等。其中，焙烧法是最常用的方法，焙烧的温度会极大地影响 PCHs 的结构特性，温度过低，模板剂无法完全去除，其碳化会堵塞孔道，导致其比表面积降低，各种性能变差，但温度过高，则容易引起 PCHs 的孔结构塌陷。一般来说 500～600℃的焙烧温度为佳。

（3） PCHs 的研究现状

近年来，PCHs 由于其常用原料蒙脱土、膨润土分布广，储量大，制成的 PCHs 比表面积大、热稳定性好、孔道结构可控等特性，在催化剂载体、废水处理、废气吸附等方面研究广泛。Shima Barakan 等制备了 MAl、Fe-PILB 和 PNBH 等改性的纳米膨润土并将其应用于金矿的碱性废水中砷的处理，研究其吸附砷过程中的动力学和机理，结果发现，通过结构改性生成了新的微孔和中孔异质结构材料，由于存在较高的正表面电荷，因此它们的砷吸附能力较好，PNBH 在其活性位点去除砷物质方面显示出更高的吸附能力和更高的可重复使用性。R. Sanchisa 等人使用天然柱状黏土制成多孔黏土异质结构制成催化剂载体，负载氧化铁，结果发现其与常规二氧化硅载体相比更为有效，在甲苯的氧化过程中，使用 PCHs 获得的催化活性比常规二氧化硅高两个数量级，在将 H_2S 选择性氧化为 S 时，与传统的二氧化硅相比，使用硅质多孔黏土异质结构可同时观察到更高的催化活性和更高的 S 选择性。J. E. Aguiar 等使用 PCHs 吸附活性染料 Remazol Violet 5R（RV5R）和 AcidBlue 25（AB25），结果发现 PCHs 是一种处理纺织废水中残留的染料的有前景的材料。Yuebo Wang 等通过模板剂与硫酸的碳化合成了一种新型的表面功能化多孔黏土异质结构（SF-PCH）。结果发现，转换后的碳沉积在 SF-PCH 样品的多孔表面上，并改变了它们的表面化学性质。该复合材料的最大碳含量为 5.35%，比表面积为 $428m^2/g$，微孔体积约为 $0.2cm^3/g$，SF-PCH 样品与未经处理的 PCH 相比，在低压区对甲苯具有更强的吸附亲和力。模板的碳化是对 PCH 进行表面改性的可行方法，使所得的复合材料成为有希望可用于甲苯排放控制。M. D. Soriano 等在 PCHs 上负载了氧化钒，并研究了其选择性氧化 H_2S 的过程。结果表明，钒含量较高的催化剂具有更高的活性、选择性和抗失活性，在运行 360h 后，其 H_2S 转化率接近 70%，对单质硫的选择性高，SO_2 形成率低。在对废催化剂的分析后发现，在催化测试过程中形成了 H_2S 选择性氧化中的活性相物质 V_4O_9 晶体。

7.3　低温等离子体协同吸附净化 VOCs 技术

7.3.1　低温等离子体协同活性炭吸附

7.3.1.1　协同技术的 VOCs 降解效果

目前国外学者对活性炭吸附剂与低温等离子体协同净化 VOCs 的研究是最广泛的，也是最深入的。

学者 Toshiaki Yamamoto 等提出利用吸附剂将有害气体吸附，再用等离子体解吸，从而将低浓度、大气量的废气转化为高浓度、小气量的气体，浓缩后的气体可以利用传统的降解方法去除。研究表明在 NTP 反应器内填充固体吸附剂可以增加 VOCs 在反应区的停留时间，吸附作用不仅使 VOCs 相对富集，提高降解效率，还可以富集反应器内的短寿命活性粒子，形成局部自由基的富集。

学者陈杰进行了等离子体与活性炭协同净化甲硫醚的研究，污染气体的流量控制在 1000mL/min，甲硫醚的起始浓度为 847mg/m³，使用的活性炭量为 2g。研究结果显示，等离子体中加入活性炭比只有等离子体单独作用的甲硫醚的去除率要高。当能量密度为 0J/L 时，协同技术反应器的甲硫醚去除率为 19.3%，而单独等离子体反应器不能实现甲硫醚的去除。其原因在于活性炭自身具有较强的吸附能力，当甲硫醚气体经过反应器的时候，部分污染物被活性炭直接吸附去除。随着反应器能量密度逐渐上升，协同技术与单一等离子体技术的甲硫醚去除率差距开始增加。当能量密度为 288J/L 时，协同技术的甲硫醚去除率为 98.6%，单一等离子体技术的甲硫醚去除率为 32.6%，相差 66 个百分点。通过分析可知：活性炭不仅对甲硫醚有着直接的吸附作用，活性炭还和等离子体之间有着非常显著的协同作用，等离子体中产生的许多自由基（如氧自由基、羟基自由基等）的寿命非常短，在反应器中只能短暂存在，活性炭吸附了甲硫醚气体后相当于增加了甲硫醚气体在反应器中的停留时间，使得甲硫醚气体能一直与自由基反应；另外活性炭还能吸附降解副产物，如臭氧，使得在活性炭表面，电离臭氧产生的氧原子自由基能够继续氧化甲硫醚；同时，在等离子体的作用下，吸附了甲硫醚气体的活性炭能迅速恢复吸附能力。

学者杜长明等采用活性炭吸附浓缩和热脱附-等离子体氧化两段式系统净化甲苯废气，在吸附过程中，最初 2h 内活性炭对甲苯净化率达到 100%，32h 后活性炭床层吸附穿透；脱附时先用热气流解吸再利用滑动弧放电等离子体净化，甲苯降解效率最高为 97.3%（降解 0.5h 时）。

学者杨建涛等采用低温等离子体活性碳纤维吸附（即 NTP＋ACF）两段式系统降解硫化氢，通过实验对比了单一 ACF 吸附和 NTP＋ACF 两段式系统不同电压下 H_2S 的吸附穿透时间，单一 ACF 吸附时 5min 即穿透饱和，放电电压为 7kV 时穿透时间可达到 80min，电压越高穿透时间越延后，而且由于 ACF 的存在，ACF 穿透前反应器出口未检出 SO_2 和 O_3 等副产物。

7.3.1.2 协同技术的优化

（1）混填填料

活性炭具有优良的吸附能力及稳定的化学性质，但其也具有一定导电性，如果直接填充在线管式介质阻挡放电反应器中，则放电电极会与活性炭直接接触，通电后活性炭内有电流通过，影响气体放电的均匀性，而且将有相当一部分放电能量用于加热活性炭，导致产生活性组分的能量比率大大降低，使降解体系能量利用率下降。此外，如果反应器内温度过高，还会造成活性炭的氧化，增加碳损失。学者张青等采用活性炭与陶瓷环填料混合填充在介质阻挡放电反应器中，进行甲苯的降解研究。由于陶瓷环介电常数比较高，填充在反应器中可以提高击穿电压，增强放电强度，产生大量的强氧化性自由基等活性粒子。研究结果显示填充活性炭混合填料后，反应器内微放电的数量得到增加，最高脉冲电流幅值降低，放电更加均匀、稳定；相比单一活性炭，混合填料吸附甲苯，穿透时间延长 75min。填料混合的最佳掺杂比例在 1∶12 左右，且随着外加电压的增加，甲苯的去除率明显提高，最高可达 95.3%。

（2）活性炭改性

为提升活性炭针对某类污染物的物理或化学吸附性能，研究者常利用氧化还原、负载离子或酸碱浸渍等手段对其改性。学者郭丽娜等采用亚硫酸氢钠和碳酸钠浸渍的方法对活性炭改性，并将其与等离子体协同降解甲醛，结果显示改性后的活性炭-等离子体协同降解技术使甲醛去除率得到明显提升，且随着气体流量的增大，上升趋势越明显，证明了该种改性方法的有效性。

7.3.1.3　协同技术对 VOCs 降解产物的控制

应用低温等离子体技术降解 VOCs，降解产物的复杂多样性是该技术的缺陷之一，产物中的臭氧、氮氧化物及未降解完全的中间产物等成分排入大气，极易造成环境二次污染。而目前的一些研究成果表明吸附剂的引入可有效改善这一问题。

（1）臭氧的排放控制

臭氧是低温等离子体气体放电的主要产物之一，当电极两端施加高压电时，放电区域中的高能电子轰击氧分子使其分解成氧原子，氧原子与氧分子在第三方粒子的参与下三元碰撞聚合成臭氧。作为强氧化剂，臭氧可强烈刺激机体黏膜组织，引起支气管和肺部组织发炎甚至水肿等病变，出现咽喉干燥、咳嗽、胸闷、哮喘等呼吸道疾病。持续暴露于被臭氧污染的空气中，会损害肺部保护组织，导致肺结构的不可恢复性病变、肺组织的硬化以及肺气肿和慢性支气管炎等慢性呼吸系统疾病，使人体对呼吸道感染和肺炎的免疫力降低并恶化，如哮喘等原有呼吸道感染病患者的病情，严重可导致死亡。

学者郭丽娜等在利用低温等离子体-改性活性炭吸附协同技术降解甲醛的研究中对尾气中臭氧的控制效果进行了分析，结果表明，放电处理后产生的臭氧浓度随着气体流量的增大而降低，经过改性活性炭吸附后，臭氧浓度显著降低，最终臭氧浓度水平保持在 $0.86\sim1.10$mg/L 之间，随着气体流量的变化起伏不大。这种情况证明改性活性炭吸附装置的接入，对于改善整个室内甲醛处理系统的气体出口品质有很大的帮助。分析其原因，除了活性炭本身对臭氧的吸附作用外，改性活性炭表面还吸附了一些未完全反应掉的甲醛分子以及其他一些中间副产物（如 H_2O、CO 等），因为臭氧本身易溶于水，且在水与空气中都会慢慢分解，且臭氧具有强氧化性，易将 CO 氧化成 CO_2，同时臭氧也易与具有双键结构的甲醛分子发生反应，将其氧化成甲酸（HCOOH），甲酸不稳定，很容易分解成 CO_2 和 H_2O。这些反应过程发生于吸附剂的内部孔道中，将使臭氧被逐步消耗。

学者张青等采用活性炭与陶瓷环混合填料与低温等离子体协同降解甲苯的研究结果

也显示出：O_3 浓度随着时间的延长而先增后减，并最终趋于稳定。等离子体区内活性炭消耗的 O_3 量，远大于等离子区后活性炭消耗的 O_3 量。说明活性炭放置于等离子体区内，发挥了活性炭吸附与等离子体氧化二者的协同作用。

（2）氮氧化物的排放控制

低温等离子体降解甲苯的理想产物应是 CO_2 和 H_2O。但在实际应用中，因废气中大量 N_2 的存在，将使电离反应产生含氮自由基，这些自由基与氧化性物种反应会形成不同类型的氮氧化物，这些氮氧化物排放到空气中将导致二次污染的发生。氮氧化物作为空气中主要的污染物，严重影响人类的健康，氮氧化物会刺激人类的肺部，使人的抵抗力下降，使人易感染呼吸系统疾病。氮氧化物还是形成酸雨和光化学烟雾的重要前体物。当氮氧化物排放到空气中，在紫外光照射下和空气中其他污染物发生光化学反应，最终形成酸雨和光化学烟雾，这将导致严重的环境污染事件。

学者刘文辉等进行了低温等离子体-活性炭吸附协同技术处理甲苯气体的研究，并分析了产物中氮氧化物的控制情况。研究结果显示，在甲苯处理过程中，随着电压的上升，尾气中 NO_x 的量逐渐变大，其原因在于电压的升高导致反应器内活性基团数量上升，与空气中氮气和氧气发生碰撞的概率增大，活性氮原子和活性的氧原子的产生速度加快，最终尾气中的 NO_x 排放量不断上升。产物中 NO_x 主要由 NO 和 NO_2 成分构成，随着反应器内活性炭吸附剂质量的上升，尾气中 NO 的含量不断减少，NO_2 的含量不断上升。

随着活性炭吸附剂量进一步增加，氮氧化物的浓度开始逐渐下降，当加入的活性炭量达到 13g 时，协同降解系统基本不向外排放氮氧化物。由此可知，采用低温等离子体-活性炭吸附协同技术能够有效控制氮氧化物的排放浓度。

（3）中间产物的排放控制

低温等离子体降解 VOCs 的过程中会有大量中间产物生成，依据 VOCs 种类的不同，中间产物的种类也有较大区别。其中芳香族 VOCs 的降解中间产物因其具有类型复杂、毒性较强等特点，引起了该领域研究者的广泛关注。

将各类产物分析的研究成果汇总可知，在单一低温等离子体技术降解芳香族 VOCs 的过程中，主要中间产物包含两大类：一类物质是含苯环的产物，如苯、苯甲醇、苯甲醛、苯甲酸、硝基苯、硝基甲苯（邻、间、对混合）、硝基苯甲醇、硝基苯甲酸、甲基苯甲醛、苯甲腈；另一类物质是苯环断裂后形成的小分子产物，包括烷烃（乙烷、2-甲基-3-乙基戊烷等）、烯烃类（甲基丙烯）、醛类（乙醛、乙二醛、丙酮醛、正壬醛等）、酮类（丙酮、丁酮、戊酮等）、酸类（甲酸、乙酸等）、酯类（甲酸甲酯、甲酸乙酯）、醇类（2-乙基环己醇、十六醇）和一些其他物质（呋喃、马来酸酐、1-乙基丁基过氧化氢）等。这些复杂的中间产物一旦排入大气，将造成额外的环境负担，并危害人类的健康。

学者刘文辉等探讨了活性炭吸附与低温等离子体协同应用后对中间产物削减的贡献。当仅采用低温等离子处理体系甲苯气体时，中间产物的成分如表 7-1 所示。

表 7-1　经过低温等离子处理之后的气体的主要成分

类型	具体物质名称	类型	具体物质名称
C_1	甲醇、甲酸	C_6	异己烷、苯、对硝基苯酚
C_3	丙醇	C_7	2-硝基对甲酚、甲苯、苯甲醇、苯甲酸、苯甲醛
C_4	异丁烷	C_8	苯乙酸、苯甲醛、乙苯
C_5	2-甲基丁烷、环戊烷	C_{10}	萘

由表 7-1 可知，单纯低温等离子体系统处理 VOCs 的中间产物种类较多，其机理可解释为，甲苯分子首先在高能电子的碰撞之下，甲基掉落，形成活性甲基基团，进一步和低温等离子氛围中的含氧自由基碰撞形成甲醇气体分子，一部分甲醇气体进一步跟低温等离子氛围中的含氧自由基反应，形成甲酸气体分子；如高能电子直接撞击苯环中的碳碳键，则会发生开环反应，形成长链烃，如异丁烷、异己烷等；在某些情况下甲苯分子在低温等离子氛围中，形成的苯自由基，没有与其他活性基团反应发生进一步的分解，而是苯自由基之间发生反应，形成两个苯环的萘，导致副产物的结构更加复杂化。当一些甲苯分子在低温等离子处理过程中没有跟低温等离子处理体系中的氧化性基团及时反应，而与空气中的氮气形成的氮离子发生反应时，则会形成一系列带有硝基的酚类物质，如对硝基苯酚、2-硝基对苯酚等；甲苯分子也可跟低温等离子氛围中的含氧活性基团直接反应，在反应过程中，甲苯的支链甲基进一步被氧化形成一系列的苯的同系物，如苯甲酸、苯甲醛；在此过程中还有一部分延长了支链形成乙苯、苯乙酸等苯系物。实验证明这些苯的二次衍生物在尾气检测中是大量存在的，其环境影响不容忽视。

当低温等离子与活性炭吸附剂协同降解 VOCs 时尾气中的中间产物成分如表 7-2 所示。

表 7-2　经过低温等离子处理之后的气体的主要成分

类型	具体物质名称	类型	具体物质名称
C_1	甲醇、甲酸	C_5	2-甲基丁烷、环戊烷
C_3	丙醇	C_6	异己烷、3-甲基戊烷、苯、1,3-环己二烯
C_4	丁烷	C_8	苯乙酸、乙苯

由表 7-2 可知，活性炭吸附技术的引入使中间产物的种类和数量均明显减少，而且苯的同系物也明显减少，在低温等离子吸附体系只是检测到了甲苯和乙苯两种苯的同系物的副产物，且峰面积也明显缩减。说明活性炭吸附剂的协同，避免了萘的产生，促进了苯的同系物跟更多的活性基团发生反应，在副产物中出现了较多的异己烷、2-甲基丁烷、环戊烷、3-甲基戊烷等烷烃物质，大大减少了处理之后的副产物的毒性。

需要指出的是，尽管活性炭使用很广泛，但仍存在着一些不足之处，限制了其进一步应用。首先，活性炭在相对湿度较高的情况下对 VOCs 吸附量会有所下降，下降的原因是 VOCs 和水分子在经过活性炭时存在着竞争吸附，在相对湿度较高的情况下尤为明显。其次，活性炭属于炭类吸附剂，与其他吸附剂材料相比，在使用热风机进行脱附再生时更容易发生火灾等安全隐患。

7.3.2 等离子体协同分子筛吸附

分子筛作为比较新型的吸附剂，目前广受青睐。分子筛比表面积一般为 $500\sim800m^2/g$；其孔径分布均一，以微孔为主，一般孔径不超过 $2.5nm$。分子筛表现出离子交换性，容易与外界的阳离子发生交换。分子筛可以利用改变沸石的电性、孔径等进行改性以解决分子筛吸附量不高的问题，还可以用来吸附不同分子特性和直径的气体。分子筛孔径非常均匀，这些孔穴对不饱和分子和极性分子会优先吸附，由于分子筛具有很高的吸附能力，热稳定性也很强，使得分子筛被广泛应用。

7.3.2.1 协同微孔分子筛

沸石分子筛是低温等离子体催化技术中常用的一种催化剂，其具有独特的微孔及孔道结构，对低浓度吸附质有可观的吸附效果，得到研究者的极大关注。Liu 等研究了沸石在介质阻挡放电等离子体中的甲烷转化效果，发现 A 型沸石及 X 型沸石对轻烃类产物有很高的择形作用。A. Ogat 等尝试将 ZSM3A、ZSM4A、ZSM5A、ZSM13X 等不同的分子筛填充到等离子体反应器，进行苯降解实验，结果表明使用分子筛的反应器降解苯的效率是使用 $BaTiO_3$ 的反应器的 $1.4\sim2.1$ 倍；此外分子筛的使用还抑制了 NO_x 的生成，同时被分子筛吸附到微孔内的苯更易被降解。

（1）微孔分子筛物理化学特性对降解效果的影响

分子筛的吸附容量、成分中的硅铝比、孔径尺寸均会对降解效果产生影响。Oh 等考察对比了 Y 型分子筛、发光沸石、镁碱沸石等一系列沸石分子筛在等离子体电场中不同位置降解甲苯的效果，研究结果表明催化剂吸附容量越大，其对催化反应活性的提升越强。Kim 等研究了硅铝比对 HY 催化剂在低温等离子体催化反应中的影响，发现较低硅铝比的 HY 分子筛在放电时产生更多的"表面流光"，具有更强的催化活性。学者陈扬达等采用低温等离子体与 HZSM-5 型分子筛降解甲苯，结果显示，HZSM-5 的孔径尺寸影响其吸附甲苯的性能，孔径越大，沸石对甲苯的吸附容量越大，吸附速率越快。在 HZSM-5 协同低温等离子体降解甲苯中，较大沸石孔径尺寸能显著提高碳平衡，降低尾气中的臭氧浓度。GC-MS 和 TOF-MS 的结果显示较大孔径的沸石能减少副产物的积累，同时尾气中的副产物也相应减少。这是由于臭氧降解会形成氧化性能极强的活性氧原子和羟基自由基，良好的臭氧降解性能有助于促进反应中间物质的彻底氧化，减少副产物的形成，提高碳平衡。

（2）工艺操作条件对协同技术降解效果的影响

在协同技术的实际应用中工艺操作条件会直接影响到 VOCs 的净化效果。Tomoyuki Kuroki 等利用低温等离子体解吸饱和的沸石分子筛，从而浓缩甲苯。结果表明，解吸时低温等离子体单独作用一段时间后再通载气，在浓缩甲苯、解吸效率、再生效率、副产物的形成等方面优于低温等离子体与载气两者同时开启。十次饱和-解吸操作后，沸石分子筛的再生效率仍可达 75%。国内学者陈春雨进行了等离子体-天然丝光沸石联合去除低浓度正己醛的实验。实验结果表明：在该反应中，等离子体与天然丝光沸石产生了不错的协同作用，在反应温度 80℃、放电功率 2.8W 和干燥空气这些条件下，等离子体-天然丝光沸石联合技术对浓度为 $1200mL/m^3$ 的正己醛的去除率高达 93.9％；这种协同作用在天然丝光沸石经过酸处理后得到了进一步的提高，该方法对正己醛的去除率就已经达到了 96.5％；天然沸石的结构性能稳定，在实验条件下，天然沸石连续使用 55h，去除效率未见下降。

7.3.2.2　协同介孔及中微孔分子筛

介孔分子筛也称为中孔分子筛，是一类孔径尺寸在 $2\sim50nm$ 之间的分子筛，其孔道结构均匀有序，且具有较大的比表面积（通常大于 $1000m^2/g$），极大降低了传质阻力，提高分子筛的吸附性能。然而介孔分子筛的孔壁是无定形的 SiO_2，其水热稳定性较差。另外，介孔分子筛的酸性较弱，限制了其应用范围。

中微双孔分子筛的研究目的即为克服微孔分子筛和介孔分子筛各自的缺点，其综合了微孔分子筛和介孔分子筛的优点，在保证水热稳定性和酸性强度的同时，拥有良好的扩散传质性能，形成优势互补。近年来将介孔或中微孔分子筛吸附剂与低温等离子体协同应用于降解 VOCs 的研究也逐渐增多。

学者鲁美娟进行了等离子体-分子筛联合去除甲苯的研究，当甲苯初始浓度为 $100\mu L/L$，能量密度为 192J/L 时，在氧气含量不同的情况下，使用吸附剂 SBA-15 的比不使用 SBA-15 的甲苯降解效率高，当氧气含量越高时，甲苯降解效率相差越大。学者陈扬达等将介孔分子筛 MCM-41 与自制中微孔分子筛 MZ 分别用于与低温等离子体协同降解甲苯，结果发现 MZ 的表现优于 MCM-41，其甲苯去除率为 93％，CO_2 选择性达到 70％。表征结果发现，分子筛的比表面积 MCM-41 较大，而甲苯吸附容量 MZ 较高。结合活性评价结果分析，甲苯碳平衡与分子筛的吸附量有关，而 CO_2 选择性在更大程度上取决于分子筛的吸附强度。MCM-41 的介孔结构使其拥有较大的比表面积，对甲苯吸附容量较大，因而有更多甲苯分子在分子筛表面与活性物种反应，提高碳平衡；然而由于 MCM-41 的吸附强度较弱，反应中的物质较容易脱附出来，使其未能得到完全氧化，故而 CO_2 选择性不高。中微双孔分子筛 MZ 具有较大比表面积的同时，孔道壁的微孔结构使其吸附强度更大，从而具有更好的甲苯降解活性。此外，介孔分子筛 MCM-41 对中间产物中的同分异构体物质择形性能较差，易形成难降解的同分异构体，影响 CO_2 选择性。中微双孔分子筛 MZ 在介孔孔道壁中引入微孔孔道，增强了择形性能。

7.3.3　等离子体协同 γ-Al_2O_3 吸附

在等离子体与金属氧化物的协同应用中，研究最多的金属氧化物是 γ-Al_2O_3。γ-Al_2O_3 是一种吸水性能较好的氧化铝材料，其具有良好的机械强度、表面活性和热稳定性。γ-Al_2O_3 孔径范围较窄，主孔的孔半径为 $5\sim8.5nm$，孔容一般为 $0.2\sim0.5cm^3/g$。γ-Al_2O_3 表面极性较强，有很强的吸水性。γ-Al_2O_3 的缺点在于吸附量不高、溶出铝有害健康。

（1）降解芳香族 VOCs

因 $\gamma\text{-}Al_2O_3$ 具有多孔、比表面积大、稳定性良好、酸碱两性、高熔点等优点，很多学者将其列为较好的吸附剂选择。学者竹涛研究了等离子体协同 $\gamma\text{-}Al_2O_3$ 降解甲苯的效果，等离子体反应器内加入 $\gamma\text{-}Al_2O_3$ 比未加 $\gamma\text{-}Al_2O_3$ 的甲苯去除率要明显提高，分析可知：加入 $\gamma\text{-}Al_2O_3$ 后可以增加甲苯在反应区的停留时间，这意味着不需要增大反应器体积来延长停留时间，即减小了反应器体积。甲苯在 $\gamma\text{-}Al_2O_3$ 的表面富集，同时 $\gamma\text{-}Al_2O_3$ 也会吸附等离子体反应器中被激活的各种活性自由基，当放电发生时，可造成局部活性自由基的富集，以此强化 $\gamma\text{-}Al_2O_3$ 微孔结构表面的甲苯降解反应，从而有利于提高等离子体反应器的能量利用率。

Y. S. Mok 等使用填充了 $\gamma\text{-}Al_2O_3$ 颗粒的低温等离子体反应器去除气态甲苯，该工艺分两个连续的过程：先吸附，再采用介质阻挡放电（DBD）氧化吸附的甲苯。甲苯初始浓度为 $102\mu mol/mL$，$\gamma\text{-}Al_2O_3$ 颗粒吸附一段时间后用 DBD 处理，产物中 CO 和 CO_2 的浓度先突然增加，随后逐渐下降。另外通过 FTIR 表征发现，甲苯降解的副产物只有 CO、CO_2 和少量臭氧。

Song 等人为了研究等离子体-吸附联合技术降解丙烷和甲苯的效果，在等离子体内加入了吸附能力不同的介质（微孔 $\gamma\text{-}Al_2O_3$ 颗粒、分子筛 5A 和 $\gamma\text{-}Al_2O_3$ 颗粒的混合物）。实验过程是吸附剂吸附量达到饱和后再进行等离子体放电，实验结果表明：等离子体-吸附联合法比单纯的等离子体法降解甲苯和丙烷的效率要高，此外 $\gamma\text{-}Al_2O_3$ 颗粒的存在也显著减少了臭氧和氮氧化物。$\gamma\text{-}Al_2O_3$ 颗粒的吸附能力随着反应器温度从室温升高到 $100℃$ 而明显减弱，但协同的降解效率依然比室温下单一等离子体要高。

（2）降解卤代烃

低温等离子体与 $\gamma\text{-}Al_2O_3$ 协同降解卤代烃也可收到良好效果。M. Sanjeeva Gandhi 等使用介质阻挡放电（DBD）反应器去除三氟甲烷（CHF_3），当反应器中填充氧化铝小球时能将 CHF_3 彻底降解。CHF_3 的去除效率随电源功率和反应器温度的增加而增加；适当增加氧气量也会提高的 CHF_3 去除率，但氧气的体积分数超过 2% 后，CHF_3 的去除率反而降低。单一等离子体去除 CHF_3 的副产物有 COF_2、CF_4、CO_2 和 CO，而填充了氧化铝小球后，副产物只有 CO_2 和 CO。

7.3.4 等离子体协同碳纳米管吸附

7.3.4.1 碳纳米管脱除甲苯的机理

多壁碳纳米管对甲苯的吸附又分为物理吸附和化学吸附。有研究表明，当通过改性改变碳纳米管的表面性质，包括物理结构和表面化学性质，能够达到有效提高其对有机物的吸附能力。

（1）物理吸附

碳纳米管因其特殊的中空结构而具有良好的物理吸附性能。物理吸附位点如图 7-5 所示。

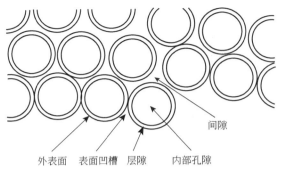

间隙

外表面　表面凹槽　层隙　内部孔隙

图 7-5　多壁碳纳米管物理吸附位点

碳纳米管物理吸附位点可总结为图 7-5 中五点：碳纳米管特殊的中空管束结构而具有的内部孔隙，但碳纳米管为毛细微孔结构，所以在吸附甲苯过程中的微孔填充步骤对甲苯的吸附量并不大；对甲苯具有吸附能力的碳纳米管管束外表面，即表面吸附过程；碳纳米管管束外表面相接触形成的表面凹槽，大部分物理吸附都发生在管束间凹槽对甲苯的吸附；多壁碳纳米管特殊的层状结构所具有的层隙，每层间的孔隙无法吸附任何有机物；未接触的碳纳米管管束之间的间隙，间隙对有机物的吸附具有选择性，由于其尺寸过小，只有在特定压力下，才会发生分压毛细凝聚吸附。

（2）化学吸附

碳纳米管的表面化学性质（表面化学官能团、表面杂原子和化合物的种类和数量等）决定了它同时也具有良好的化学吸附性能，决定碳纳米管吸附性能的重要影响因素是表面含氧官能团（羟基、羧基、内酯基、羰基等），碳纳米管在低温等离子体辐照改性过程中很容易将含氧官能团引入到其表面，如图 7-6 所示，这有利于其对 VOCs 分子的吸附。

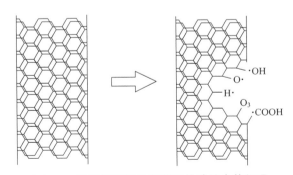

图 7-6　低温等离子体辐照改性碳纳米管机理

7.3.4.2　协同技术的净化效果

学者肖文睿进行了低温等离子体-碳纳米管吸附协同净化甲苯的研究，在室温（25℃）、除氮气外不另外添加其他气氛的基础工况下，探究了碳纳米管放置于线筒式介质阻挡反应器前端进口对甲苯脱除效率的影响。实验中碳纳米管和线筒式介质阻挡放电（DBD）反应器放置位置如图 7-7 所示。

图 7-7　碳纳米管放置位置示意

该研究结果表明：单独碳纳米管吸附甲苯的脱除率只有不到 30％，且基本上不随着电源功率的变化而变化；单独等离子体对甲苯的脱除效率随着电源功率的增加，从 40％左右升到 80％左右；而二者结合之后，对甲苯的脱除效率明显升高，不同电源功率下甲苯的脱除效率均在 80％以上。这说明了低温等离子体结合碳纳米管吸附脱除甲苯效果明显优于单一等离子体脱除甲苯和单一碳纳米管吸附甲苯效果。

对于碳纳米管协同低温等离子体脱除甲苯实验中，初始碳纳米管样本、单独吸附甲苯后的碳纳米管、协同低温等离子体吸附碳纳米管三种碳纳米管的 SEM 表征分析显示，相较于初始碳纳米管样本，单独吸附脱除甲苯后的碳纳米管表面孔隙结构更少，表明碳纳米管单独吸附甲苯主要依靠的是碳纳米管的物理吸附性能。EDS 分析结果显示初始碳纳米管样本中 C、O 元素和碳纳米管单独吸附甲苯后所含 C、O 元素相差不大，即碳纳米管对甲苯的物理吸附能力十分有限，这和单独碳纳米管吸附甲苯效率只有 20％左右相吻合。而碳纳米管协同低温等离子体吸附脱除甲苯实验后的碳纳米管中 C 含量增加、O 含量减少较之前两组更为明显，说明碳纳米管协同低温等离子体吸附脱除甲苯实验中甲苯的脱除效果更好。

7.3.5　等离子体协同多孔黏土异质结构材料吸附

如前文所述，多孔黏土异质结构材料作为一种优良的吸附剂材料，近年来已广泛地应用于气态污染物治理中。学者许晓怡以天然的黏土矿物膨润土作为柱撑基底，利用长链的烷基季铵盐与中性胺作为共表面活性剂与中性无机前驱体硅酸乙酯通过模板导向自组装方法制备了多孔黏土异质结构材料（porous clay heterostructures，PCHs），并将该吸附材料与低温等离子体协同应用于 VOCs 的处理。结果显示，经柱撑改性后的 PCHs 的比表面积相较膨润土原土有了明显增加，总孔容也急剧增大，最可几孔径减小，是一种同时拥有超大微孔与介孔结构的材料，这将有利于其与低温等离子体技术的协同效果。

（1）协同净化效果的影响因素

PCHs 饱和吸附量的影响因素包括了浓度和流速两项。当甲苯流速不变时，随着甲苯气体的浓度增加，PCHs 对于甲苯的吸附穿透时间有所减小，当甲苯浓度为 $600\mu L/L$ 时，约 90min 后甲苯出口浓度/初浓度即达到 95％，即吸附穿透，而甲苯浓度为 $100\mu L/L$ 时，吸附穿透时间约为 120min。同时可发现，甲苯初浓度越高，尽管吸附穿透时间短，但整体吸附量却最大，可达 45.46mg/g。当甲苯浓度不变时，随着甲苯气体的流速增加，PCHs 对于甲苯的吸附穿透时间有所减小，当甲苯流速为 2L/min 时，约 60min 后甲苯出口浓度/初浓度即达到 95％，即吸附穿透，而甲苯流速为 0.5L/min 时，吸附穿透时间约为 112min。甲苯流速越高 PCHs 对甲苯整体吸附量却越大，当甲苯初浓度为 $600\mu L/L$，甲苯流速为 2L/min 时，最大吸附量为 64.92mg/g。

（2）操作工艺对 PCHs 再生效果的影响

对吸附饱和的 PCHs 进行低温等离子体降解实验发现，当放电峰-峰电压为 37.3kV 时碳平衡最高为 42%，CO_2 选择性最高为 83%，氧气作为背景气体放电时 CO_2 选择性最高可达 85%。经一次放电降解后，在放电峰-峰电压为 38kV 左右时，氧气与空气放电，PCHs 的再生率均在 95% 以上，二次放电降解后，空气放电时，PCHs 的再生率下降为 77.91%，氧气放电时，PCHs 的再生率为 88.56%。

使用气体循环系统和低温等离子体放电再生过程中，碳平衡和 CO_2 浓度始终出现先上升然后趋于饱和的曲线，CO 的浓度则是先上升，后下降，再趋于饱和。在降解过程中副产物种类不会随着时间有明显变化，但各个副产物量会略有改变。放电电压越高，气体循环系统中的碳平衡、CO_x 浓度、CO_2 选择性均会有所升高，但电压升至 37.3kV 后就保持不变。氧气背景下降解时，系统碳平衡和 CO_2 浓度均高于空气背景降解，并增加一种副产物 2-丁酮。

放电电压升高，PCHs 的再生率会随之上升，但当电压过高时，PCHs 的再生率反而有所下降，这可能与高电压破坏 PCHs 内部结构以及焦油状副产物堵塞孔道有关。氧气背景放电与空气背景放电下，一次再生后 PCHs 的再生率并未有明显区别，均在 95% 以上；而二次再生后，氧气背景下放电 PCHs 的二次再生率要明显高于空气背景下放电。

7.4　等离子体-吸附协同净化系统

7.4.1　常见等离子体-吸附协同净化 VOCs 的系统

目前常见的等离子体-吸附协同去除 VOCs 的系统主要有三种类型，分别为：①低温等离子体-吸附串联系统；②吸附-低温等离子体串联系统；③吸附剂内置式协同系统。

当前，工业中应用最广泛的应为第一种协同系统，即低温等离子体-吸附串联净化 VOCs 系统。该系统具体工艺流程如图 7-8 所示。

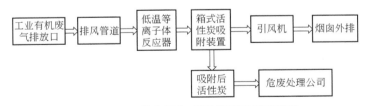

图 7-8　低温等离子体-活性炭吸附工艺流程

工业有机废气由排放口排出，沿排风管道先后经过介质阻挡放电低温等离子体反应塔和箱式活性炭吸附装置的净化，尾气由引风机引导，经烟囱排入大气，而吸附箱里已经吸附饱和的活性炭吸附剂则运往危险废物处理部门无害化处理。考虑到投资成本的问题，也可在系统中增加"吸附-脱附-回收利用"的工序，节约活性炭吸附剂更换量。此外，需要注意的是，如选择其他种类吸附剂及吸附装置，则需注意吸附剂不能与有机废气产生反应，否则因放热反应造成的装置内部热量积累将会产生火灾或爆炸等危险，且吸附剂失活之后无法脱附导致经济成本上升。

其余两种协同工艺系统的流程与第一种协同系统略有差别，主要体现在低温等离子体反应器与吸附装置的安置位置方面，此处不再赘述。

7.4.2 等离子体-吸附协同净化 VOCs 系统的工艺分析

（1）低温等离子体-吸附串联系统工艺分析

一些研究者发现，单一低温等离子体技术在处理 VOCs 时会有较多的副产物产生，且由于有机废气的成分不同，副产物的种类复杂多变，但是倘若在放电区之后，串联一套具有高效吸附效果的吸附装置，则可避免二次污染问题的产生。学者吕福功等人经过试验研究发现，在处理甲醛的低温等离子体装置后方附加一个活性炭过滤处理器，则甲醛的降解产物中除二氧化碳和水以外的绝大多数其他产物都可被活性炭过滤系统去除，实验最终排出的气体中并未发现 $COCl_2$、HCl、CO、NO_x 以及臭氧等二次污染物质。由此可见，相较于传统的低温等离子体方法，低温等离子体-吸附法串联系统在甲醛处理方面，表现出非常好的脱除效果。但空气中 VOCs 的组分是非常复杂的，除了甲醛，苯也是极具代表性的有机废气之一。苯的化学性质稳定，相较于甲醛来说，苯的降解难度更大。但是吕福功等人经过实验发现，低温等离子体-吸附法串联系统对于苯的去除依然保持着非常好的效果。由此可见，相较于单一的低温等离子体法或吸附法，低温等离子体-吸附法串联系统对于不同的有机污染物处理效率都有着很好的提升，该联合方法具有较好的发展前景。

（2）吸附-低温等离子体串联系统工艺分析

通常低温等离子体工艺更适用于低浓度和低活性的有机废气治理，对于浓度过高或者活性过高的有机废气不适用，但是浓度过低的废气用单纯的低温等离子体工艺处理所需时间以及能源过高，能量效率太低，因此吸附-低温等离子体串联净化工艺作为改良工艺被提出。该工艺方法首先使用吸附剂对低浓度的有机废气进行富集，将吸附饱和的吸附剂通过流化床等方式送入低温等离子体反应器内部，利用低温等离子体反应器在放电过程中产生的等离子体震荡、电风等热效应及电效应手段，使吸附在吸附剂表面的有机污染物脱附，再由低温等离子体对其进行降解，达到降解有机污染物与吸附剂再生同步进行的目的。图 7-9 为吸附-低温等离子体串联工艺系统。汪智伟通过实验发现，相同条件下，吸附-低温等离子体串联对于有机废气的处理效果高于单一的低温等离子体工艺。由于吸附-低温等离子体串联工艺可以通过调节电流的大小控制吸附质的脱附速度与降解速度，故只要控制好电流大小，联合工艺的能量消耗便会大大降低。并且联合工艺是边降解边脱附的，省略了吸附工艺后期吸附剂再生的阶段，节省了时间成本。

（3）吸附剂内置式协同工艺分析

与吸附-低温等离子体串联工艺开发研究的起因类似，该协同工艺也是针对单一低温等离子体工艺能量效率过低这一缺陷改进得来的。不同于吸附-低温等离子体串联工艺的

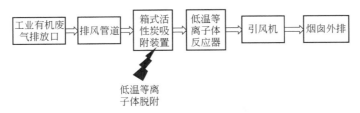

图 7-9　吸附-低温等离子体串联工艺

是，该工艺未设立单纯的脱附阶段，低温等离子体技术直接降解吸附态的有机污染物且吸附剂直接安置于低温等离子体反应器的内部。该工艺可分为吸附与放电两个阶段（图7-10 为两阶段的示意图）。在吸附阶段，将含有有机废气的气流通过吸附剂床层，此时有机废气将被吸附剂吸附直至吸附剂饱和（此过程不放电）；在放电阶段，低温等离子体将吸附在吸附剂内的吸附态有机废气氧化，且为保证工艺的连续运行，将在放电阶段将含有机废气的气流导入另一个干净的吸附床层，本吸附床层在放电阶段结束后再次开始通入含污染物的气流进行吸附，而另一个吸附床层则开始放电阶段的运行。与单一的低温等离子体工艺相比，联合工艺不受气速以及有机废气浓度等因素的影响，且由于吸附阶段不放电，协同工艺的能耗较单一的等离子体工艺要少。学者秦彩虹等研究发现，该吸附降解两段式的净化 VOCs 的联合法在

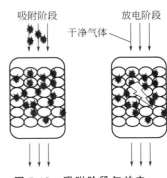

图 7-10　吸附阶段与放电
阶段示意图

去除含醇、烯、酮、醛、苯等的有机废气时不仅能量效率较高，而且还可以抑制 CO、臭氧以及部分中间有机副产物的产生。由此可见，填充吸附剂于低温等离子体反应器内部使污染物先被吸附，再利用低温等离子体净化吸附态 VOCs 的工艺有着良好的工业应用前景。

7.4.3　低温等离子体-吸附协同工艺净化 VOCs 的影响因素

虽然相比于单一的低温等离子体技术与吸附技术，现有低温等离子体-吸附协同工艺在 VOCs 的处理效果上有着明显的提升，但是由于联合工艺结构比较复杂，并且还受到外加电压、温度、有机废气初始浓度等多种因素的影响，所以该协同工艺仍然有着较大的优化潜力。下面将针对几类主要的影响因素进行简要分析：

（1）操作条件

此处的操作条件包括温度、气速以及外加电压等可以人为改变的因素。当有机废气的温度较高，使联合工艺装置的进气口温度超过 40℃时，将会导致吸附段吸附剂的活性下降，需要考虑在装置前端安置一个降温装置。对于外加电压，众多学者经研究证实，在不同的外加电压下，低温等离子体工艺对有机废气的吸附与降解效率不同。外加电压升高时，反应器内部场强度增大，产生自由电子及 OH· 等活性粒子的数量增加，污染物分子在反应器中受到各种活性粒子的碰撞概率增大，有利于氧化分解。目前较多采用的

外加电压水平为 $16 \sim 22kV$。采取合适的电压不仅将提高有机废气的处理效率，还可以节约经济成本。

（2）有机废气初始浓度

该因素对于低温等离子体-吸附协同的工艺影响较大，而对于另外两种联合方法的影响则较小。当有机废气的初始浓度高于 $2000mg/m^3$ 时，低温等离子体净化段降解效率随进口有机废气浓度的升高而降低。主要原因是，单位时间内介质阻挡放电所产生的高能电子和活性自由基的数量不足以完全降解高浓度有机废气中的污染物分子。优化方案是在成本条件允许的情况下，适当增加有机废气的停留时间，以此来增加对有机废气的处理效率。

（3）VOCs 的组分

不同生产类型的企业排放废气中 VOCs 的组分是不同的，不同组分的 VOCs 将影响到工艺联合方式、吸附剂的种类、吸附器以及低温等离子体反应器的选择，为使处理效果达到最佳，应在工艺设计之初仔细分析所处理 VOCs 的主要成分及其特性，防止由于前期资料不足，使设计的净化装置特点与污染物特性不匹配，轻则影响处理效果，重则可能导致工艺发生自燃、爆炸等安全事故。

7.5 低温等离子体-吸附协同技术的优化

无论是单独使用的低温等离子体技术，还是近年来提出的等离子体-吸附协同技术，都存在着各自的不足，这些问题直接影响到该协同技术在 VOCs 废气治理领域的推广应用。目前国内外的科研人员还在不断开展针对低温等离子体-吸附协同技术的更加深入的优化研究。

关于低温等离子体-吸附协同技术优化的研究往往是基于现有成熟的 VOCs 处理技术提出的。常见的优化方案可分为 3 种，分别是等离子体旁路净化型 VOCs 吸附脱除系统、改良等离子体旁路净化 VOCs 吸附脱除系统和内置型吸附-催化-等离子体 VOCs 净化系统。这 3 种系统结合等离子体技术、吸附法、催化法，通过不同的组合，弥补各种处理方法的缺陷，整合各种方法的优点，组合成相对合理和高效益的系统，达到较高的 VOCs 净化效率以及较低的能量消耗，同时还要提升 VOCs 完全降解为 CO_2 和 H_2O 的程度，避免二次污染的发生。

7.5.1 等离子体旁路净化型 VOCs 吸附脱除系统

该工艺系统由 5 个部分组成：吸附系统、介质阻挡放电等离子体净化系统、臭氧消解净化装置、热风机再生系统和排气系统。工艺流程如图 7-11 所示。

（1）工艺原理

工业生产排出的 VOCs 有害废气首先进入到吸附器中，吸附器中堆填活性炭或分子筛等常用吸附剂材料，进入吸附器的 VOCs 气体经均匀布风后流经吸附剂床层充分吸附，

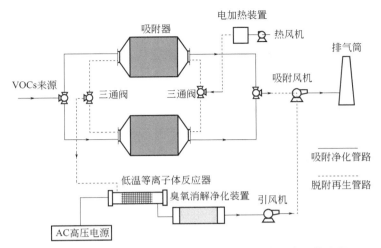

图 7-11　等离子体旁路净化型 VOCs 吸附脱除系统工艺流程

气体中的 VOCs 分子被吸附剂充分吸附去除，净化后的气体由吸附器末端排气口排出，并经由吸附风机送入排气筒高空排放。

吸附系统配置两台吸附器，交替使用，当一台吸附器吸附饱和时，切换至另一台吸附器，以保证在实际应用中 VOCs 净化过程的连续性。如果实际工业应用是间歇式工况，则可在设计时把吸附系统中两台吸附器设置为一开一备状态。

热风机再生系统包括了热风机、电加热装置及各种管件阀门等设备部件，风机将空气送入电加热装置，加热后的空气温度超过 110℃，热空气进入吸附饱和的吸附器进行反吹脱附，从吸附器中被脱附出来的高浓度有机废气直接进入施加高压交流电的介质阻挡放电等离子体反应器中，等离子体反应器内因介质阻挡放电产生的高能电子和活性自由基与 VOCs 分子发生碰撞，将其彻底氧化为 CO、CO_2 和 H_2O 等小分子无机物。

然而，考虑到介质阻挡放电等离子体技术降解 VOCs 的过程中，产物不仅仅是 CO_2 和 H_2O 等小分子无机物，这个氧化分解过程往往还伴随着 O_3、NO_x、CO 等有害副产物的生成，特别是其中的 O_3 浓度较高，易带来二次污染问题，所以在 VOCs 脱附再生工艺流程中，须在介质阻挡放电等离子体反应器之后设置臭氧消解净化装置。该装置中堆填负载型 MnO_2 催化剂，即将 MnO_2 负载于比表面积较大的吸附性材料上，利用 MnO_2 能够快速消解 O_3 的特点，将等离子体反应器净化 VOCs 尾气中的 O_3 迅速消除，降低二次污染发生的可能性。

最后，由臭氧消解净化装置中排出的气体在引风机的输送下与吸附器净化后的气体在主管路中汇合，并由排气筒高空排放。

（2）设备工况参数

等离子体旁路净化型 VOCs 吸附脱除系统在运行过程中温度、初始浓度、外加电压会影响净化效果。

① 当进入吸附器装置的 VOCs 气体温度高于 40℃时会导致吸附效率下降。

② 有机污染物初始浓度过高会影响吸附效果，建议应用于初始浓度低于 $1500mg/m^3$

的废气工况。

③ 外加电压升高时，随着介质阻挡放电等离子体反应器内部电场强度增大，更有利于氧化分解，但是施加电压过高时会使反应器温度过高，不利于反应过程，所以建议运行时外加电压水平为 $16\sim22kV$。

（3）等离子体旁路净化 VOCs 吸附脱除系统的工业适用性

在整个系统中，采用吸附法、低温等离子体技术、催化法等高效的 VOCs 处理技术，各种技术的加入发挥了各自在处理 VOCs 方面的优势。

吸附法是一种常用 VOCs 处理方法，适用中低浓度 VOCs 净化。该方法去除效率较高、能耗低、工艺成熟、应用范围广。但由于吸附剂的容量有限，设备庞大，饱和吸附剂难以处理，VOCs 易泄漏，管理复杂。

低温等离子体净化法加入是为了净化从吸附器中脱附出来的污染废气，因为吸附器只是简单地从气体中分离有害 VOCs 物质以排除达标气体，并没有根本清除 VOCs。为了保证吸附器的连续长期运行，需将吸附器再生脱附，有的系统将脱附出的高浓度 VOCs 气体经分离精馏回收，但前提是分离出的成分有再利用的价值，而且回收成本在可接受范围内。低温等离子体法可以彻底降解 VOCs，减少维护费用。

在介质阻挡放电等离子体反应器后加入的臭氧消解装置是为了弥补单纯等离子体技术上会产生副产物 O_3 的缺点，系统中使用的 MnO_2 正是氧化 O_3 的有效消解催化剂之一，而且在氧化分解 O_3 后可以产生一些活性物质与小部分尚未降解的 VOCs 再次反应，进一步降解 VOCs。虽然 MnO_2 可有效分解臭氧等反应副产物，降低二次污染风险，但是需严格控制好运行条件如温度，如果不能很好控制系统运行条件会导致催化剂较快失去活性。

该系统在吸附阶段设计了两个吸附器交替工作，以适应连续工作的工况要求，但对于臭氧消解净化装置中的催化剂来说，这是一个间歇排放的净化过程，因为存在间歇期使催化装置暂停工作，所以每次催化剂工作时需对废气进行适当预热，而预热器的频繁启动，将使能耗大大增加。

7.5.2 改良等离子体旁路净化 VOCs 吸附脱除系统

改良等离子体旁路净化 VOCs 吸附脱除系统工艺系统由 5 个部分组成：吸附系统、介质阻挡放电等离子体系统、臭氧装置、风机系统和排气系统。工艺流程如图 7-12 所示。

（1）工艺原理

从工业排出的 VOCs 废气进入吸附器被吸附剂吸收，约 85% 的 VOCs 被吸附剂吸收，被净化后的废气在吸附风机的压力下通向排气筒排出大气。待运行的吸附器吸附饱和后，热风机排出 120℃ 的热空气对饱和吸附剂进行反吹脱附，同时切换三通阀将 VOCs 排入另一台吸附器继续净化。脱附出来的高浓度 VOCs 气体进入脱附再生管路。首先，高浓度的 VOCs 废气进入到介质阻挡放电等离子体装置，等离子体反应器制造高能量的活性粒子与 VOCs 充分碰撞发生降解反应，大部分的 VOCs 分子在等离子体反应器中被氧化分

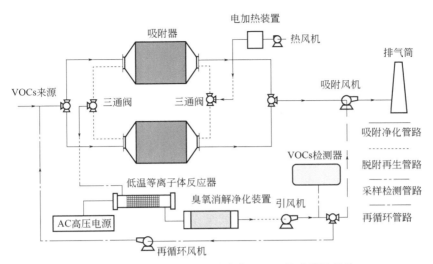

图 7-12　改良等离子体旁路净化 VOCs 吸附脱除系统

解。然后，被氧化分解后的气体和一些未能反应或反应时生成的副产物一起进入到臭氧消解净化装置，在臭氧消解净化装置中添加的 MnO_2 将等离子体反应器生成的常见副产物 O_3 进行氧化分解，降低气体中 O_3 的含量，并生成活性粒子继续净化 VOCs。

改良等离子体旁路净化 VOCs 吸附脱除系统是基于等离子体旁路净化 VOCs 吸附脱除系统而做出的优化，不同之处在于在臭氧消解净化装置后加入了三通阀和 VOCs 在线监测设备。VOCs 在线监测设备判断脱附再生管路中从臭氧消解净化装置后排出的已净化 VOCs 废气是否达标：如尾气排放并未达标，则立即关闭通向排气筒通道，同时开启管路将未达标气体通向吸附器入口与原始废气一同再次通过吸附器进行吸附去除；而当监测显示尾气达到国家标准，则该路尾气可直接送入排气筒排入大气。

（2）系统的工业适用性

在改良等离子体旁路净化 VOCs 吸附脱除系统中采用了吸附法、低温等离子体技术、催化法净化空气中 VOCs。吸附法是对中低浓度、大风量的 VOCs 废气最有效的净化方式，而且有运行能耗低、投入小、工艺成熟、易于推广的特点，但吸附法有吸附剂吸附容量有限、需要定期再生（经济二次投入）、再生过程中有泄漏危害和吸附剂易受到吸附质影响减低净化效率的缺点。低温等离子体技术处理 VOCs 是基于传统处理工艺提出的新方向，被认为是少数的可实现符合污染物同时控制的工艺之一，对气体污染物的适应性强、降解效果好、易于与其他工艺相结合，而且反应速度快、设备占地面积小、反应条件要求不高。低温等离子体技术缺点是净化 VOCs 效率不高，单纯低温等离子体技术处理排放不能达标，处理量小，还会产生 O_3 等一系列副产物，需要配合其他工艺才能应用于实际中。催化法具有高效率净化 VOCs 的特点，特别是配合其他处理工艺的协同效果尤为明显，可在占地面积较小的设备中大大降低 VOCs。催化剂对反应物质选择性高，催化剂对相同物质不同状态催化效率也不一样，不良环境下还可能使催化剂失效，频繁更换催化剂将大大提高运行成本。

改良等离子体旁路净化 VOCs 吸附脱除系统使吸附法、低温等离子体技术、催化法相结合，发挥各种方法的特点，弥补其他方法的缺点，使得工艺设计能合理使用在实际工业废气处理中。相比前文提出的等离子体旁路净化 VOCs 吸附脱除系统，改良型系统在脱附再生管路中加入的三通阀使脱附再生过程可能未净化完全（排出并未达标）的气体再次进入吸附器净化，这个设计使得整个工艺在排放气体时更安全，但是未达标的气体再次进入吸附器无疑是直接加大了投资和运行成本，在资金投入方面会略有增加。

改良等离子体旁路净化 VOCs 吸附脱除系统合理地将传统工艺和新型工艺相结合，在净化效率高的情况下又安全地净化了 VOCs，该工艺可应用在某些 VOCs 排放浓度要求较高的地区。

7.5.3 内置型吸附-催化-等离子体 VOCs 净化系统

如图 7-13 所示，内置型吸附-催化-等离子体 VOCs 净化系统由 3 个部分组成：吸附-光催化-介质阻挡放电等离子体系统、风机系统和排气系统。

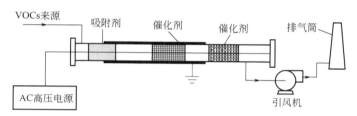

图 7-13　内置型吸附-催化-等离子体 VOCs 净化系统

（1）工艺原理

VOCs 废气进入内置型吸附-催化-等离子体 VOCs 净化系统时，首先经过吸附剂区。吸附剂在低温等离子体环境下吸收自由基和目标污染物分子，提供一些表面空间发生化学反应，在此过程中等离子体反应器放电，吸附剂使放电产生的高能粒子和 VOCs 相对富集，提高降解效率。

从吸附剂区排出的气体进入光催化剂氧化降解区。光催化剂以某种吸附剂为载体填充在等离子体反应器中部，光催化剂存在合适的俘获剂或表面缺陷态，电子和空穴不易复合，VOCs 在催化剂表面有充足的时间进行氧化还原反应。

经过光催化剂氧化分解后的气态产物进入到 MnO_2 催化单元，因为低温等离子体净化 VOCs 技术会产生大量的 O_3 气体，将 MnO_2 引入到低温等离子体反应器内，可以大幅消除 O_3。被催化剂降解后的气体在引风机的作用下从排气筒排出。

（2）该系统的工业适用性

内置型吸附-催化-等离子体 VOCs 净化系统是将吸附法、催化法应用在等离子体反应器内部的 VOCs 处理工艺方法，因为受等离子体反应器尺寸规格的限制，可能不适用于大风量的 VOCs 废气处理工况。

7.6　等离子体协同吸附技术净化 VOCs 应用实例

7.6.1　印刷厂 VOCs 净化应用实例

某印刷厂一层车间内设置有 1 台 8 色印刷机及 1 台高精度复合机，运行时均会产生一定浓度的 VOCs 废气，废气主要成分为醇类、酮类、酯类以及苯系物等。为保护职工及周边群众身体健康和解决 VOCs 废气污染问题，该印刷厂决定对原有设备通风系统进行改造，通过增设低温等离子体-活性炭吸附净化装置，使系统 VOCs 排放浓度达到国家标准要求。

7.6.1.1　印刷厂 VOCs 废气排放特点

印刷机与复合机在设备出厂时均预留有排气管接口与阀门，用于安装排风管道及其后的净化装置与烟囱，所产生的 VOCs 污染属于有组织排放。由于绝大多数印刷机设备主体密闭并不完全，滚轴及有机溶剂槽裸露在外，排风系统应考虑使用较大的控制风速。印刷机配有加热系统（一般为电加热或蒸汽加热），出口排气温度一般为 40～60℃，必要时进入净化装置前考虑降温。印刷设备 VOCs 排放浓度随有机溶剂或黏合剂添加量的多少有所变化，一般为 400～2000mg/m³。

7.6.1.2　低温等离子体-活性炭吸附设计应用

（1）工艺设计

针对该印刷企业车间内的 2 台印刷设备，设计采用介质阻挡放电低温等离子体反应器之后串联箱式活性炭吸附装置净化 VOCs 废气，工艺流程与图 7-8 相似。

考虑设备投资成本原因，该企业未设计吸附-脱附-回收利用工序，因此将吸附后活性炭定期运送至市内某危废处理公司进行无害化处理。

（2）装置设计

采用介质阻挡放电低温等离子体净化装置，装置内填料为陶瓷拉西环，结构示意见图 7-14；采用箱式活性炭吸附装置，吸附层填料为蜂窝状活性炭块，结构示意见图 7-15。

（3）运行参数设计

系统运行过程中，温度、初始浓度及外加电压是影响净化效果的主要参数。

① 温度　当印刷机或复合机排气温度较高时，即低温等离子体-活性炭吸附装置进口温度大于 40℃时，将导致活性炭吸附段吸附效率下降，需考虑前段增加降温措施。

② 初始浓度　当有机污染物初始浓度高于 2000mg/m³ 时，低温等离子体净化段降解效率随进口浓度的升高而降低。主要原因是介质阻挡放电所产生的低温等离子体数量不足以降解高浓度有机废气中的大量污染物分子。解决对策是在考虑成本的前提下，适当增加有机废气停留时间，即增大反应塔体积。

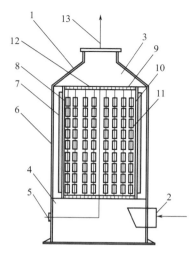

图 7-14　介质阻挡放电低温等离子体净化装置
1—壳体；2—进气口；3—上箱体；4—下箱体；5—高压电源接入点；6—接地板；7—铜网层；
8—陶瓷层；9—气滤分布板；10—陶瓷环；11—玻璃纤维固定绳；12—电晕线；13—出气口

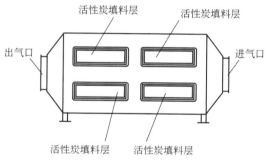

图 7-15　箱式活性炭吸附装置

③ 外加电压　外加电压升高时，反应器内部电场强度增大，产生自由电子及 OH·等活性粒子的数量增加，有机物分子在反应器中受到各种活性粒子的碰撞概率增大，有利于氧化分解。目前较多采用的外加电压水平为 16～22kV。

7.6.1.3　运行效果

低温等离子体-活性炭吸附装置投入运行后，两套废气净化系统的排放浓度均低于 50mg/m³（非甲烷总烃计），符合国家现行排放标准。净化系统运行前后烟囱 VOCs 排放浓度检测结果见表 7-3。

表 7-3　废气净化系统 VOCs 排放浓度检测结果

检测点	排放浓度/（mg/m³）	
	改造前	改造后
8 色印刷机废气净化系统烟囱检测孔	440	36
高精度复合机净化系统烟囱检测孔	254	27

7.6.2　沥青搅拌站 VOCs 净化应用实例

7.6.2.1　项目背景

沥青混合料生产期间，石料加热和沥青加热会产生一些废气。石料在干燥筒内加热时会产生烟尘，烟尘经过两道除尘系统作用，可以满足大气污染物排放标准。沥青加温过程是在密闭容器中进行，其间会产生硫化物、VOCs、苯并芘等有害气体，有害气体主要通过沥青罐上的呼吸管排出。拌和后，成品料放置期间会产生大量沥青烟气。因此，所有沥青罐上的呼吸管、成品料出料口需要加装滤袋除尘系统和等离子一体机进行净化处理，最终达到国家排放标准。

7.6.2.2　净化系统技术路线

低温等离子一体机主要由折流板除油模块、过滤棉模块、低温等离子模块、光氧化分解模块以及活性炭吸附模块等组成，如图 7-16 所示。来自搅拌站的含有焦油烟的沥青废气首先经过前端焦油过滤模块，除去废气中比重大的颗粒油烟，再经过漆雾过滤棉，除去废气中较小的黏性油烟颗粒物，此时废气经过初步净化，除去大部分黏附性较强的焦油杂质。初步净化的废气再经过离子反应，与高能离子接触，废气中的有机物成分被分解，重新结合，生成水和二氧化碳，其间废气不与低温等离子体直接接触，有效杜绝安全隐患。经过离子反应后的废气再经过光氧反应区，此反应区设计有能释放特定波长的紫外光，其与废气分子接触，可以打断废气分子内的化学键，进一步净化有机废气。净化后的废气来到末端吸附功能区，吸附功能区主要采用疏水性蜂窝活性炭，利用物理吸附原理将废气中大分子有机物吸附去除，最终使得废气得到彻底净化。吸附功能区设计有旁通切换阀，可根据生产处理需要切换到备用净化系统，以有效应对生产过程中异常情况的发生。

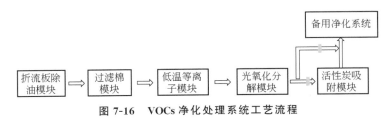

图 7-16　VOCs 净化处理系统工艺流程

（1）低温等离子模块

低温等离子体可以降解污染物，其利用高能电子、自由基等活性粒子轰击废气分子，使其处于极不稳定态，与伴生的强氧化剂羟基和活性氧原子等发生氧化反应，污染物在极短的时间内分解成二氧化碳和水，以达到降解污染物的目的。

沥青搅拌站 VOCs 净化处理采用注入式低温等离子发生装置，废气与低温等离子发生装置不直接接触，避免气体湿度影响低温等离子发生装置，同时满足安全、消防、环保、防爆等强制性标准要求。

（2）活性炭吸附模块

活性炭净化系统以大比表面积、高吸附性能的活性炭作为吸附剂，吸附有机废气中的污染物，排出干净的空气。活性炭吸附主要包括物理吸附和化学吸附。活性炭为多孔结构，比表面积大，可以有效吸收废气中的杂质。活性炭吸附剂表面存在未平衡和未饱和的分子引力或化学键力，因此活性炭表面与废气接触时能吸附气体分子，使其积聚在活性炭表面，达到净化污染物的目的。活性炭表面含有大量氧化物或络合物，其可以与被吸附的物质发生化学反应，该过程称为化学吸附。

（3）系统设计参数

系统设计参数如表 7-4 所示。

表 7-4 沥青烟气净化装置系统（LQJH-35 型）设计参数

序号	名称	技术参数
1	处理风量/(mg/m³)	≤35000
2	处理有害气体成分	苯并芘、苯并蒽等沥青废气
3	净化效率/%	≥90
4	阻力/Pa	≤2920
5	入口气体温度/℃	≤80
6	出口沥青烟浓度/(mg/m³)	<30
7	出口苯并[a]芘浓度/(mg/m³)	≤0.3×10⁻³
8	出口 VOCs 浓度/(mg/m³)	<100
9	干式过滤装置	40 组沥青烟专用过滤滤筒
10	等离子一体机	12 组插片式电极/不锈钢
11	UV 光解	33 套 GU22-900T5VH/HO 灯管及变流器
12	离心式风机	4-72 8C 37kW 电机 Y225S-2
13	压差计	1 个 DWYER 压差仪 0~250Pa
14	气缸	2 套 SC80×700
15	结构形式	集装箱一体结构
16	尺寸	约 10000mm×2200mm×2800mm
17	连接方式	主体焊接+螺栓连接
18	主体材料	Q235B
19	适用环境条件	-5~80℃
20	活性炭吸附装置	1 组

7.6.2.3　系统设计优点

该系统具备以下优点：

（1）高效净化

该净化系统能很好地去除挥发性 VOCs、无机物、硫化氢、氨气、硫醇类等主要挥发性有机物和各种恶臭性气体。

（2）无须添加助剂，可靠性强

该净化系统通过负压风机、管道将废气抽到主体净化设备内进行净化处理，净化后的达标气体通过烟囱排放到高空，不需要增加其他助剂进行化学反应。同时，可适应湿度高、浓度高、大风量的烟气处理，也适用于不同组分废气的脱臭净化处理，可连续工作，运行稳定可靠，维护保养便捷。

（3）运行能耗低，无须预处理，布置方便

该套系统无须专人管理和日常维护，按照维保制度落实定期定标检查即可。系统阻力小于 900Pa，风机可根据实际运行要求进行变频操控，节约大量排风动力运行能耗。恶臭气体无须进行特殊的预处理，如加温、加湿等，设备工作环境温度、湿度波动保持正常。该净化系统设备占地面积小、自重轻，适合于布置紧凑、场地狭小等特殊条件。

第8章 低温等离子体协同吸收技术去除 VOCs

8.1 低温等离子体协同吸收技术概述

目前低温等离子体处理 VOCs 的缺陷主要为降解产物不可控以及能量效率低。而对于吸收法而言，大部分有机溶剂在水中溶解度较低甚至为不溶并且在采用有机溶剂吸收时会有易挥发产生二次污染、易爆炸不适合大规模应用等缺点。为解决这些缺陷，有些研究者提出了将吸收法与低温等离子体技术联合，优势互补，协同治理 VOCs 的技术工艺。目前国内外对低温等离子体-吸收协同应用的相关研究还较少，净化工艺也较为单一，大致可分为两类：一类为低温等离子体反应器完全浸于吸收液中的一体式净化工艺；另一类为气体先经过低温等离子体反应器再通过吸收系统的串联式净化工艺。

8.1.1 VOCs 的吸收净化机制

吸收法又分为化学吸收和物理吸收，依据 VOCs 各组分在不同吸收剂中物理性质和化学性质的不同吸收的效果存在差异。物理吸收为利用溶解度的差异，化学吸收为利用化学特性的差异。使用填料塔、板式塔、旋转填料床等吸收设备使废气中污染物组分被吸收至吸收剂中。吸收法是将污染物质从气相传递至液相，之后还需对污染物进行深度处理。VOCs 的液相吸收机理可由双膜理论来进行解释。

8.1.1.1 VOCs 液相吸收的双膜理论

双膜理论是指当气液两相接触时，在两相之间存在一个相界面，在相界面的两侧分别存在呈层流流动的稳定膜层（有效层流膜层），分别为气膜和液膜，如图 8-1 所示。p_A 和 p_{Ai} 分别表示在气相和气膜中 A 物质的分压，c_A 和 c_{Ai} 分别表示 A 物质在液相和液膜中的物质的量浓度。溶质必须以分子扩散的形式连续穿过这两个膜层，而分子扩散是在存在浓度差或浓度梯度的情况下，因分子无规则运动而产生的物质传递现象。膜层厚度受流速的影响，流速越小厚度越大。在相界面上气液两相处于平衡状态，在膜层

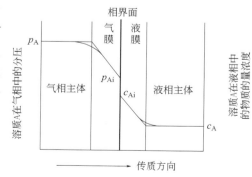

图 8-1 双膜理论示意图

外流体充分湍动，溶质分布均匀，可看作无浓度梯度，浓度梯度全部集中于两个有效层膜中。在一定温度下，气体组分的溶解度与该组分在气体中的平衡分压有关，分压越大溶解度越大，或者说气体分压越大传质推动力越强。而分压一定时，温度越高溶解度越低，因为温度越高使分子活动更为剧烈。总而言之，加压更有利于溶液对气体的吸收。对于易溶气体来说，亨利系数 H 值特别大，所以传质阻力主要在气膜中，液膜阻力可以忽略不计，要提高总吸收系数应加大气相湍动程度。难溶气体亨利系数 H 值特别小，所以传质阻力主要在液膜中，应加大液体端的湍动程度。

8.1.1.2 物理、化学吸收

利用气体混合物中各组分在一定液体中溶解度的差异而分离气体混合物的操作称为吸收，吸收根据吸收质和吸收剂之间有无化学反应分为物理吸收和化学吸收。物理吸收是根据不同气体在不同吸收剂中溶解度不同达到分离目的。吸收过程中进行的方向以及吸收的极限取决于溶质在气液两相的平衡关系，即气体在该溶剂中的溶解度。气液平衡是指在溶解过程中溶质在不停地溶解到液相中，同时液相中的溶质也在不断地由液相变为气相，当两者速率相同时传质达到平衡。不同的吸收剂对不同的溶质有不同的溶解度，这是由溶质和吸收剂的物理、化学性质所决定的。首先气相物质与吸收剂接触，气相物质穿过气液界面到达液相在液相中进行传递。单一相的传递是通过扩散实现的，在流体中的扩散形式分为分子扩散和涡流扩散。分子扩散就是分子做无规则热运动传递物质，涡流扩散凭借流体质点的湍动和旋涡传递物质。菲克定律解释了物质扩散的动力，浓度梯度越大，扩散的速度越快。

当吸收质在吸收剂中的浓度等于溶解度时这个状态被称作气液平衡。物理吸收过程中往往用亨利定律描述气液两相平衡关系，亨利定律是指在一定温度下且总压不高的条件下，稀溶液中溶质溶解度（c）与气相中溶质平衡分压（p^*）成正比式（8-1）～式（8-3），气相转液相速率大于液相转气相时称作吸收过程，液相转气相速率大于气相转液相速率称作解吸过程。

$$c = Hp^* \tag{8-1}$$

$$x = \frac{p^*}{E} \tag{8-2}$$

$$y^* = mx \tag{8-3}$$

式中　H、E、m——亨利系数；

　　　　c——溶质浓度；

　　　　p^*——溶质气相平衡分压；

　　　　x——被吸收组分在液相中的摩尔分数；

　　　　y^*——溶质在气相中的摩尔分数。

化学吸收相比于物理吸收有吸收推动力增加、总吸收系数增大、吸收剂利用率增高等特点。因为在化学吸收中气相物质在到达或者通过气液界面后发生化学反应转换为其他物质，使得该物质在吸收剂中的浓度降低，同时还降低了该物质平衡分压。气液两相中该气相物质一直维持着高浓度差，保持了该物质传递的推动力，使得吸收快速、高效、持续地进行。根据化学反应速率的不同,化学反应完成部位不同,慢速反应在液相主体中完成,快速反应在液膜内逐步完成。极快速反应在液膜内某一平面完成。化学吸收平衡不能用亨利定律来判断,化学吸收平衡为物理吸收平衡时的量加上化学反应消耗掉的量,如式(8-4)所示。

$$c_A = [A]_{物理平衡} + [A]_{化学消耗} \tag{8-4}$$

8.1.1.3 常用吸收剂和吸收设备

吸收法净化 VOCs 的过程中其净化效率与吸收剂和吸收设备的选择密切相关。

(1) 吸收剂

目前常用的 VOCs 吸收剂可大致分为 4 类:有机溶剂、表面活性剂、微乳液、离子液体。

有机溶剂类起步较早,主要是一些具有高沸点的油类物质,如润滑油、生物柴油、0号柴油等。Heymes 等对比评价了聚乙二醇、邻苯二甲酸盐、己二酸二辛酯、硅油对甲苯的吸收性能,结果表明己二酸二辛酯对甲苯的吸收效率最高。由于有机溶剂大部分都具有易燃易挥发的特点,因此在使用时常存在着安全隐患和易造成二次污染的问题,其大规模的工业应用往往受到限制。

表面活性剂是分子中同时含有亲水基和疏水基的物质,在溶剂中达到一定浓度时可极大增加不溶或难溶物质在溶剂中的溶解度。何璐红等以非离子表面活性剂吐温-20(Tween-20)为主要成分,通过添加助表面活性剂十二烷基苯磺酸钠及助剂 NaCl 以形成复配表面活性剂吸收体系,并进行甲苯吸收去除的研究。结果表明三元复配表面活性剂吸收体系的最佳吸收效率为 77%。

微乳液是由助表面活性剂、表面活性剂、水或盐水、油等组分配比而来。其效果优于单一使用表面活性剂,且解决了有机溶剂的安全问题以及二次污染问题。有研究者以离子液体和水或生物柴油形成微乳液吸收体系对 VOCs 进行吸收,初始吸收效率>78%。但微乳液制备复杂且不易再生,限制了其工业使用。

离子液体吸收剂由有机阳离子和有机或无机阴离子构成,在室温下呈液态。通过对吸收液结构和性质的设计,可以实现对特定气体进行高选择性吸收的目标。学者张乐等研究了十二烷基咪唑氯盐(DDMIM Cl)、十二烷基咪唑硝酸盐(DDMIM NO_3)对甲苯吸收特性,结果显示初始吸收效率为 92% 左右,同时证明离子液体中阳离子与阴离子对VOCs 吸收净化效率起着决定性作用。离子液体的缺点在于黏度大和造价高。目前工业应用吸收法净化 VOCs 时,常采用有机溶剂、表面活性剂和离子液体复合配置的吸收剂。

(2) 吸收设备

吸收设备的效率与进气液湍流、气液接触面积等有关。填料塔根据气相液相的流动方向分逆流接触、顺流接触和错流接触。其中,逆流式填料塔气液接触更为充分、使用更广泛。为增加气液接触面积,常在吸收塔中堆放填料,根据填料填充方式的不同,可分为散堆填料和规整填料。Aroonwilas 等研究结果显示:规整填料在传质性能方面优于散堆填料。为优化塔内的气液传质效率,一些学者对塔体结构和塔内流场进行了优化。

如超重力旋转填料床，气体从旋转填料床边缘进入，液体吸收剂从旋转填料床中心进入后通过液体分布器均匀喷洒至填料床表面，液体、气体在超重力场驱动下由外向内分散、迁移，最终吸收完毕的液体从旋转填料床底部出液口排出，气液两相在旋转填料床上充分接触、高效传质，完成液体对气体的吸收。江苏大学一种采用旋转填料床进行 VOCs 废气吸收净化的研究显示，当吸收剂为废弃油脂时，净化效率高达 $95\% \sim 99\%$。

饱和吸收剂的再生与重复利用也是吸收法的重要研究内容之一，再生可以减少吸收剂的消耗量并且对吸收剂里面的有益组分进行回收利用。吸收法具有工艺简单、适应性强、投资运行成本低等特点。但该方法也存在着处理气量较小，设备占地面积大、制造成本高以及可再生吸收剂费用高等缺点。

8.1.2　低温等离子体-吸收协同去除 VOCs 的机制

低温等离子体法去除 VOCs 的效果很大程度上受放电形式的影响，并且其尾气中会出现大量副产物。而吸收法只是将污染气体由气相转换为液相，在实际应用中吸收法往往还会配备后续处理工艺来降解吸收剂中的污染物质或回收吸收剂中的有用物质。等离子体-吸收协同技术不仅可以对等离子体法产生的副产物进行吸收防止二次污染，同时还可以解决吸收法需要后续处理的弊端，达到真正的完全降解。学者李杰等设计的新型介质阻挡放电反应器将废气处理与废液处理协同起来，净化过程中，气体首先进入等离子反应器，随后进入废液处理单元，采用甲苯废气和染料废水进行试验，并设单独处理对照组。实验结果表明：甲苯的脱除率以及染料废水处理效果都得到了提高，并且在低电压时甲苯的处理效率有明显提升。说明该技术可在不增加能耗的前提下有效提高污染物的降解效率。在使用水作为吸收剂的协同降解 VOCs 的实验研究中，反应器在 DBD 和水吸收联合作用时，甲苯的降解率比单独 DBD 时有明显提高。在放电电压为 15.9kV 时，单独 DBD 的甲苯降解率为 68.2%，DBD-水吸收协同作用时甲苯的降解率为 81.5%。其原因在于，水在反应器中可发挥接地电极的作用，水与低压电极直接接触使 DBD 放电空间的等离子体物质产生得更为均匀，同时水还能起到冷却等离子体反应器的作用，可保证设备运行的稳定性及放电效果。此外，等离子体放电产生的活性物质还能进入到水中对溶解的甲苯进行深度氧化。在系统运行中，气相参数和液相参数均会对 VOCs 的降解效率产生影响。气相方面，初始浓度增高，气体流量增大，会导致降解效率降低。而液相方面，当其他条件不变时，溶液 pH 值由 7 升至 12，甲苯降解效率由 87.3% 提升至 92.5%。

8.2　低温等离子体-吸收协同净化系统

目前许多研究证明低温等离子体法有着产物不可控、副产物易导致二次污染、能量利用率低等缺点。低温等离子体-吸收协同技术研究的出发点就在改善单独低温等离子体技术的这些缺点，然而，由于大部分有机溶剂在水中溶解度较低，如果采用有机溶剂吸收时又会因溶液易挥发而出现二次污染、易爆炸、不适合大规模应用等问题，所以在进行协同技术研究时首选无机或离子液体，而有机吸收液仅作为备选方案。如前文所述，目前国内外低温等离子体-吸收协同技术的相关研究较少，常见的协同净化系统包括一体式协同净化系统和串联式协同净化系统两类。

8.2.1 低温等离子体-吸收一体式协同净化系统

8.2.1.1 一体式协同净化系统流程

如图 8-2 所示，在研究中常见的低温等离子体-吸收一体式协同净化系统可包含配气系统、低温等离子体-吸收一体化反应器、高压电源、气体检测系统四部分。配气系统主要由空气瓶、甲苯发生器、配气箱组成。调节空气钢瓶的压力，一路进入装有甲苯的三颈烧瓶中，挥发出来的甲苯蒸气随气流进入配气箱，另一路空气钢瓶中的空气直接流经配气箱。两路气体在配气箱内部形成浓度相对稳定的含有甲苯的模拟废气，通过调节配气箱上旋钮，从而得到研究所需的不同浓度的废气，最后进入到低温等离子体-吸收一体式反应器中。

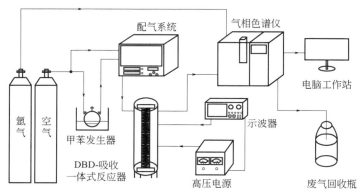

图 8-2　一体式协同净化系统流程

8.2.1.2 一体式反应器结构

低温等离子体-吸收一体式反应器采用介质阻挡放电方式产生低温等离子体，放电结构采用螺旋线-筒式。整个低温等离子体反应器置于外部吸收设备中，被吸收液完全包裹，放电电极在整个反应器内部螺旋盘绕，反应器材质为石英，以外部吸收液作为接地电极。整个反应器外壳材料为有机玻璃。气体由反应器顶端进气口进入经过低温等离子体反应器降解后，由反应器底部的微孔曝气头送入吸收系统部分吸收净化，处理后的尾气由装置顶部出口排出一体式反应器，具体结构如图 8-3 所示。

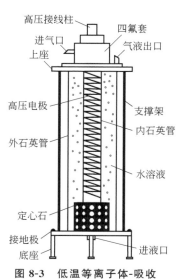

图 8-3　低温等离子体-吸收
一体式反应器

8.2.1.3　一体式协同净化系统作用机制

一体式协同净化系统去除 VOCs 的过程融合了低温等离子体降解 VOCs、吸收液吸收 VOCs 以及两者的协同作用。VOCs 气体首先进入等离子体反应器部分中，在高压电场的作用下电子加速获得较高能量并与气体分子发生非弹性碰撞进行能量传递。气体中的 H_2O 和 O_2 等生成活化的激发态的 O、OH，VOCs 也在与高能电子碰撞后生成激发态原子与分子，部分 VOCs 在受到多次撞击以后发生开环、断链反应。所有活性物质在反应器中随机碰撞经过一系列反应后最终生成无害产物 H_2O 和 CO_2。因为分子碰撞是无序性的，所以会有氧化性的 O_3 产生，其生成机制已在前文中叙述。O_3 和激发态的 O、OH 等活性物质是氧化 VOCs 的关键，因此依据活性物质产生量可以判断该系统对降解 VOCs 效果的优劣。通常情况下，激发态的 O、OH 不易直接测定，学者刘强等通过测定臭氧浓度来间接判断一体式反应器是否更利于 VOCs 的降解，在低温等离子体-水吸收协同作用时与单独放电时产生的 O_3 浓度进行比较时发现，协同作用时产生的 O_3 远高于单独放电时。其原因归结为一体式反应器的结构优势，即整个放电系统沉浸在吸收系统中，等离子体反应器的石英玻璃管外壁直接与液体接触，可对电极起到冷却作用，保证了放电的均匀性、稳定性和安全性，促使活性物质持续生成，等离子体强度增加。气体在等离子体反应器内净化后进入到吸收部分，活性物质与吸收剂接触并溶解于溶液中，同时某些活性物质在水中能生成氧化性更强的活性物质，如 O_3，具体反应过程如式（8-5）至式（8-14）所示。

引发　　　　　　　$O_3 + H_2O \longrightarrow 2HO_2 \cdot$ 　　　　　　　　　　（8-5）

$O_3 + OH^- \longrightarrow O_3^- + \cdot OH$ 　　　　　　　（8-6）

增长　　　　　　　$HO_2 \cdot \Longleftrightarrow H^+ + \cdot O_2^-$ 　　　　　　　　　　（8-7）

$\cdot O_2^- + O_3 \longrightarrow O_2 + \cdot O_3^-$ 　　　　　　　（8-8）

$\cdot O_3^- \longrightarrow \cdot O^- + \cdot O_2$ 　　　　　　　　　（8-9）

$\cdot OH \Longleftrightarrow H^+ + O^-$ 　　　　　　　　　　　（8-10）

$O_3 + \cdot OH \Longleftrightarrow HO_2 \cdot + O_2$ 　　　　　　（8-11）

终止　　　　　　　$2HO_2 \cdot \longrightarrow H_2O_2 + O_2$ 　　　　　　　　　（8-12）

$HO_2 \cdot + \cdot O_2^- \longrightarrow HO_2^- + O_2$ 　　　　　　（8-13）

$\cdot O_2^- + \cdot O_3^- + H_2O \longrightarrow 2OH^- + 2O_2$ 　　　（8-14）

这些活性物质在液相中，与经过等离子反应器而未完全降解的 VOCs 继续发生氧化还原反应。此时吸收液首先对 VOCs 进行化学吸收，化学吸收减小了液膜阻力，有机物质在水作吸收剂时主要阻力为液膜的阻力，而气膜阻力可忽略不计。同时因为液体对放电系统有冷却作用，液体吸收了热量，加快了化学反应的进行，增进了溶液对 VOCs 的吸收速度。此外，吸收部分还会对等离子体反应部分生成的碳氧化物和氮氧化物进行部分吸收，特别是氮氧化物中的 NO 被化学吸收氧化，防止直接排入空气中造成二次污染。

8.2.1.4　一体式协同净化系统处理效果的影响因素

VOCs 的降解效率与净化装置的结构特征以及处理污染物的工况有密切关联。如随着高压电极尺寸规格的增大，VOCs 的降解率往往也会增高，这是因为电极尺寸的增加减小了放电间距，放电电流增强，输入能量增多，生成的活性物质数量增加，提升了 VOCs 的降解率。值得注意的是一体式反应器有无铁网接地电极不会对 VOCs 降解率产生影响，因为增加铁网并不会改变放电间距。

在工况方面，降解率会随着 VOCs 的初始浓度增加而降低，因其他条件不变时产生的活性物质的量不变，而 VOCs 增加会增大活性物质的消耗量。虽然 VOCs 降解总量增加，但降解率下降。气体流量增加也会导致 VOCs 降解率下降。这是由于气体流量增大意味着气体在反应器中停留时间减少，与活性物质碰撞概率降低，并且单位时间内通过反应器的 VOCs 增多，单位时间内产生的活性物质的量却不变，所以呈现出降解率下降的趋势。

8.2.1.5 一体式协同净化系统应用拓展

一体式协同净化系统还可以用于 VOCs 和染料废水的同时处理。学者刘强等在研究中设定甲苯初始浓度为 $114\mu L/L$、总流量 $0.18m^3/h$，染料废水量 750mL，其中包含 50mg/L 活性艳蓝。单独处理甲苯时该系统降解率为 80.3%，同时处理时甲苯降解率提高到 88.6%，其提升原因与水吸收时大致相似。在甲苯浓度为 $114\mu L/L$，气体流量为 $0.22m^3/h$，放电强度相同时，与水结合甲苯降解率为 70.3% 与染料废水结合时降解率为 69.4%。说明与染料废液结合对 VOCs 的降解产生的影响很小。降解率下降可以归结于一部分活性物质参与了染色废液的脱色。

8.2.2 低温等离子体-吸收协同串联式净化系统

8.2.2.1 串联式净化系统流程

学者王晓云设计的低温等离子体-吸收协同降解 VOCs 系统包含两种模式。一种是在低温等离子反应器后再串联接入一个普通吸收系统进行鼓泡吸收（后称鼓泡吸收系统），如图 8-4 所示。氮气一路进入有机溶液瓶带出有机物质，另一路直接与氧气和带出有机物质的氮气混合进入低温等离子体反应器，经低温等离子体反应器后进入吸收系统，最后进入球形抽气管。

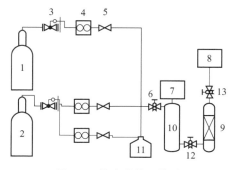

图 8-4 鼓泡吸收系统图

1—氧气钢瓶；2—氮气钢瓶；3—减压阀；4—流量计；5—调节阀；6、12、13—采样口；7—脉冲高压电源；8—球形抽气管；9—吸收装置；10—电晕放电反应器；11—有机溶液瓶另一种是采用填料吸收塔在脉冲电晕反应器后进行吸收（后称填料塔吸收系统）如图 8-5 所示。整个系统通过管道连接，风机抽出有机液瓶中的有机物质由电晕放电反应器上端进入下端排出，再由填料塔下端进入上端排出，使废气经历低温等离子降解和吸收两步净化过程。

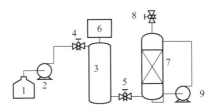

图 8-5　填料塔吸收系统图

1—有机液瓶；2—风机；3—电晕放电反应器；4、5、8—采样口；6—高压脉冲电源；7—填料吸收塔；9—管道增压泵

8.2.2.2　串联式反应器结构

鼓泡吸收和填料塔吸收具有不同的设备结构特点，放电系统均采用线-管式电晕反应器。筒壁材料为普通玻璃内覆厚度 0.5mm 的铝板，电晕线采用铜镍合金材质。鼓泡吸收系统采用的吸收器如图 8-6 所示，内置砂片，气体从吸收器底端进入，与吸收剂进行接触，从吸收器顶端排出。填料吸收塔吸收系统吸收部分采用的是填料吸收塔，低温等离子体反应器排出的气体从吸收塔下端进入，吸收塔中填充拉西环，吸收剂从顶端向下喷淋，气体从底端向顶端流动与吸收剂发生逆流接触，如图 8-7 所示。

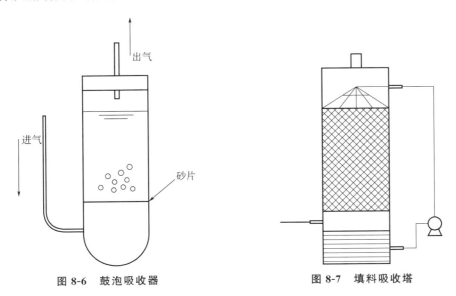

图 8-6　鼓泡吸收器　　　　　　　　图 8-7　填料吸收塔

8.2.2.3　串联式协同净化系统机理

相比于单独低温等离子体技术，串联式协同净化系统对 VOCs 降解效果有较大幅度的提升。而与一体式协同净化系统相比，该系统中吸收液没有与等离子体反应器的外表

面直接接触，无法发挥其冷却作用，对放电稳定性有一定影响。其余原理鼓泡吸收系统与一体式协同净化系统大致相同，低温等离子体净化后的气体送入吸收系统，由吸收液吸收未反应完全的活性物质，使吸收液带有强氧化性，进而对未降解完全的 VOCs 进行化学吸收。

填料塔式系统相较于一体式协同净化系统在吸收机理部分有所不同。填料塔是气液互呈逆流状态的连续式接触塔形。两相中污染物的成分沿塔高连续变化，在正常操作状态下，气相为连续相，液相为分散相，增加了气液接触面积。吸收剂通过喷淋装置进入填料塔中，喷淋装置使得填料充分润湿。同时填料具有良好的润湿性能以及有利于液体均匀分布的形状。气体从填料塔底端进入与吸收剂逆流接触，在经过填料时与附着在填料上的吸收剂充分发生化学吸收反应。

为了提升吸收效率，还可在填料塔中部设置再分配器，可减少壁流现象。壁流现象是指当液体沿填料层向下流动时，有逐渐向塔壁集中的趋势，使得塔壁附近的液流量逐渐增大。壁流效应造成气液两相在填料层中分布不均，从而使传质效率下降。填料的选择对填料塔而言也相当重要，因为填料是造成气液两相充分接触从而实现相间热、质传递的主要构件。

8.2.2.4 串联式协同净化系统影响因素

串联式协同净化系统对 VOCs 的净化效果与低温等离子体运行参数以及吸收装置工艺参数有关。

（1）低温等离子体段运行参数影响

在吸收液确定，且其他条件一定时，VOCs 降解率随峰值电压的增加而增加，原因是峰值电压增加会提高输入反应器的能量，活性物质的产生量增加，有利于 VOCs 的降解。但当电压达到反应器的击穿电压，伴随火花放电时，能量将快速流失，而且放电会变得极不稳定，等离子体净化部分的运行安全性会降低。

载气中氧气浓度也会对 VOCs 降解率产生影响，氧气浓度增加，VOCs 降解率增大。这是因为氧-氧键的键能较低，为 $5.12eV$，在等离子体反应器中被高能电子轰击后，易发生断键反应，氧分子断键生成的氧原子，而氧原子在羟基自由基以及臭氧的形成中扮演着重要角色。在其他条件不变的情况下反应器注入的能量一定，并且氧分子的键能低于水分子的键能，越多的氧气进入反应器中，就会有越多的活性物质生成，VOCs 降解率也就越高。但氧气含量也存在一个最佳值，因为在总输入能量一定时，太多能量用于氧-氧键的断裂，将会减少作用于 VOCs 分子的高能电子数量，影响到 VOCs 的降解效果。

（2）吸收段工艺参数影响

在协同净化系统的吸收段，吸收液的 pH 值会对 VOCs 的降解效果产生影响，当吸收液 pH 值越高，VOCs 的降解率越高。吸收液主要作用是吸收未反应的活性物质，并在吸收系统中继续与 VOCs 发生反应。当溶液偏碱性时更有利于臭氧在水中发生一系列链式反应，生成氧化能力更强的活性物质。而臭氧在酸性条件下更多发生的是直接氧化还原反应，这将抑制活性物质的生成。另一方面溶液为碱性时式（8-6）所示反应快速进行，使得溶液中臭氧离子浓度始终保持较低水平，有效维持了传质的浓度梯度，确保臭氧始终在较高推动力作用下溶入吸收剂中，加快了臭氧在水中的溶解速率。部分 VOCs 在反应过后存在反应不完全的问题，如甲苯处理后产物存在苯甲酸，溶液为碱性时可以和苯甲酸发生化学反应生成苯甲酸钠，使其在吸收剂中更有利于被氧化。

吸收剂温度也会对 VOCs 的去除率产生影响，吸收剂温度越高，去除率越低，这主要是因为吸收剂温度会影响臭氧的溶解。由亨利-道尔顿定理可知，臭氧的溶解率与吸收剂温度成反比。温度越高溶剂中臭氧含量越低，产生的强氧化性活性物质越少。臭氧本身稳定性弱，在常温常压下易分解为氧气，吸收剂温度过高时会加速臭氧分解为氧气的进程，使吸收剂中的活性物质减少。

处理不同的 VOCs 物质，选择不同的吸收剂也会产生不同的效果。如含氯挥发性有机物在处理后，尾气中往往含有氯化氢，采用碱性吸收液时可以加快溶液对氯化氢的吸收速率，使其在溶液中生成氯化物成分，防止其挥发到空气中造成污染。处理甲苯时往往有反应不完全的苯甲酸，碱性吸收液可以迅速与其发生化学吸收，通过中和反应在吸收液中生成有机盐，进而与溶液中的活性物质发生氧化还原反应。

8.3 低温等离子体-吸收协同净化 VOCs 技术

近年来，低温等离子体-吸收协同用于 VOCs 治理的研究热度明显低于对低温等离子体-吸附或低温等离子体-催化的协同技术研究，主要原因可能在于低温等离子体与吸收在技术耦合方面仍然存有一些难点，如污染物会在气相和液相两种相态下存在，以及吸收技术自身的工艺较为复杂等。但是，仍然有一些研究人员对该联合技术，特别是一体化的协同净化系统进行了较深入的研究，并取得了一些成果。目前的研究内容主要集中在低温等离子体-吸收一体化协同技术净化效果、能量消耗以及产物特性等方面。

8.3.1 一体化协同技术对 VOCs 的去除效果

王瑞涛等通过自制的低温等离子体-吸收协同反应器，以甲苯为目标污染物，对比了协同净化技术与单独的等离子体反应器在降解效果上的差异。主要从放电电压、放电频率、初始浓度和气体流量四个方面进行了评价。

8.3.1.1 电特性参数的影响

（1）电压的影响

研究中采用介质阻挡放电（DBD）的方式生成等离子体，气体流量固定为 $700mL/min$，进口的浓度固定为 $1000mg/m^3$，单独 DBD 技术对甲苯的降解率和绝对去除量如图 8-8(a)、(b) 所示，DBD-吸收协同技术对甲苯的降解率和绝对去除量如图 8-8 （c）、（d）所示。可以看出，随着放电电压的增长，甲苯的降解率和绝对去除量呈上升的趋势，这在不同频率下的趋势是相同的，这是由于随着电压的升高，反应器内高能粒子和活性基团的数量增多，使甲苯分子受到高能粒子的轰击和活性基团氧化的概率增大，所以对甲苯的降解率增大。以电压 6kV，频率 7kHz 的放电条件为例，单独的 DBD 对甲苯的降解率为 70.5%，DBD 协同溶液吸收对甲苯的降解率为 84.14%，提升了 13.64 个百分点，说明 DBD 协同溶液吸收的降解效率要优于单独的 DBD 反应系统，且在高频下，甲苯降解率随电压的变化的斜率较小，说明溶液吸收对甲苯的去除有一定的促进作用，这是由于产生的高能粒子和活性基团在水溶液中继续与甲苯分子发生反应，增强了甲苯的降解效率。

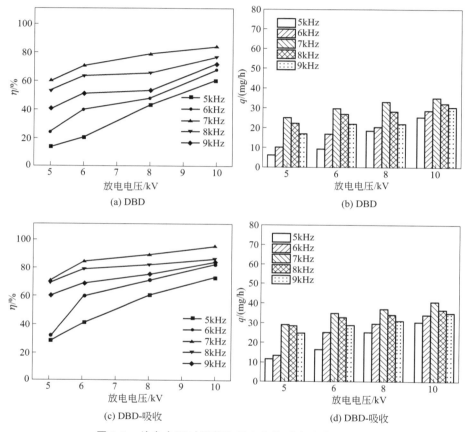

图 8-8　放电电压对甲苯降解率和绝对去除量的影响

（2）电源频率的影响

在电源频率的影响研究中，依然固定气体流量为 700mL/min，进口的浓度 1000mg/m³，单独的 DBD 对甲苯的降解率和绝对降解量如图 8-9（a）、（b）所示，DBD 协同溶液吸收对甲苯的降解率和绝对去除量如图 8-9（c）、（d）所示。可以看出，随着放电频率的增长，甲苯的降解率和绝对去除量呈先上升后下降的趋势，在整个实验装置中，反应器相当于电容，电源相当于电感，满足谐振的原理，功率随频率的增大先升高后下降，所以降解率先上升后下降。

在电压 8kV 下，频率为 5kHz 时，单独的 DBD 对甲苯的降解率为 43.5%，DBD 协同溶液吸收对甲苯的降解率为 60.36%，频率为 8kHz 时，单独的 DBD 对甲苯的降解率为 65.6%，DBD 协同溶液吸收对甲苯的降解率为 81.84%，分别提升了 16.86 个百分点、

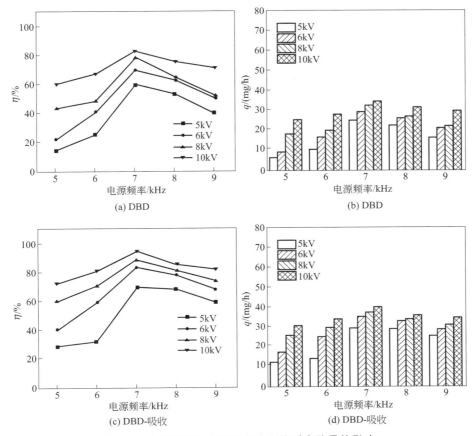

图 8-9　电源频率对甲苯降解率和绝对去除量的影响

16.24 个百分点。这是因为增加电源频率，可使放电产生的离子无足够时间全部到介质板表面，而滞留在反应器内。电子却完全不同，因其质量小，在击穿期间几乎全部能到介质板，这将有利于均匀辉光放电的产生。与非均匀放电相比，均匀辉光放电更有助于提高甲苯降解率。

8.3.1.2　工艺参数的影响

（1）初始浓度的影响

固定电压为 8kV，当进口气体流量为 1000mL/min 时，甲苯的降解率和绝对去除量随进口浓度的变化如图 8-10(a)、(b) 所示，当进口气体流量为 1600mL/min 时，甲苯的降解率和绝对去除量随进口浓度的变化如图 8-10(c)、(d) 所示。可以看出，甲苯的降解率随进口浓度的增大呈下降的趋势，这在不同的频率情况下具有相同的趋势。例如，在气体流量为 1000mL/min，频率为 9kHz 时，进口浓度为 1600mg/m³ 的降解率为 61.31%，而在浓度为 2300mg/m³ 时的降解率为 55.52%，降低了 5.79 个百分点。分析其原因，当甲苯浓度较低时，单位甲苯分子被等离子放电产生的高能电子解离的概率相对较大，甲苯分子断键后，自由基周围的活性粒子也相对较大。然而，当甲苯浓度较高时，单位甲苯分子周围的高能电子和活性粒子的数量减少，从而降低了其降解的概率。

因此，随着甲苯浓度的增加，降解率呈下降趋势。但在 DBD 协同溶液吸收反应系统中：一方面，由于溶液吸收对甲苯有一定的缓冲作用；另一方面，甲苯气体携带未反应的高能粒子和活性基团进入溶液中，臭氧具有强氧化性，在溶液中剩余的臭氧对未反应的甲苯进行再一次的降解，提高了降解效率，对降解率也有一定的缓冲作用。

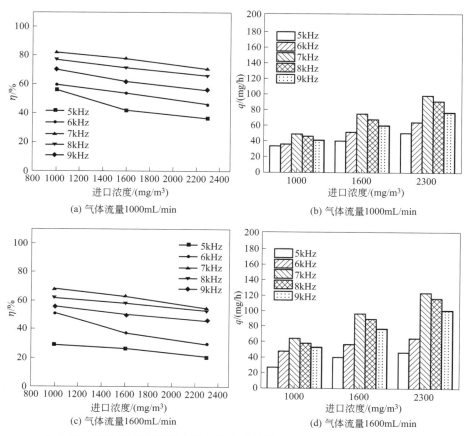

图 8-10　DBD-吸收反应器中进口浓度对甲苯降解率和绝对去除量的影响

在气体流量为 1000mL/min，频率为 9kHz 时，进口浓度为 1600mg/m³ 的甲苯绝对去除量为 77.11mg/h，而在浓度为 2300mg/m³ 时的甲苯绝对去除量为 100.99mg/h，升高了 23.88mg/h。这是因为当气体流量一定时，单位时间内通过反应器内的气体是一定的，但是随着进口甲苯浓度的增加，单位时间内通过甲苯分子的量也增加，甲苯的绝对去除量也随之增加。

（2）气体流量的影响

图 8-11(a)、(b) 为在电源频率为 7kHz 时，DBD 协同溶液吸收反应器中气体流量对甲苯降解率和绝对去除量的影响，图 8-11(c)、(d) 为在电压 8kV 时，DBD 协同溶液吸收反应器中气体流量对甲苯降解率和绝对去除量的影响。由图可以看出，随着气体流量的升高，甲苯的降解率呈下降的趋势，在不同的放电电压情况下具有相同的趋势。

由图 8-11(a) 可以看出，固定放电电压 6kV，频率为 7kHz，进口浓度为 1000mg/m³，气体的流量由 700mL/min 上升到 1600mL/min 时，甲苯的降解率由 84.15% 下降到

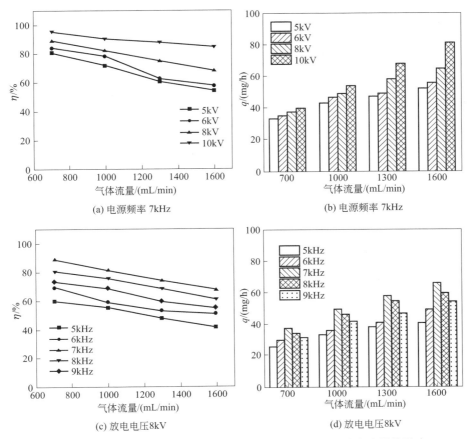

(a) 电源频率 7kHz　　　　　　　(b) 电源频率 7kHz

(c) 放电电压 8kV　　　　　　　(d) 放电电压 8kV

图 8-11　DBD-吸收反应器中气体流量对甲苯降解率和绝对去除量的影响

58.3%。分析其原因，当电压、频率等放电参数不变时，在单位的时间内通过介质阻挡放电在反应器内产生的高能粒子和活性基团的数量是一定的，增大了气体的流量，使得甲苯分子在反应器内的停留时间缩短，高能粒子和活性基团与甲苯分子的碰撞概率降低，所以甲苯的降解率会下降。另一方面，甲苯的绝对去除量却呈现升高的趋势，例如，在电压为 10kV，频率为 7kHz，进口浓度 1000mg/m³ 时，气体的流量由 700mL/min 上升到 1600mL/min，甲苯的绝对去除量由 40.1mg/h 上升到 80.8mg/h。这是由于增大气体流速，单位时间内通过反应器内的甲苯分子增多，增大了活性基团的利用效率，所以甲苯的绝对去除量呈现上升的趋势。

8.3.2　一体化协同技术净化 VOCs 的能耗研究

由前述研究可知 VOCs 的降解率受到了外加电压和频率的影响，而反应器的能量消耗与电压和频率有着直接的关系。研究一体化协同技术净化 VOCs 的能量消耗，将有助于推断该项技术将来的工业应用前景。反应器的功率消耗是判断协同技术能耗的重要参考指标，等离子体反应器的放电功率通常采用 Lissajous 图形法进行测算。

能量密度是衡量反应器内部单位体积的气体所能获得的能量大小的指标，与 VOCs 的降解率和降解程度密切相关，能量密度越大，所获得的能量就越多，对于 VOCs 的降解程度就会越高,所产生的二次污染也会越小。

(1) 放电电压和频率对反应器能量密度的影响

王瑞涛等以甲苯为目标污染物,研究了放电电压和频率对净化系统能量密度的影响。固定气体流量为 $700mL/min$,初始浓度为 $1000mg/m^3$。放电电压的影响如图 8-12 所示,放电频率的影响如图 8-13 所示。

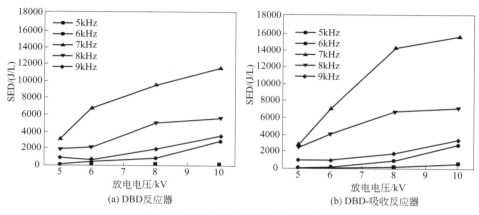

图 8-12　放电电压对能量密度的影响

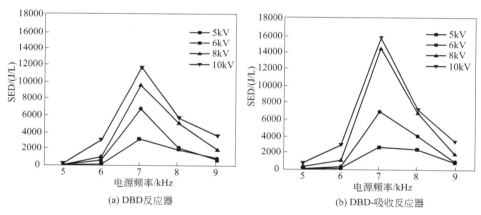

图 8-13　电源频率对能量密度的影响

由图 8-12 可知,在频率和流量不变的情况下,能量密度与电压呈正相关,以图 8-12 (b) 为例,固定频率为 7kHz 时,在电压为 5kV 时,能量密度为 2545.5J/L,当电压上升到 10kV 时,能量密度上升到 15844.9J/L,上升了 13299.3J/L。由图 8-13 可知,在电压和流量不变的情况下,能量密度随着频率的增加先增加后减小,原因在于能量密度与功率呈正相关,而功率随着频率的增长先增大后减小,这与频率对甲苯的降解效率的影响是相符的。

(2) 气体流量对反应器能量密度的影响

固定进口浓度 $1000mg/m^3$,气体流量对反应器能量密度的影响如图 8-14 所示。由图 8-14 可知,随着气体流量的增大,能量密度呈下降的趋势,以电压 8kV,频率在 7kHz 时为例，气体流量在 700mL/min 时的能量密度为 14455.65J/L，气体流量上升到 1300mL/min 时的能量密度为 7481.59J/L，下降了 6974.06J/L。分析其原因，在电压和频率不变的情况下，反应器的输入功率 P 不变，分子不变，随着气体流速的增大，分母增大，即能量密度与气体流量呈负相关。

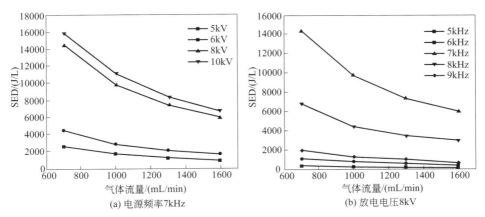

图 8-14　气体流量对 DBD-吸收反应器能量密度的影响

8.3.3　一体化协同技术净化 VOCs 的尾气分析

8.3.3.1　臭氧产生分析

低温等离子体处理 VOCs 技术主要是利用放电产生的高能粒子和臭氧等分子，降解 VOCs 为小分子的 H_2O、CO、CO_2。而反应器尾气中臭氧的浓度可间接判断等离子体放电的强弱。

如前文所述，等离子体反应器中臭氧的形成遵循了三体碰撞的反应机理，利用高能电子轰击氧气，其分解成氧原子。氧原子具有足够的动能，与氧气分子通过三体碰撞反应形成臭氧。

在常温下，臭氧是一种稍显蓝色、具有刺激性、有特殊气味的不稳定气体，在近地平面的大气中仅以极低浓度存在。可通过光化学反应合成臭氧。

由上文可知，低温等离子体-吸收协同净化系统对甲苯去除效率最佳的频率为 7kHz，在此频率下，初始浓度为 2300mg/m³，气体流量为 1600mL/min，反应器产生的臭氧浓度随电压的变化如图 8-15 所示。由图 8-15 可以看出，随着电压的升高，臭氧的浓度呈上升的趋势，且 DBD 协同溶液吸收反应器产生的臭氧浓度要大于单独的 DBD 反应器。在电压为 8kV 时，DBD 协同溶液吸收反应器产生的臭氧浓度为 0.54mg/L，单独的 DBD 反应器产生的臭氧浓度为 0.504mg/L，较协同溶液吸收反应器少了 0.036mg/L。

分析其原因，在电源频率、初始浓度和气体流量不变的情况下，反应器中的高能电子随着电压的升高数量也在增多，其能量水平也在逐渐增高，使得高能电子和氧气的碰撞概率增加，从而氧等离子体的数量和能量也增加，表现为臭氧浓度的增加。

在相同条件下，DBD 协同溶液吸收反应器对甲苯的去除效率和产生的臭氧浓度要明显优于单独的 DBD 等离子体反应器。分析其原因，在介质阻挡放电协同溶液吸收反应器

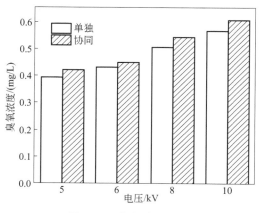

图 8-15　臭氧浓度变化

中：一方面，整个系统浸没在水溶液中，低压电极和水溶液直接接触，促进了放电的均匀性，使得放电更加均匀；另一方面，水溶液对整个放电系统具有冷却的作用，可以保证活性粒子的持续生成，介质阻挡放电产生的高能粒子和活性基团、臭氧等可以在水中继续与甲苯进行反应，提高了高能粒子和活性基团的利用率，增强其降解效果。

8.3.3.2　二氧化碳产生分析

在降解甲苯的试验中，二氧化碳是主要的气体产物，分析二氧化碳的含量，对于整个系统的转化效果也是重要的参考指标。在研究中，采用烟气分析仪对产生的二氧化碳进行测量。固定放电频率为 $7kHz$，初始浓度为 $2300mg/m^3$，气体流量为 $1600mL/min$，反应器产生的二氧化碳含量随电压的变化如图 8-16 所示。

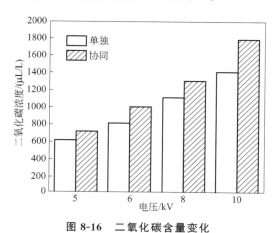

图 8-16　二氧化碳含量变化

由图 8-16 可以看出，随着放电电压的增长，系统产生的二氧化碳的量也呈增长的趋势，且 DBD 协同溶液吸收反应系统所产生的二氧化碳的量要明显地高于单独 DBD 反应器。这与上述的协同反应器对甲苯的降解率和绝对去除量要优于单独的 DBD 反应器保持了一致。

目前，低温等离子体与吸收技术的协同应用还处于初步研究阶段，但其已经展示出了一些优点。吸收法在低温等离子体后端可以吸收低温等离子体法处理 VOCs 产生的副产物，防止其直接排入大气中造成污染，同时吸收法还可以在后端继续吸收活性物质，对未反应的 VOCs 进行二次吸收提高 VOCs 的降解率。

　　在一体式协同净化系统中，吸收液在吸收 VOCs 的同时，还可对等离子体反应器起到冷却作用，对系统的安全稳定运行具有重要意义。但是，应该认识到该协同技术仍然处于初步探索阶段，相对于吸附和催化系统，其较为复杂的工艺系统将是未来工业推广的阻碍。因此，简化系统、对饱和吸收液妥善处置以及提升低温等离子体与吸收技术的耦合度，将是未来该技术领域的主要发展方向。

第9章 低温等离子及生物技术协同去除 VOCs

9.1 低温等离子体协同生物技术

低温等离子体技术是废气受到含有巨大能量的电子、离子、自由基和激发态分子等高活性物种碰撞激发或离解，致使其被氧化分解的一门技术。该技术在处理难降解有机废气方面具有处理量大、适用面广、化学反应迅速、易于操作等优点。但是，该技术目前也存在一些问题，例如，对有机组分降解不彻底、容易形成副产物等。生物技术是一种具有经济效益的环境友好型技术，在安装和运行时具有较高的安全性，是目前公认的处理中低浓度恶臭污染物和 VOCs 废气的最佳方法之一。其中，生物洗涤器适用于降解可溶性的气态污染物，生物滴滤器（BTF）和生物过滤器（BF）对于中低浓度污染物的去除效率较高。实验证明，生物滴滤和生物过滤技术可以有效地降解单一组分的污染物；小试、中试规模的试验和工业实践证明，以上两种技术可以有效地降解混合 VOCs。然而，在生物过滤和生物滴滤反应器中，污染物的降解易受到传质限制，对于疏水性 VOCs 的降解性能欠佳，并且对于流量大、浓度高、难生化降解的有机废气处理效率较低。在运行方面，生物法亦存在微生物难以控制、抗冲击负荷能力较弱等缺点。实际工程中产生的废气成分复杂，单一的治理技术难以实现对多种污染物的同时高效去除。联合技术应运而生，将两种或两种以上的 VOCs 处理工艺进行合理的排布，耦合使用，不仅可以充分发挥单一技术的优势，而且可以相辅相成，取长补短，联合处理技术具有更高、更稳定的降解效果。因此，多种技术联合处理 VOCs 废气已经成为一种研究趋势。

在污染物的处理过程中，化学法和物理法易产生二次污染，生物法产生二次污染的风险较低。因此，有研究者研发了将生物反应器与其他技术联合的治理体系。紫外线、低温等离子体技术以及化学法常作为预处理技术与生物进行联合应用，在提高整体降解效果的同时也会使生物反应器具有更好的运行性能。吸附法、燃烧法通常作为末端处理技术与生物法进行联合治理，以保障废气可以达标排放。生物组合技术通过将不同生物治理技术相结合，形成协同优势，从而优化工业废气的降解效果。

目前，有研究者尝试将等离子体技术与生物技术联用，在进一步提高净化效率的基础上解决二次污染等问题，其工艺流程如图 9-1 所示。将两种技术相结合可以在充分发挥各自技术特点的基础上形成协同优势，净化高浓度 VOCs 的同时又节约能源。

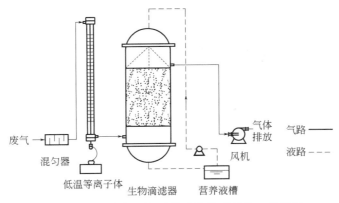

图 9-1　低温等离子体-生物联合处理系统工艺流程

该处理技术首先使废气通过低温等离子体技术进行初步降解,将复杂有机物部分转化为更有利于生物降解的中间产物,随后转至生物反应器进行深度降解。除此之外,该技术还对生物反应器的运行产生了积极影响。由于生物反应器主要依靠微生物进行生物降解,而微生物对于不稳定的负荷很敏感,该预处理技术可以提升生物反应器抗冲击负荷的能力,从而使其运行更加稳定。低温等离子体系统中会产生一定浓度的臭氧。虽然臭氧常被用来灭菌,但是有研究表明该预处理中产生的臭氧浓度低于细菌的危险阈值,而一定浓度的臭氧有助于控制生物膜的过度生长和生物滴滤塔的压降。对于多组分 VOCs 在生物反应器内的抑制作用,在应用预处理技术后也得到了改善。该联合系统在提升处理效果的同时,一定程度上也能适应外界引起的冲击负荷。因而,等离子体技术与生物技术进行联合使用是一个有前景的选择。

9.2　生物技术去除 VOCs 研究现状

9.2.1　生物技术的基本原理

生物技术去除 VOCs 是在生物反应器内接种适当微生物,以 VOCs 作为碳源和能源提供给微生物利用,利用自身的新陈代谢活动,一部分转化为生物质,一部分转化为 CO_2、H_2O 等小分子无害物质,从而达到将污染气体分子去除的目的。污染气体中的 VOCs 分子通过传质过程从气相转移至液相中,随后被附着在填料上的各种微生物降解,全过程中涉及吸收、吸附、传质和生化反应等一系列复杂过程。

有学者认为生物法净化污染物是基于双膜理论来进行的,如图 9-2 所示。首先,废气中的污染物质由气相传递到液相,进而扩散到生物膜表面,经生物膜降解后,代谢产物排出生物膜,简言之,即吸收传质过程与生物氧化过程的结合。从原理分析,生物法的净化效率取决于气液间的

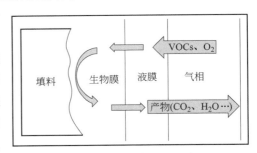

图 9-2　吸收-生物膜理论示意图

传递效率和微生物的降解能力，因此，生物法适用于生物降解性好的污染物质。表 9-1 为部分有机化合物的生物降解的难易程度。另外，由于某些行业工艺的间歇性运行，废气的排放也是间歇性的，因此，设备的停运可能会导致微生物因养分不足而难以生存。Ottengraf 研究表明，设备停运两周之内，生物降解性能不会明显下降，如果给微生物提供足够的营养物质，那么停运时间可以达到两个月以上，但为避免微生物缺氧、缺水，停运期间必须定期供氧、增湿。

表 9-1　部分有机化合物的生物降解难易程度

被生物降解的难易程度	化合物
极易	含氧化合物:醇类、醋酸类、酮类 含氮化合物:胺类、铵盐类
容易	脂肪族化合物:正己烷 芳香族化合物:苯、苯乙烯 含氧化合物:酚类 含硫化合物:硫醇、二硫化碳、硫氰酸盐
中等	脂肪族化合物:甲烷、正戊烷、环己烷 含氧化合物:醚类 含氯化合物:氯酚、二氯甲烷、三氯甲烷、四氯乙烯、三氯苯
较难	含氯化合物:二氯乙烯、三氯乙烯、醛类

9.2.2　生物技术的主要工艺

生物反应器类型根据微生物的存在方式以及水分、营养的添加方式差异可分为生物洗涤器、生物过滤器、生物滴滤器，典型的工艺如下所示。

9.2.2.1　生物洗涤器

生物洗涤法首先利用吸收液吸收废气，再对吸收液进行好氧处理，从而去除污染物，经处理后的吸收液重复使用。该技术适用于处理可溶性气态污染物。

生物洗涤法工艺流程如图 9-3 所示。洗涤液由上至下从塔顶喷淋，VOCs 由下至上从塔底进入，污染物从气相传质至液相洗涤液中，随洗涤液进入活性污泥再生池，被微生物代谢分解，洗涤液得以再生。应用该技术的关键在于废气能够溶于液相，被洗涤液吸收。因此，生物洗涤器的降解性能受制于 VOCs 的传质速率，适用于处理亨利系数小于 0.01 的污染物，高浓度、难溶气体的处理效果较差。有研究人员注意到，缺、厌氧的生物洗涤器在应用中具有较强的抗冲击负荷的能力和良好的净化效果，该方向近些年备受关注。但

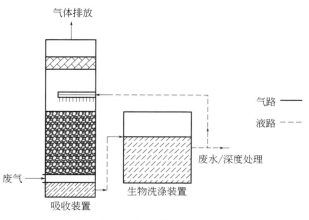

图 9-3　生物洗涤法工艺流程图

是，处理工业废气时保持厌氧环境较为困难，厌氧降解途径较为复杂，该技术仍处于实验阶段。

9.2.2.2　生物过滤器

在实际工业的废气处理中，生物过滤器应用广泛，技术相对成熟。生物过滤法的工艺流程如图 9-4 所示，废气首先进入增湿器，进行预处理，之后进入生物过滤塔，被填料层中的微生物氧化分解。

生物过滤器对于苯系物以及含卤素的单环芳烃有较好的处理效果。除此之外，还可用于处理 NH_3、H_2S 等恶臭气体。该反应器中的填料通常具有较好的吸附性能，如椰子壳、谷壳、玉米茬和甘蔗渣等，以此来应对工况的波动。但是，由于反应在填料上进行且没有外加的营养物质与喷淋系统，导致整体代谢速率受到限制并容易积累代谢产物，甚至导致系统崩溃。除此之外，该技术在运行过程中的湿度以及 pH 值不易控制，内部气流容易产生沟流、短流、堵塞等问题；生物过滤塔内填料需要进行定期更换，定期保养。

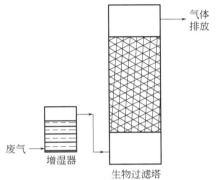

图 9-4　生物过滤法工艺流程图

9.2.2.3　生物滴滤器

生物滴滤法的工艺流程如图 9-5 所示。VOCs 由塔底进入反应器，被生物膜中微生物代谢降解，净化后的气体由塔顶排出。营养液从塔顶喷淋，流经生物膜表面，调节填料层的 pH 值及湿度，最终回流至营养液槽，在生物滴滤塔底部沉淀，上清液内含有 N、P、pH 值调节剂等，营养液需定期更换。

生物滴滤塔的填料主要为微生物提供附着生长的空间，生物量逐渐积累，最终在填料表面形成生物膜结构。填料种类较多，包括陶粒、硅藻土、聚氨酯等。填料需要具备一定的机械强度、生物亲和性以及较佳的表面性质。目前，国内外学者对生物滴滤法的目标污染物、运行条件、助剂的添加、微生物的群落演变等进行了研究。在实际工业中，生物滴滤塔已多次应用于污水处理厂和制药厂的废气处理。生物滴滤技术具有投资成本较低、净化效率较高等特点，适用于处理中低浓度的 VOCs。但是，该技术施工运行相对复杂，容易积累过多生物量，导致反应器堵塞。

生物洗涤法、生物过滤法和生物滴滤法是较为常用的废气处理工艺，各种处理系统分别适用于不同气量、组分和浓度的 VOCs 处理。三种方法的优缺点比较如表 9-2 所列。

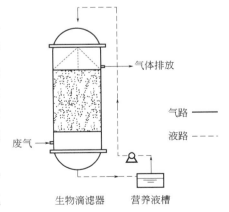

图 9-5　生物滴滤法工艺流程

表 9-2 废气生物处理方法比较

处理工艺	填料	微生物 生长方式	优点	缺点或局限性
生物洗涤	无	悬浮生长	能处理含颗粒物的废气,相对小的占地面积,能适应各种进气负荷	需大量供氧,操作复杂,大量沉淀时性能下降,适宜去除溶解度高的污染物
生物过滤	有机填料	附着生长	设备简单,成本低,有较强的抗冲击能力,有效去除低浓度废气	需不定期更换填料,不适宜处理高浓度废气,温度、湿度、pH 值等难以控制
生物滴滤	惰性填料	附着生长	设备简单,工艺参数易调节,去除效率高,抗冲击负荷能力强,去除污染物种类多	营养物添加过量时,会引起微生物大量繁殖,造成填料堵塞

比较三种处理设施,生物滴滤器由于具有微生物浓度高、去除效率高、停留时间短、空隙率高、阻力小、使用寿命长、反应条件易于控制和抗负荷冲击能力强等特点,在处理卤代、含硫、含氮等废气过程中会产生酸性的代谢产物。生物滴滤塔可以通过控制喷淋液 pH 值,来有效地控制生物滴滤塔内部 pH 值,从而为塔内微生物维持了一个良好的生活环境,更适于微生物的生长和繁殖,单位体积填料的生物量较多,也更适于净化负荷较高的废气。同时,生物滴滤塔也能够更好地去除一些水溶性差、较难生化降解的有机气态污染物。

9.2.3 生物法处理 VOCs 的研究现状

生物法作为运行费用低,无二次污染的环境友好型废气治理方法,受到广大学者的关注和研究。生物法净化恶臭及 VOCs 的研究主要集中在工艺研究、填料研究、传质动力学研究、目标污染物研究、微生物群落分析、工业应用等方面。

9.2.3.1 目标污染物

在研究初期,生物法一般集中在对单一污染物的处理,并以可生化性好的污染物为主。随着生物法研究发展,一些生化性较差的污染物也开始被作为研究对象,一些研究学者尝试通过改进运行条件、操作参数等来提升难降解污染物的净化效果。主要目标污染物有甲苯、乙苯、二甲苯、三氯乙烯、氯苯、苯乙烯等。Chheda 等以三氯乙烯作为目标污染物,研究了生物滴滤塔对其降解性能的影响,通过改变操作条件,三氯乙烯的最大去除负荷可达到 $3.2g/(m^3 \cdot h)$。杨百忍等研究了生物滴滤法对氯苯的净化效果,发现生物滴滤塔的挂膜启动时间长,需 41d,但成功启动后氯苯的净化效率可达到 90% 以上。

由于实际工业企业中所排出的污染物往往种类繁多,浓度变化不一,因此从实际应用的角度出发,一些学者对生物法同时处理多种污染物的性能进行了研究。Prenafeta 等利用纯菌种 *Cladophialophora* 降解苯系物(BTEX)混合物,发现污染物的降解效率依次为甲苯、乙苯、二甲苯和苯。陈东之等研究了生物法同时净化氯代烃混合废气,发现生物法对混合废气的降解率维持在 61% 左右。Natarajan 将二甲苯和乙苯混合气体通入生物反应器,在不同的进气负荷下对去除效率进行了评估。郗凌翔等利用生物滴滤塔对二氯甲烷和正己烷的混合废气进行了研究，发现其对二氯甲烷的降解更高效。

9.2.3.2　反应器结构形式

生物法净化废气的性能受多方面条件的限制，其中净化工艺作为净化污染物的基本元素，对生物法净化性能有着巨大的影响。例如，生物反应器内气体的流动模式，将会影响气流分布的均匀性，从而影响反应器内生物膜的分布，对生物塔的净化效率产生直接影响。目前研究应用较多的生物方法为生物滴滤法，有广大学者开拓思维，对原有的生物滴滤工艺进行了改进和创新，取得了较好的成果。

很多学者从生物法运行的细节入手，通过改变气液接触方式，减小传质阻力，提升生物法的净化效率。生物滴滤反应器不同的结构形式会对流体流动和传输特性以及生物膜的分布产生影响，从而直接影响污染物的去除效果。生物滴滤反应器内的气流接触方式包括气液同向接触顺流式、气液逆向接触逆流式以及气液十字交叉接触错流式。在搭建生物反应器时，一般会根据不同的污染物质、实验目的以及运行参数设计不同的实验装置，以满足需求，或者是在以往研究结果的基础上对已有反应器进行改装，以优化去除性能。Lin 等设计了串联生物滴滤系统（SC-BTF）来处理废气中的甲苯，SC-BTF 包含两个相同的滴滤塔。第 1 个滴滤塔作为缓冲部分，降低甲苯对微生物的细胞毒性，过量的甲苯在第 2 个滴滤塔中被完全降解。

传统的生物滴滤器采用塔式结构，称为立式生物滴滤塔，气液顺流或者逆流接触，逆流操作性能上优于顺流，但压损较大，在气速较大时容易引发液泛，可能导致反应器内部生物量分布不均，限制其作用。后来发展出了错流式卧式生物滴滤床，气液在反应器内错流接触，营养液流经高度降低，可有效调节反应器的湿度。立式与卧式生物滴滤器的流程图如图 9-6 和图 9-7 所示。Yang 等研究了立式塔及卧式塔两种反应器对于含 H_2S、NH_3 和 VOCs 的化纤废气的净化效果以及生物塔中的生物多样性情况，发现在空床停留时间（EBRT）为 59s 的条件下，立式塔的去除率高于 90%，远高于卧式床。

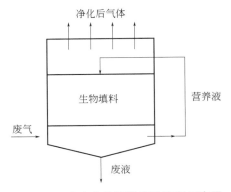

图 9-6　立式生物滴滤塔实验流程示意图

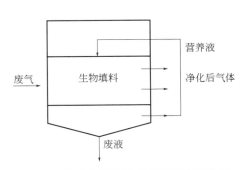

图 9-7　卧式生物滴滤床实验流程示意图

另外，彭淑婧进一步研究出了静压箱式卧式错流滴滤器，如图 9-8 所示，在卧式生物滴滤床的基础上，气流在静压区内动压下降，可使气流在静压区内分布更为均匀，更有效地利用填料。另外，气流与液流呈十字交错接触，增大气液接触面积，流程短，沿流程营养分布更均匀。转鼓式生物转盘外层是不锈钢容器，内部是由填料围成的转鼓，转鼓上方进气，下部设有营养液，运动时马达带动转鼓转动，填料在最低点浸入营养液，净化后的气体由中心排气孔排出，如图 9-9 所示。

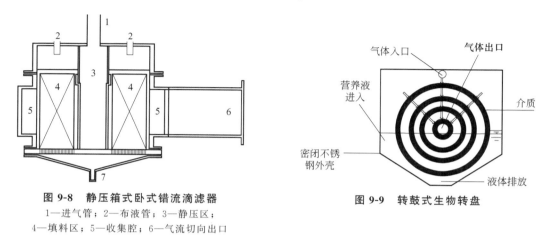

图 9-8　静压箱式卧式错流滴滤器
1—进气管；2—布液管；3—静压区；
4—填料区；5—收集腔；6—气流切向出口

图 9-9　转鼓式生物转盘

9.2.3.3　填料

填料是生物净化系统的核心组件，其性质对生物反应器的有效运行至关重要。对于填料的选择应遵循比表面积较大、孔隙率较高且具有一定的机械强度、良好的持水保湿能力等原则，以便微生物附着、气相以及液相的扩散和均匀分布，同时还需具有较低的投资成本。填料的选取不仅影响污染物的净化处理性能，也关系到整个生物处理系统的稳定性、经济性等。近年来有关填料的研究内容主要包括传统填料间的组合、填料改性、整体式填料、开发新型填料等方面。基于填料对生物滴滤塔的重要性，国内外学者也对不同填料的性能进行了测试研究。根据填料研究发展进程分为无机、有机、复混和新型复合填料 4 类。

（1）无机填料

无机填料是主要由无机类的矿物质经高温烧结等理化过程形成的一类具有多孔结构的填充介质，在机械强度和吸附性能等方面表现良好。常见的无机填料有珍珠岩、火山岩、活性炭、陶粒等。无机填料的化学结构稳定、机械强度高，但是普遍密度大，并且不能给微生物提供营养物质，容易堵塞。张芸等利用真菌生物滴滤塔降解甲苯，以粒径为 4~5mm 的陶粒为填料，发现真菌塔具备较优的降解性能，抗冲击负荷能力强。其挂膜启动时间短，7d 内即可完成挂膜，最大去除负荷在停留时间 55s 时达到 $98.1g/(m^3 \cdot h)$。

（2）有机填料

有机填料分为天然有机填料和人工合成高分子有机填料。工程中应用较多的天然有机填料有堆肥、木屑、竹炭、甘蔗渣、椰子纤维、树皮及玉米芯等天然的或经过人工适当处理后的填料。这类填料大部分取自农林牧副产品，来源广泛，价格低廉，具有较好的持水性，含有较高的有机质。但该类填料机械强度不高，容易引起床体压实，产生较大压降，导致填料塔的净化性能下降，通常需 3～5 年更换一次，并且很难再生，限制了这类填料在工业中的广泛应用。人工合成有机高分子材料使用广泛，从早期结构简单的鲍尔环、阶梯环到改良后的空心多面体、纹翼多面球等，主要使用聚丙烯、聚氯乙烯、聚乙烯等高分子聚合物，其材质与传统的有机活性填料相比，机械强度增强，密度减小，但是表面光滑不易挂膜。

宋红旭等采用生物滴滤反应器降解苯乙烯废气，考察装填不同聚氨酯海绵填料的卧式生物滴滤床的性能。卧式生物滴滤床可在 35d 内挂膜启动完成，在停留时间为 73s、进口浓度为 350mg/m³ 的条件下，去除效率稳定在 100%；稳定运行期间，压降为 0Pa；重启后微生物可快速恢复活性，抗冲击负荷能力强；卧式塔 1（15cm×15cm×5cm 结构的聚氨酯海绵）与卧式塔 2（5cm×5cm×5cm 结构的聚氨酯海绵）性能对比表明，相同工艺条件下，卧式塔 2 挂膜启动所需时间较少，运行性能较高。Feng 等利用海藻酸钠和聚乙烯醇改性的聚氨酯泡沫为填料，发现该填料的生物膜容量比普通填料多四倍，微生物胞外聚合物的分泌量增加十倍以上，具有较丰富的物种多样性和较高的生物活性。Oscar 等利用喷砂、纯氧等离子体、氦-氧等离子体改性聚丙烯环，经表面处理后，聚丙烯环表面的亲水性和电势普遍提高。

（3）复混填料

复混填料是由几种不同填料，按一定比例和排布方式，经过简单的物理混合而成，可以弥补单一组分填料的缺陷，充分发挥各填料的优势，是目前应用较多的填料类型，填料和组合方式的选择对废气的净化效果具有显著影响。天然有机填料富含营养物质，但耐用性较差；惰性填料力学性能好，使用寿命长，但需要周期性补充营养物质和 pH 值调节剂。因此，将有机填料和惰性填料按比例掺混而成的复混填料应运而生。复混填料可以有效克服单一填料自身固有弱点，进一步提高填料的净化性能，但在实际工业应用中仍存在比例难以控制、混合难以均匀等问题，增加了填料装填的复杂性。

梅瑜建立了生物滴滤中试装置，并将前期研发的纹翼多面球和空心多面柱作为组合填料，以甲苯和乙醇混合气为目标污染物，研究了组合填料生物滴滤塔的去除性能。结果表明，装有组合填料的生物滴滤塔能在 8d 内完成挂膜，稳定运行时甲苯和乙醇的去除负荷分别为 97.1g/(m³·h) 和 113.1g/(m³·h)；EBRT 和进气浓度对甲苯去除效果影响明显，当 EBRT 为 21.11s 时，甲苯和乙醇最大去除负荷分别为 123.3g/(m³·h) 和 206.4g/(m³·h)；受营养液喷淋量影响不明显，本系统最佳液气比为 6.82L/m⁻³；模拟了不稳定工况对系统处理效果的影响，可用 NaOH 溶液减轻填料层堵塞问题，并在 3d 内恢复对甲苯和乙醇的去除性能；停运 10d 后继续运行，净化性能可迅速恢复。

（4）新型复合填料

普通填料在实际应用过程中，需要进行微生物驯化和挂膜。一方面，漫长的驯化过程延长了启动周期；另一方面，挂膜大多只在填料表面进行，内部微生物数量较少，且表面微生物易受到营养液的冲刷作用。负载功能微生物的复合填料直接将微生物包埋进填料中，省去了驯化和挂膜过程，可缩短启动周期，提高净化效率，是生物复合填料研发的一个新思路。目前新型复合填料主要采用缓释和固定化微生物技术制备而成。缓释技术即采取特定措施，在一定时间内减缓特定活性物质的释放，使其在体系内保持一定的有效浓度。该技术主要优点是无须在液相中添加营养液，从而简化生物滤塔的处理过程。微生物包埋固定后，可以有效防止微生物流失、增加其局部浓度、实现反应器快速启动、提高微生物活性和反应器耐冲击性。

冯克等根据乳化交联和吸附固定化原理，制备了一种负载功能型微生物的营养缓释填料（SC 填料），并以乙酸丁酯作为模拟废气，考察了其在生物反应器中的使用效果。该填料储藏稳定性较好，在储藏 7d 和 30d 后对乙酸丁酯的去除率均大于 96%；在外界不供给营养、不调节循环液 pH 值的情况下，应用 SC 填料的生物滴滤塔挂膜启动过程中性能稳定，去除率始终保持在 94% 以上。Yang 等采用改进的溶胶-凝胶法制备嵌入微生物球形凝胶胶囊与 3D 网格材料混合作为填料（GEBF），测试了短期增加冲击负荷条件下的生物降解性能。微生物嵌入凝胶胶囊后，处于相对稳定的微环境中，在 GEBF 中表现出较强的抗性和迅速的恢复能力，证明了 GEBF 能有效减弱冲击负荷对生物滤池性能的影响。Yan 等制备了微生物包埋恶臭假单胞菌的复合填料，并在生物滴滤塔中对其生物降解性能进行了评价。建立了五个阶段来评价生物滤池在不同甲苯入口负荷和瞬态冲击负荷下的性能，填充复合填料的生物滤池适用于甲苯的生物降解。当 EBRT 为 18s，入口负荷率不高于 $41.4g/(m^3 \cdot h)$ 时，生物滤池启动快，去除率高，可保持在 90% 以上。此外，生物过滤器可以承受较大的瞬时冲击负荷。

Cheng 等评估了在生物滤池中使用具有功能性微生物的新型营养缓释填料（NSRP-FM）去除气态乙酸正丁酯的可行性。新型填料比表面积为 $2.45m^2/g$，堆积密度为 $40.75kg/m^3$。连续喷洒去离子水时，总磷和总氮的累积释放率分别为 91% 和 76%。为了评价生物过滤的性能，在两个相同的生物滴滤塔中，将 NSRP-FM 与商用聚氨酯泡沫进行比较。NSRP-FM 填料的 BTF 去除效率超过 95%，无需添加营养物质和调节酸碱度；另一个 BTF 的去除性能较差，在没有 pH 值调节的情况下，去除效率下降到 65%。NSRP-FM 的能量色散 X 射线光谱分析表明，在操作期间，无机元素被释放，制备的 NSRP-FM 为微生物生长提供了更好的环境。

除了微生物包埋填料外，研究人员还研究了其他类型的新型复合填料。邢贺贺等对比了泡沫陶瓷及聚二甲基硅氧烷（PDMS）复合泡沫陶瓷净化甲苯废气的性能，结果表明，PDMS 生物塔挂膜速度要快于泡沫陶瓷生物塔，在运行的整个过程中 PDMS 复合生物塔的性能优于泡沫陶瓷生物塔，且由于 PDMS 良好的疏水性，使得整个过程中保持着低压损的状态。

但是，当前实际工程应用仍以传统多孔无机、有机高分子填料等成本低廉的填料为主，这类填料大多不易挂膜，处理效果不佳，难以生物降解，对环境造成污染。虽然新型功能填料的开发已取得了较好的研究进展，但距离工业实用阶段仍有一定距离，仍需大量试验研究。

9.2.3.4 微生物

微生物作为生物法的核心，是影响生物反应器性能的关键所在，因此一直备受广大研究学者的关注。

（1）高效降解菌的分离、筛选及性能测试

针对不同的污染物，获得降解效果好的菌种，可有效提升生物反应器的净化性能，缩短挂膜时间。因此，高效降解菌的驯化和筛选是生物法研究的关键因素之一。Okamoto 等从合成胶厂的土壤中分离出一株 *Pseudomonas putida* ST201，该菌株不仅在降解较高浓度的苯乙烯时有较高的效率，降解苯、甲苯、邻二甲苯和乙基苯的混合物时效率也很高。Sun 等从芳烃降解菌群中分离出一株 *Burkholderia* sp. T3，考察了接种该菌种对甲苯的去除效率和 BTF 的降解性能。结果表明，与活性污泥相比，接种了 *Burkholderia* sp. T3 的 BTF 挂膜时间更短，甲苯去除率更高，可达 98.86%，压降更低，反应器性能更好。

（2）微生物丰度与净化效率之间的关系

生物塔内是由微生物构成的一个微生态环境，微生物的多样性、丰度等均与生物塔的性能和稳定性息息相关。Wu 等研究发现，微生物群落丰度提高，可能是由于一些没有降解作用的微生物的竞争作用，弱化了高效降解菌的生长，导致净化效率下降。

（3）生物塔运行条件对塔内微生物群落分布的影响

在净化废气的实际应用中，废气近期负荷、废气排放速率等均对生物塔内的微环境有极大的影响。Almenglo 等研究了缺氧条件，不同气体流动方式下，生物滴滤器中微生物群落的特点。发现气液逆流时，生物滴滤塔下层污染物浓度较高，塔内下层微生物的丰度大于上层，同时，逆流和顺流切换的工艺可以使塔内微生物再分配。气体的流动方向会影响微生物的种类和数量的分布，在工程中可以根据实际气体浓度及组分布置塔内不同高度的微生物，同时也可以通过改变进气方式的方法实现微生物的再分配。Chen 等发现，对于接种纯菌种的生物滴滤塔，在微生物群落演变过程中，该菌种分布较广。

对生物滴滤器内微生态的分析，主要包括对反应器内生物群落组成的分析和对胞内外聚合物的分析。近年来已有大量研究者对反应器内微生物群落的多样性进行了广泛的研究。Li 等利用微型探针传感器技术和聚合酶链式反应（PCR）、变性梯度凝胶电泳（DGGE）等现代分子生物技术，监测并研究了反应器内的生物膜生长和变化特点。周卿伟在实验中利用 DGGE 和高通量测序等手段，考察了加入 O_3 对反应器内微生物种群结构和物种多样性的影响。李云辉等通过液相色谱-质谱联用技术（HPLC-MS）和傅里叶变换红外吸收光谱（FTIR）技术鉴定反应器内微生物的代谢产物，得到在生物滴滤池内产生了三种鼠李糖脂的微生物。高跃跃等发现，生物膜表面的胞外聚合物（EPS）中蛋白质含量随进气浓度增大而增大。Han 等利用 Biolog ECO 板的平均吸光度（AWCD），比较了单、双液相生物滴滤塔中微生物代谢活动的差异。卢仁钵等通过分析降解乙苯的生物滴滤塔长期稳定运行过程中生物量积累、塔内压降改变、生物膜显微结构特征、微生物种群分布及优势菌株分子测序结果，探讨了反应器稳定运行期间生物膜相结构、特征及菌群多样性的规律。结果表明，在 95d 的运行期间，生物滴滤塔降解性能稳定，降解效率保持在 90% 以上，最大去除负荷为 62.4g/(m^3 · h)。反应器稳定运行期间生物膜形态、颜色和厚度沿着塔内废气的流向呈现不均匀分布和梯度改变的特征，生物量和生物膜的致密度沿气流方向逐步递减。塔内压降随着运行时间延长逐渐增加，但未出现堵塞现象。生物膜种群营养结构复杂，食物链长且相互交叉，高端营养级微生物种群所占比例较高。采用聚合酶链式反应-变性梯度凝胶电泳（PCR-DGGE）和分子测序技术，研究降解填料表面菌群的分布特征，结果表明，不同塔层中菌群分布不同，表现出明显的空间多样性，但是整个生物膜具有一定的稳定性，主要的优势菌群为变形杆菌，其中优势菌包括3种伽马变形杆菌和4种贝塔变形杆菌。

9.2.3.5 添加助剂

近几年国内外学者研究较多的助剂包括臭氧、紫外线（UV）、表面活性剂、有机溶剂和金属离子，其中添加表面活性剂的研究相对较多。

在生物滴滤反应器内，较低的传质速率是限制疏水性VOCs降解的主要因素。表面活性剂可以有效提高疏水性VOCs的溶解度，减小气液传质阻力，提高生物降解效率。添加的表面活性剂主要分为化学表面活性剂和生物表面活性剂，化学表面活性剂有吐温-60（Tween-60）、吐温-80（Tween-80）、曲拉通X-100（Triton X-100）和十二烷基硫酸钠等，生物表面活性包括鼠李糖脂、皂角苷等。

周学霞等在反应器中添加了Tween-60，当Tween-60质量浓度为100mg/L时邻二甲苯的去除效率比不添加Tween-60时可提高20%。宋甜甜研究了Triton X-100对生物滴滤塔压降的影响，发现在反应器运行前期尤其是挂膜驯化阶段，是否添加表面活性剂对BTF压降的影响相差不大，但在后期污染物浓度增大后添加表面活性剂的BTF_1压降却明显低于未添加表面活性剂的BTF_2。说明表面活性剂的使用一定程度上可以缓解BTF在高负荷运行时发生的生物质积聚造成的填料堵塞现象。

陈英等将鼠李糖脂引入生物滴滤塔中处理甲苯，其降解率高于空白13.1%。此外，菌体细胞的疏水性越强越容易与甲苯接触，从而越有利于生物降解过程。杜佳辉考察了0.78mg/mL的皂角苷浓度对卧式生物滴滤床运行性能的影响。在入口600mg/m³，停留时间30s的条件下，皂角苷对卧式生物滴滤床总效率提升10%左右。引入皂角苷后生物量出现明显下跌，从99.69mg/g硅藻土下降至55.03mg/g硅藻土，同时生物膜内蛋白质含量以及相对疏水性增高明显。Tu等在降解正己烷的生物反应器中添加了生物表面活性剂皂角苷，与未添加皂角苷的反应器相比，去除效率大幅度提高，最大提高了27%。Li等对比研究添加助剂对生物反应器性能的影响，结果发现，与不添加助剂时相比，添加Fe^{3+}、添加鼠李糖脂、同时添加Fe^{3+}和鼠李糖脂时，污染物的去除效率分别提高约20%、15%和30%。张家明在降解氯苯的研究中添加了鼠李糖脂和Fe^{3+}，发现鼠李糖脂和Fe^{3+}的存在会促进微生物分泌更多的蛋白质（PN）和多糖（PS），提高生物膜中EPS的含量。

9.2.3.6 反应机理和动力学模型

目前，关于生物滴滤法的反应机理方面的研究成果主要有两种：一种是由荷兰学者Ottengraf根据吸收的双膜理论而提出的"吸收-生物膜理论"；另一种是由Pedersen、孙佩石等学者根据吸附理论而提出的"吸附-生物膜理论"。如图9-10所示。

1983年，Ottengraf最先提出的气液生物膜模型，该模型是以Jennings在1976年提出的非吸附理论模型为基础，并加以修正得到的。1993
年，Shareefdeen 等采用与 Ottengraf 模型相似的假设，
仅在微分动力学描述上作了修改，建立了 Shareefdeen 模
型。模型采用了数值积分的方法，避免了在零级反应和
一级反应中作出选择。模型中运用了大量的参数，有的
由实验确定，有的则预先计算而得。1994 年，
Shareefdeen 和 Saltzis 联合提出了碎片分布式生物数学模
型，该模型与 Shareefdeen 模型的区别在于生物膜覆盖填
料表面的情况。Devinny 和 Hodge 模型阐述了污染物由
气相到液相/固相的传质过程、基质的生物降解过程、
CO_2 的产生和累积过程以及 CO_2 的积累对 pH 值的影
响。1995 年，Deshusses 建立的 Deshusses 模型描述了
稳态和瞬时态两种情况下微生物的作用过程。近年来，

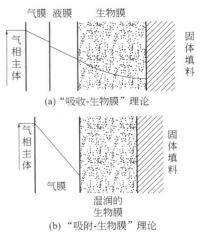

图 9-10　生物膜降解污染物理论

Hernández 等人基于质量平衡转移方程建立了模型，估算己烷的传质性能。在国内关于生
物反应动力学研究中，孙佩石最早提出的吸附-生物膜理论模型。基于以上两种理论模型，
很多研究学者针对不同的污染物建立了不同的模型，例如王德民等以物料平衡为基础建
立了微生物处理甲苯、丙酮等废气的模型；刘强等人研究了生物降解为一级反应动力学
时，污染物浓度沿填料层高度变化的方程，并通过实验数据对方程进行了验证，得到了
较好的拟合。Wang 等利用气-质联用的方法测定了生物法降解对二甲苯的中间产物，发
现对甲基苯甲酸是其主要代谢中间产物，同时研究了菌种降解对二甲苯的细菌生长动力
学和降解动力学，发现二者分别符合 Haldane-Andrews 模型和伪一阶模型。而 You 等的
研究发现邻二甲苯降解动力学与霍尔丹（Haldane）模型吻合良好。

在机理研究方面，VOCs 的亲疏水特性由于传质作用的差异而极大影响了 BTF 的工
作性能。亲水性 VOCs 能够有效实现气、液与生物膜间的有效传质，提高了与填料生物
膜间的相互作用，去除效率相对较高，而疏水性 VOCs 则相反。在多组分生化体系中，
VOCs 间可能存在拮抗、协同、交互等各种复杂的作用，甚至出现竞争性抑制与促进作用
交织在一起，使 BTF 中的生化过程更难以受控。在不同组分构成的体系以及不同的 BTF
操作条件下，各研究体系展现出不同的生化过程，其反应机制可以通过传质和降解动力
学模型进行探索性研究。

对于传质机制的研究，基于吸收-生物膜和吸附-生物膜两大理论体系，气液流量比和
溶氧均影响不同亲水特性 VOCs 在 BTF 内的传质作用。前者是将水看作有效溶剂描述了
VOCs 沿填料床纵向的分布规律；而后者则是认为其直接参与了 BTF 内的生化反应过程，
更适用于疏水性 VOCs 的生化体系。气液传质模型的建立优化了 BTF 工作性能，通过引
入亲水性组分，可以促进疏水性 VOCs 的去除。对于降解动力学的研究，可以进一步协
同阐释 BTFs 内的生化过程。除经典的 Monod 和 Haldane 模型被广泛应用于描述 VOCs
去除过程中的细胞生长和底物降解动力学行为外，从 VOCs 的分子结构特征、降解特性
以及相互作用关系等方面切入，呈现出利用多种模型来评价和预测生物作用机制的趋势。

针对在实际工业体系中的污染物组分多样化的特点，在利用 BTF 去除 VOCs 的研究

中，以传质和降解机制为理论基础，通过增加亲水性溶剂、构建共代谢反应体系、培养特异性菌种等手段，无论是增加 BTF 内 VOCs 的传质还是形成有效的协同作用，都将有助于提高包括疏水性难降解组分在内的 VOCs 的生物利用度和可生化性。BTF 工作性能的提高，将推动 BTF 技术的发展，最终为更多行业的工业废气的处置提供经济适用的处理技术。

9.2.3.7 工艺参数的研究

工艺参数是影响生物反应器去除性能的重要因素，工艺参数对反应器去除性能的影响为必要的研究部分，对工艺参数进行深入研究可以为实际工业应用生物技术提供一定参考依据。生物滴滤塔的工艺参数主要包括温度、湿度、营养液 pH 值、污染物入口浓度、停留时间等，表 9-3 概括了生物滴滤塔废气去除性能的部分影响因素。

表 9-3　生物滴滤塔废气去除性能的部分影响因素

影响因素	对生物滴滤塔去除性能的影响
停留时间	停留时间受进气流量和填料层高度影响,适当延长停留时间有助于污染物的去除,但是停留时间过长会使设备占地面积增大、所需填料变多、投资成本变大,所以实验中通常尽量缩短停留时间来获得最佳的去除效率
进气浓度	当进气浓度较低时,去除效率一般较易达到100%,但随着浓度的升高,去除效率逐渐降低
挂膜时间	生物滴滤塔的挂膜时间长短不一。无机废气 H_2S 挂膜时间 3d 即可完成,有机废气甲苯挂膜则需要 9d 左右。启动时间过长会给工况验收带来问题
其他因素	实际运行过程中可能出现闲置的情况,通常闲置几天后都需要一定时间才能恢复到闲置前的去除效率。营养液的喷淋量和滤除液 pH 值等同样影响着生物滴滤塔的去除性能

有学者探究了气体进口浓度、EBRT、营养液温度、停滞期等因素对生物滴滤塔净化苯乙烯废气性能的影响。在苯乙烯气体入口浓度为 $450mg/m^3$，营养液每小时喷淋量为 90mL，EBRT 超过 23s 的条件下，生物滴滤塔的总降解效率可达到 90% 以上。在入口浓度为 $1000mg/m^3$ 以下，停留时间为 48s 的条件下，降解效率可达 100%，去除负荷最高达 $101.5g/(m^3 \cdot h)$。微生物群落分析表明，生物滴滤塔内上下两段微生物优势菌群类同，且各个优势菌群所占比例类似，塔内主要门水平优势菌群为 *Proteobacteria*。此外，生物滴滤塔稳定运行 223d，塔内生物量逐渐增高，pH 值和压降没有明显变化，反应器运行性能良好。以上结果证明，采用生物滴滤塔可有效降解苯乙烯废气，为生物法降解苯乙烯废气的工业应用提供基础数据参考。还有学者利用正己烷降解菌 *Pseudomonas mendocina* NX-1 和二氯甲烷（DCM）降解菌 *Methylobacterium rhodesianum* H13，同时净化不同疏水性的正己烷和 DCM 混合废气，研究了挂膜启动阶段及稳定运行阶段 BTF 对污染物的去除性能与限制因素及生物膜相的特性变化。结果表明，在正己烷和 DCM 浓度均为 $100mg/m^3$，EBRT 为 60s 的条件下，运行 25d 可完成 BTF 的启动，正己烷和 DCM 的去除率分别可达到 65% 和 100%。系统稳定运行时，正己烷和 DCM 的最大去除负荷分别为 $16.1g/(m^3 \cdot h)$ 和 $92.0g/(m^3 \cdot h)$，正己烷和 DCM 的去除过程分别受到传质限制与反应限制影响。

实际应用中，生物滴滤器一般处于室外环境，反应器所处环境温度变化较大。同时，作为生物反应器的核心部分，微生物的活性受温度影响较大，20~40℃的温度范围是大部分微生物适宜生长的环境。因此，在冬季或夏季需要进行必要的保温或者隔热措施以维持生物滴滤器的稳定运行。生物滴滤塔内的湿度以及 pH 值通常可以通过调节营养液喷淋系统来进行控制，营养液成分和喷淋参数影响反应器内部环境湿度与酸碱度。除此之外，入口浓度与停留时间两个参数对反应器性能影响较大。停留时间决定了反应器内微生物与废气的接触时间，时间越长，去除效率越高，成本也越高。因而，在实际应用中需要选取合适的停留时间。过高的入口浓度也会对微生物产生毒害作用，导致反应器性能恶化，对其进行探究也可为实际应用提供数据基础。

9.2.3.8　工业应用的研究

实际工业生产中产生的废气往往成分复杂，浓度多变，并且由于生产工艺的不同，排放污染物的速率通常也不稳定。在小试实验中，生物技术研究已具备一定的广度与深度，取得了一定的成果，但是小试实验研究结果应用于工程中时可能存在放大效应的问题。因此，在实际工厂中进行规模较大的中试试验是生物法应用于实际工程中必不可少的一步。对生物法各方面的研究均旨在将生物法净化废气应用于实际中。

王金水等在某生产稀释剂的工厂中设计建立了一座中试规模的真菌/细菌复合生物反应器，发现在稳定运行阶段反应器对复合 VOCs 的去除效率在 60%~80% 之间波动。孙艺哲等在某药厂硫代纯化车间建立了中试规模的生物滴滤反应器，用以处理高浓度丙酮废气，丙酮质量浓度在 0~2278mg/m³ 之间波动，运行期间的平均去除效率为 78%，最高可达 100%。黄勇等在广东省某典型电子垃圾拆解车间建立了光催化-生物滴滤联合工艺装置，监测得到 VOCs 的去除效率可以达到 95% 以上，基本可以使该车间产生的 VOCs 实现达标排放。於建明等结合浙江某制药企业污水站废气治理工程，进行高效生物滴滤反应器在制药企业废水站含多组分 VOCs 和恶臭（H₂S）废气处理中的工程设计与应用。该工程设计处理气量为 5000m³/h，稳定运行后，四氢呋喃、甲苯和氯仿等 3 种 VOCs 浓度分别从进口的 50~60mg/m³、10~20mg/m³、70~95mg/m³ 降至 10mg/m³ 以下，平均去除率分别为 85%、60%、90%，对进口浓度约为 80mg/m³ 的硫化氢的去除率接近 100%；该工艺处理效果明显、无二次污染，具有较明显的技术经济优势，可为医化行业废气治理工程提供示范和借鉴。杨竹慧等采用过滤、滴滤、洗涤 3 个小试规模的生物塔对某中石化化纤污水处理场的污水池排放的挥发性有机物（VOCs）进行治理。对污水池排放的主要 VOCs 进行了定性和定量分析，考察了进气流量、停留时间以及湿度的变化对 3 台生物塔净化 VOCs 废气的影响。结果表明，污水池中监测到的 VOCs 主要有苯、苯乙烯、间二甲苯等 7 种污染物，其中有 5 种污染物已经超过《石油化学工业污染物排放标准》（GB 31571—2015）中的排放要求。此外，在生物法的治理实验中，增大进气流量至 0.2m³/h，停留时间缩短至 86s 时，生物滴滤塔在应对成分复杂、浓度多变的 VOCs 时表现出了较好的适应性和较强的稳定性，甲醇、苯、苯乙烯的平均去除率能够维持在 90% 以上，乙醇、环己烷和间二甲苯的平均去除率分别提高 25%、48% 和 7%，均可实现达标排放。张克萍等采用生物滴滤工艺对某树脂制造厂污水站产生的 VOCs 废气进行现场处理。将活性污泥和 1,2-二氯乙烷降解菌 *Starkeya* sp. T2 接种至中试规模的生物滴滤塔中，以处理该厂污水站产生的含甲缩醛（DMM）和1,2-二氯乙烷（1,2-DCA）混合废气。在生物滴滤塔运行40d后，系统仍能稳定运行，甲缩醛和1,2-二氯乙烷的去除率分别达到77%和82%以上。随着进气负荷不断增加，甲缩醛和1,2-二氯乙烷的最大去除负荷分别可达 $9.0g/(m^3 \cdot h)$ 和 $6.8g/(m^3 \cdot h)$，表明该工艺对甲缩醛和1,2-二氯乙烷去除效果较好。通过对反应器内氯离子浓度的监测发现，循环液中氯离子浓度的变化总体呈上升趋势，侧面说明了该工艺对1,2-二氯乙烷具有良好的降解效果。由高通量测序结果得出，在甲缩醛和1,2-二氯乙烷去除中占主导地位的是分枝杆菌属和生丝微菌属。张芸等采用生物滴滤法进行了制药厂乙酸丁酯污染治理的中试试验。在温度适宜时，中试塔在16d内完成启动，乙酸丁酯最大去除负荷可达 $457.3g/(m^3 \cdot h)$，换向操作可有效降低其压损。

在国内的工业废气治理方面，生物滴滤法的工业应用未被普及。造成这一现象的原因主要有：①工业排放的废气成分复杂，浓度多变，使用生物滴滤工艺难以达到各种废气的实时达标排放；②工业废气排放量较大，生物法处理废气相对于其他方法所需停留时间长，因而占地面积较大，在工业现场，土地资源十分珍贵，过大的占地面积不易被接受和采纳；③生物滴滤塔的核心是微生物，微生物的生存环境容易受到环境温度的影响，夏季高温与冬季低温等极端环境条件易影响微生物活性，从而导致效率的下降；④生物滴滤法在运行过程中的营养液需要定期更换，增加了操作的烦琐度并提高了运行成本；⑤生物滴滤法在降解疏水性VOCs时，受传质效率的影响，净化效率较低，难以达到实时达标排放；⑥生物滴滤塔经长期运行后，由于生物量的不断积累，易导致压降升高，填料堵塞，最终使滴滤塔能耗增加、效率降低，目前还未找到十分有效且环保的解决方法。

9.3 低温等离子体协同生物技术去除VOCs研究现状

9.3.1 低温等离子体协同生物滴滤技术的研究背景

低温等离子体技术适用的VOCs范围较广，无特殊选择性，对复杂性有机废气降解有一定的优势，尤其针对像硫醇等的恶臭气体，在其净化过程中可促进亲水性较差的烃类、脂类组分转化为亲水性较强的醇、醚、酯、酮、醛等组分。但是，能源和技术的限制可能导致低温等离子体技术对大多数有机污染物降解不彻底，最终产物组分易受环境条件影响，易形成副产物造成二次污染。无机副产物主要有 O_3、NO_x 和 CO，有机副产物成分更为复杂，与等离子体反应器类型、VOCs种类、操作条件（如施加电压）、背景气体成分、停留时间及湿度等有很大的关联。生物滴滤技术中污染物降解较为彻底，对于短链分子和亲水性较强的VOCs具有明显的降解优势。但是，污染物的降解易受到气液传质阻力的限制，对于水溶性较低或者疏水性的VOCs降解性能不佳；生物滴滤器长时间运行易出现压降升高现象。

因此，将低温等离子体技术作为预处理措施，有机废气经过一级处理被降解为小分子物质，有利于后续生物滴滤器的生物降解。低温等离子体耦合生物滴滤技术主要是针对中低浓度的单一或者复合有机废气净化处理，两种技术耦合，可充分发挥各自的优点，同时取长补短，表 9-4 为其优势和局限总结。

表 9-4　生物滴滤技术和低温等离子体技术单独与耦合系统的优势与局限

处理技术	优势	局限
生物滴滤技术	运行成本低;填料耐用;结构紧凑;操作条件易调节;微生物代谢中间产物易降解	微生物过量积累导致反应器堵塞;结构较复杂(与生物过滤器相比);产生滤出液;存在产生微生物气溶胶的风险
低温等离子体技术	污染物的降解效率较高;部分/全部氧化 VOCs;启动时间短;压损低;可间歇运行	能耗高;对灰尘和湿度条件敏感;操作稳定性较差
耦合系统	运行成本低;操作条件易控制;结构紧凑;净化效率高;处理空气回用;按需使用 NTP,能效高	结构复杂;能耗较高

9.3.2　低温等离子体协同生物滴滤技术的研究现状

BTF 和 DBD 均为降解 VOCs 的通用系统，可以不同的顺序组合和操作，以形成协同效应，主要组合顺序为：DBD 在前或 BTF 在前。①当将 DBD 放在首位时，DBD 作为预处理环节，将废气中的部分疏水组分转化为更亲水的化合物，将 VOCs 转化为生物可利用度更高、更容易降解的代谢产物进入后续的 BTF，提高整体去除效率。然而，由于 DBD 的持续运行，该配置能耗较高，而且存在产生微生物气溶胶的风险，影响工艺尾气的再利用。②当 BTF 放在首位时，DBD 作为后处理系统，与 DBD 在首位的配置相比，该系统在去除 VOCs 方面缺乏增效作用。但是，该配置使得尾气除菌成为可能，允许处理过的尾气再利用，从而节省能源。此外，还避免了 DBD 的持续运行，通过 DBD 的定时开启操作，有效降低能耗。

9.3.2.1　低温等离子体作为后处理技术的研究现状

目前，将低温等离子体作为后处理技术的研究较少。Helbich 等搭建生物滴滤器和低温等离子体联合的中试系统去除苯乙烯废气。该系统由生物滴滤器和连续介质阻挡放电低温等离子体组成，分为 3 种组合模式：（a）DBD 在主路模式；（b）DBD 在旁路模式；（c）电晕等离子体在主路模式。图 9-11 为其废气处理流程图。

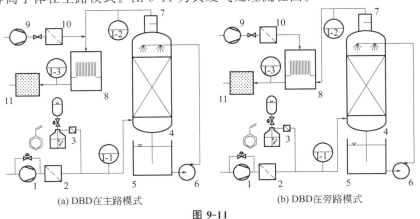

(a) DBD在主路模式　　　　(b) DBD在旁路模式

图 9-11

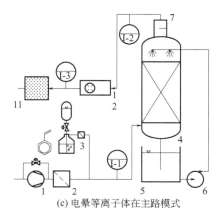

(c) 电晕等离子体在主路模式

图 9-11 中试废气处理工艺流程

［二级配置：(a) 主路模式介质阻挡放电（DBD）与第二侧道风机提供稀释辅助气流；
(b) 旁路模式 DBD 与第二侧道风机提供等离子活性气流；(c) 主路模式电晕等离子体］

1—第一侧道风机；2—过滤器；3—苯乙烯配气装置；4—BTF 反应器；5—储液槽；6—循环泵；7—除雾器；
8—DBD；9—第二侧道风机；10—过滤器；11—活性炭过滤器；I-1、I-2、I-3—VOCs 和气溶胶监测点

生物滴滤器和低温等离子体组合系统运行了 1220 天，用于处理含苯乙烯的废气和含细菌的二次污染物。分别测试了主路和旁路配置的 DBD 等离子体灭菌效果［见图 9-11(a)和图 9-11(b)］。主路 DBD 等离子体对细菌和真菌的去除结果如表 9-5 所示，旁路 DBD 等离子体对细菌和真菌的去除见表 9-6。

表 9-5 主路 DBD 等离子体对细菌和真菌的去除

项目	BTF 流量 Q_1 /(m³/h)	辅助气体流量 Q_2 /(m³/h)	输入能量密度 SIE /(kW·h/1000m³)	EBRT/s	O_3 出口浓度 /(mg/m³)	前 DBD I-2 /(CFU/m³± SD[①])	后 DBD I-3 /(CFU/m³± SD[①])	灭菌效率 η /%
细菌	50	23.5	5.9	0.46	74	6209 ± 452	723 ± 48	88.34
	60	23.5	8.4	0.4	166	7986 ± 481	254 ± 26	96.82
	50	23.5	10.4	0.46	184	6180 ± 546	123 ± 12	98.01
	50	23.5	20.7	0.46	443	6125 ± 431	0[②]	100
真菌	50	23.5	10.4	0.46	184	3801 ± 242	81 ± 13	97.86
	50	23.5	20.7	0.46	443	3626 ± 255	0[②]	100

① SD：标准差，$n \geq 6$。
② 未应用稀释因子，因此值可能更高。

表 9-6 旁路 DBD 等离子体对细菌和真菌的去除

项目	BTF 流量 Q_1 /(m³/h)	辅助气体流量 Q_2/(m³/h)	输入能量密度 SIE /(kW·h/1000m³)	前 DBD I-2 /(CFU/m³± SD[①])	后 DBD I-3 /(CFU/m³± SD[①])	灭菌效率 η /%
细菌	40	8.9	8.18	4383 ± 458	1027 ± 24	76.57
	50	8.9	6.79	6357 ± 482	2578 ± 61	59.44
	60	8.9	5.81	8188 ± 490	4610 ± 73	43.7
	40	11.4	7.78	4616 ± 483	1159 ± 20	74.89
	60	11.4	5.6	8071 ± 533	4308 ± 81	46.62
真菌	50	8.9	6.79	4975 ± 290	1915 ± 47	61.5

① SD：标准差，$n \geq 6$。

注：剩余 74 mg/m³ 的 O_3 出口浓度。

从主路和旁路两种操作方式的结果可以看出，随着 SIE 值的增加，灭菌效率也会增加，这与预期的结果一致。臭氧可能是主要的杀菌剂。由微生物平板培养的结果（图 9-12）可知，无论 DBD 在主路还是旁路，均能有效地去除尾气中的微生物。

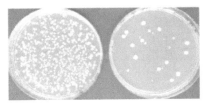 

(a) NB琼脂平板(细菌培养)　　　　　　　(b) DG18琼脂平板(霉菌培养)

图 9-12　微生物平板培养

（a）NB 琼脂平板（细菌培养），左边为未经处理的对照组，右边为旁路模式下，经 DBD 等离子体灭菌处理后的平板，
SIE 为 $8.18kW \cdot h/1000m^3$；（b）DG18 琼脂平板（霉菌培养），左边为未经处理的对照组，
右边为主模式下，经 DBD 等离子体灭菌处理后的平板，SIE 为 $20.7kW \cdot h/1000m^3$

通过生物滴滤器去除挥发性有机化合物，并通过后续的低温等离子体反应器去除废气中的含菌气溶胶，从而实现净化气的再利用。另外，在能源效率、可持续性和运行成本方面，该组合也是可取的。

9.3.2.2　低温等离子体作为预处理技术的研究现状

目前已有的研究中，低温等离子体技术主要作为预处理环节。杨海龙以低温等离子体作为预处理手段，采用低温等离子体耦合生物滴滤的组合系统，处理医药化工行业的特征污染物氯苯，探究耦合工艺对氯苯降解的性能。结果发现，在不同的进口浓度下耦合系统的降解效率和去除负荷均有增大，提升幅度为 $10\%\sim20\%$。

当低温等离子体系统放电电压为 7kV，停留时间 5.5s，生物滴滤系统营养液喷淋密度为 $10.36L/(m^3 \cdot s)$，氧气浓度为 10%，停留时间 80s 时，从图 9-13 可以看出，进口浓度从 $50mg/m^3$ 逐渐提高至 $1500mg/m^3$，单独的生物滴滤系统的降解效率从 85% 降低至 61%，耦合系统降解效率从 100% 降低至 72%，分别下降了 24% 和 28%，耦合系统下降幅度稍大，且耦合系统的降解效果始终高于单独的生物滴滤系统。

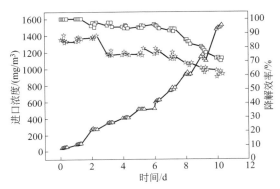

图 9-13　耦合系统与单独生物滴滤系统降解氯苯性能的比较

☆ —单独生物滴滤系统降解效率；△ —进口氯苯浓度；□ —耦合系统降解效率

吴艳采用自制介质阻挡放电等离子体反应器和生物滴滤塔联合处理对二甲苯废气。分别考察了等离子体不同放电电压及不同对二甲苯入口浓度条件下，联合工艺的处理效果。当处理气量为 9.4L/min，生物滴滤塔循环营养液喷淋量为 20～40L/h，循环液温度 30℃，pH 值范围为 5.5～7，等离子体反应器放电峰值电压为 32.5KV 时，如图 9-14 所示，对二甲苯浓度分别为 150mg/m³、500mg/m³、900mg/m³ 和 1500mg/m³，联合工艺处理对二甲苯的去除率较单独生物滴滤塔均有 10％～30％的提高。对于较高浓度的污染物，经等离子体预处理降低浓度后能更好地被生物滴滤塔内的微生物降解。

图 9-15 为不同电压下，联合工艺中对二甲苯的去除效果。施加电压越大，联合工艺中对二甲苯的去除率越大，这与单独采用等离子体的降解规律一致。同时，相比单独生物滴滤塔，经等离子体预处理后，不同电压下联合工艺中对二甲苯的去除率均有不同程度的提高。等离子体技术和生物滴滤塔在处理有机废气时相辅相成。一方面，有机废气经等离子体预处理后，浓度降低，从而更易被微生物降解，此时等离子体反应器起到了缓冲作用，避免了生物滴滤塔在高负荷下运行造成排放不达标；另一方面，等离子体降解会产生不完全氧化产物，且电压越高，副产物的量也相应增加，如果直接排放也会造成环境污染，而生物滴滤塔不仅可以去除主要污染物，同时能净化等离子体反应产生的小分子物质，解决了二次污染的问题。

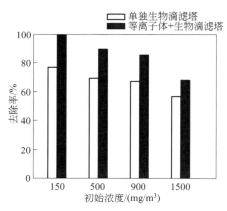

图 9-14　联合工艺对不同浓度
对二甲苯的降解效果

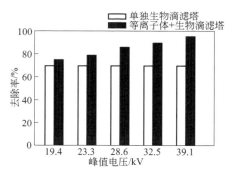

图 9-15　不同电压下联合工艺
对对二甲苯的降解效果

Kim 等人将生物滴滤系统与低温等离子体反应器相结合去除甲苯、对二甲苯和乙烯，图 9-16 为其工艺流程图。在不同气体流量和入口浓度下，研究了组合系统的污染物降解性能。生物滴滤反应器中甲苯的去除性能高于对二甲苯和乙烯，而低温等离子体反应器能更有效地去除乙烯。将低温等离子体作为预处理系统，入口浓度为 116.5μL/L、132.4μL/L、127.5μL/L，气体流量为 20L/min 时，甲苯、对二甲苯和乙烯的去除效率分别为 95％、96％和 81％。低温等离子体和生物滴滤器组合系统去除对二甲苯和乙烯的性能远远优于独立的生物滴滤器，对二甲苯和乙烯的去除率分别提高 28％和 30％，甲苯的去除率提高 5％。结果表明，将低温等离子体作为预处理系统，与生物滴滤反应器相结合，可以有效地去除甲苯、对二甲苯和乙烯，改善了单个生物滴滤器处理高浓度、低生物利用性的 VOCs 性能不佳的局限。

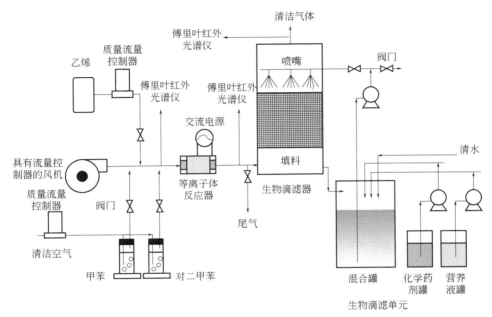

图 9-16　低温等离子体与生物滴滤反应器组合系统的工艺流程

Zhu 等采用低温等离子体反应器作为生物滴滤器的预处理技术，考察了放电电压、初始浓度、停留时间等工艺参数对氯苯去除效率的影响，以期增强对疏水性、难降解 VOCs 去除效率。实验装置见图 9-17。

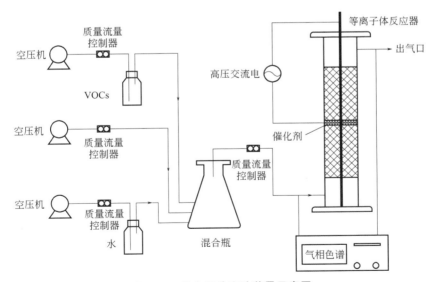

图 9-17　组合系统实验装置示意图

B/C（BOD_5/COD）法是污染物可生化性最有效的评价指标。当该比值高于 0.40 时，生物降解性较高，低于 0.30 表明难以生物降解。图 9-18 为在氯苯初始浓度为 $750mg/m^3$ 下，有/无催化剂时，SIE 对 B/C 值的影响。SIE 值的增加导致了 B/C 值的增加，表明生

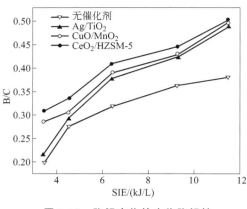

图 9-18　降解产物的生物降解性

物降解性的提高。在低 SIE 值（3.5kJ/L）条件下，Ag/TiO$_2$、CuO/MnO$_2$ 和 CeO$_2$/HZSM-5 催化剂及无催化剂时的 B/C 值分别为 0.21、0.29、0.31 和 0.20。在此条件下，除用 CeO$_2$/HZSM-5 处理外，所得的大部分值小于 0.30，表明其可生物降解性较低。当 CeO$_2$/HZSM-5 为催化剂，SIE 值为 6.5kJ/L 时，可生物降解性能较高。可生物降解性的提高可能是因为产生了更多容易生物降解的副产物，从而有利于后续的生物技术处理。因此，催化剂的加入可以提高生物降解性。总体来说，与 Ag/TiO$_2$ 或 CuO/MnO$_2$ 催化剂相比，在 CeO$_2$/HZSM-5 催化剂催化下，DBD 对氯苯的去除率明显提高。同时，使用三种催化剂的 DBD 反应器均表现出比单独使用 DBD 反应器更好的去除性能。添加催化剂后，副产物含量明显降低，矿化效率提高。在催化剂的作用下，产物的溶解度和生物降解性显著提高。以上实验结果为低温等离子作为预处理技术的生物滴滤耦合系统研究应用提供了基础数据。

Jiang 等利用低温等离子和生物滴滤法协同处理 1,2-二氯乙烷和正己烷。DBD 协同催化被用作 BTF 的主要预处理步骤，以减少或分解气相中的 VOCs，提高难降解 VOCs 的净化效率。同时，CuO/MnO$_2$ 催化剂被引入 DBD 反应器的出料区，催化剂的存在有助于减少臭氧的产生并增加 CO$_2$ 的产生和选择性。实验探究了在 BTF 启动和稳态期间组合系统的降解性能，对 DBD 催化反应器的副产物进行了分析，以获得低温等离子体协同生物技术的基础数据。组合系统的工艺流程如图 9-19 所示。它由 1,2-二氯乙烷和正己烷供气系统、高压交流电源、DBD 催化反应器和两个平行 BTF 组成。模拟烟气分为两股：一股气流首先通过 DBD 催化反应器，然后进入 BTF 中；另一股气流直接进入 BTF 中。BTF 采用逆流操作模式。在蠕动泵作用下，营养液从塔顶以 5.6L/h 的速率喷淋而下，以保持 BTF 的水分并为微生物种群提供营养。

1,2-二氯乙烷浓度保持在 200mg/m^3 左右，BTF 停留时间为 90s，改变正己烷入口浓度，探究正己烷浓度对混合废气去除的影响，结果如图 9-20 所示。在单一 BTF 中［图 9-20(a)］，当正己烷浓度增加到 800mg/m^3 时，可能是由于高浓度正己烷对微生物的毒性作用，1,2-二氯乙烷的去除率从 95% 下降到 82%。正己烷的去除率为 62%，最大去除负荷达到 19.2g/(m^3·h)。在组合体系中［图 9-20(b)］，正己烷进口浓度从 200mg/m^3 增加到 800mg/m^3 时，1,2-二氯乙烷的去除率始终在 90% 以上，正己烷进口浓度较低时（低于 500mg/m^3），正己烷的去除率高达 90%。结果表明，在等离子体催化预处理过程中，1,2-二氯乙烷和正己烷被氧化成简单的中间体，进入 BTF 后，这些中间体更容易被微生物利用，促进微生物的生长，同时增强污染物的传质作用。因此，在混合和单一污染物的处理过程中，DBD 作为预处理技术可以提高 BTF 装置的性能和运行稳定性。

另外，研究表明当入口浓度和 EBRT 突然变化时，组合系统表现出更好的适应性。低温等离子体反应器中催化剂有助于减少臭氧的产生、促进 CO$_2$ 的产生和选择性、提高

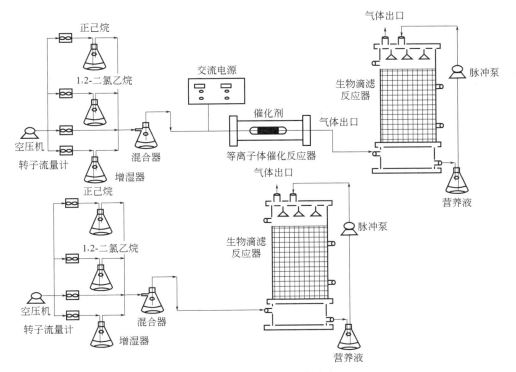

图 9-19　组合系统的工艺流程

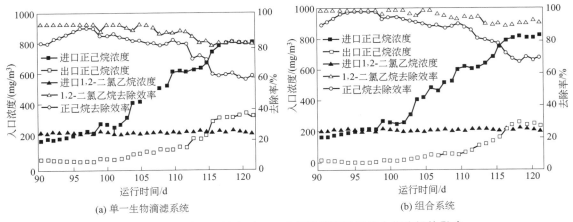

(a) 单一生物滴滤系统　　　　　　(b) 组合系统

图 9-20　正己烷入口浓度对 1,2-二氯乙烷和正己烷生物降解的影响

副产物的水溶性和生物降解性。进一步研究表明，低温等离子体和生物滴滤组合系统的重启能力优于单一的生物滴滤系统。微生物群落分析表明，与组合系统相比，单一生物滴滤系统中微生物群落的生物多样性和丰度更高。以等离子体催化技术作为生物滴滤的预处理的组合系统可有效去除难降解污染物，并具有更好的稳定性和对实验条件变化的适应性。

　　在处理难溶性物质时，生物过滤效率较低。Schiavon 等将低温等离子作为预处理技术，联合生物过滤技术降解炼油厂废气，图 9-21 为该系统的工艺流程。炼油厂废气主要成分包括甲苯、正庚烷、对二甲苯、乙苯、苯，平均浓度分别为 $95.6\mathrm{mg/m^3}$、$49.4\mathrm{mg/m^3}$、$60.8\mathrm{mg/m^3}$、$47.3\mathrm{mg/m^3}$ 和 $36.6\mathrm{mg/m^3}$。DBD 比能量密度在 92J/L 和 256J/L 之间时，可将 VOCs 浓度降低到最佳的适合生物过滤器操作的水平。经过低温等离子体的预处理，非水溶性 VOCs 可转化为较易溶、生物毒性较小的中间体，促进其生物降解。然而，微生物细胞数量下降了 25%，这可能由于 DBD 生成的 CO 导致微生物中毒；以及在组合系统的能量供给时，微生物获得的营养物质较少，导致其代谢活性下降甚至死亡。实验结果证明，将低温等离子作为预处理技术，与生物法协同，可有效降解炼油厂废气中的污染组分，而 CO 的生成可能是联合系统的主要局限。在之后的研究中，应寻求适当的解决方案，包括初步去除等离子体产生的 CO、调节营养物质的供给和优化低温等离子体反应器。

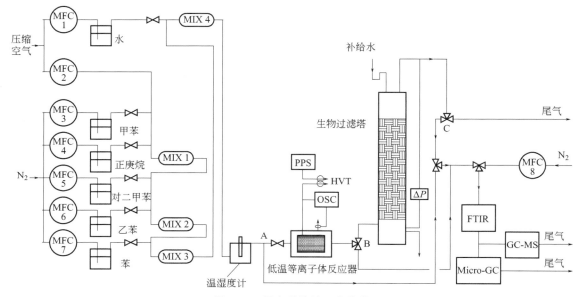

图 9-21　组合系统的工艺流程

MFC—质量流量控制器；MIX—混气瓶；OSC—示波器；HVT—高压变压器；PPS—程控电源；
FTIR—傅里叶红外光谱；Micro-GC—便携式气相色谱仪；GC-MS—气相色谱-质谱联用仪

孙彪开展了低温等离子体耦合生物滴滤系统降解 VOCs 的工业试验，实验中废气来源为某石化企业水处理车间污水池产生的废气。废气的主要组分和浓度见表 9-7。

表 9-7　某石化企业污水池挥发废气组成　　　　　单位：$\mathrm{mg/m^3}$

组分	最大值	最小值	平均值
甲烷	35.6	4.1	18.6
乙烯	313.4	0.7	61.6
乙烷	17.2	0.5	5.7
丙烯	113.0	0.7	26.7
丙烷	14.0	1.4	7.6
异丁烷	34.5	0.5	15.9
异丁烯	159.3	0.7	38.9

组分	最大值	最小值	平均值
丁二烯	4.5	0.6	2.8
丙酮	58.0	0.5	8.9
异戊烷	229.9	0.6	53.8
异戊二烯	19.9	1.0	7.6
正戊烷	22.6	1.3	9.2
苯	1958.9	3.6	323.4
甲苯	459.6	6.0	103.0
二甲苯	294.2	1.5	45.8
苯乙烯	216.0	1.7	30.3
三甲苯	215.6	0.7	6.0
总烃	4998.0	44.0	796.0

　　如图 9-22 所示，VOCs 首先进入低温等离子体设备，进行初步降解，经臭氧分解仪消除放电过程产生的臭氧，进一步输送至生物滴滤装置，对其进行二次降解，经过深度处理的气体最终由滴滤塔顶部排出。等离子体施加峰值电压为 18kV、放电频率为 6.5kHz，进气风量 120m³/h，在此条件下进行长周期的低温等离子体-生物耦合降解 VOCs 工业试验。结果表明，耦合工艺对废气的去除率达到 95%，废气浓度低于 1250mg/m³ 时，可基本实现总烃的达标排放。低温等离子体处理后生成的可溶性副产物更易于被生物降解，耦合工艺中生物滴滤塔的降解效率提升了 8% 左右。同时，耦合技术有效减小了浓度波动对生物滴滤的冲击作用。

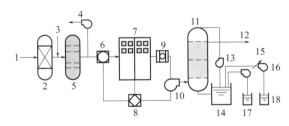

图 9-22　等离子体耦合生物滴滤实验装置
1—废气入口；2—水膜分离器；3—稀释空气；4、10—风机；5—缓冲罐；6—总烃分析仪；
7—等离子体放电单元；8—PLC 控制系统；9—臭氧分解仪；11—生物滴滤塔；12—废气出口；
13、15、16—泵；14—循环液储罐；17—营养液；18—碱液

　　低温等离子体技术对各种有机组分均有一定的降解效果，尤其是对于恶臭组分，同时降解过程中可促进亲水性较差的烃类组分转化为亲水性较强的醇、醚、酯、酮、醛等。但是，低温等离子体技术存在对有机组分降解不够彻底的问题，容易形成副产物。生物技术对于短链分子和亲水性较强的有机组分有良好的降解性能，具有降解彻底、无其他副产物的优点。这两种技术的有机组合，可以充分发挥各自的特点，同时由于技术的互补性，形成协同优势。

参考文献

［1］ Masuda S. Pulse corona induced plasma chemical process—A horizon of new plasma chemical technologies ［J］. Pure and Applied Chemistry，1988，60（5）：727-731.

［2］ Masuda S，Nakao H. Control of NO_x by positive and negative pulsed corona discharges ［J］. IEEE Transactions on Industry Applications，1990，26（2）：374-383.

［3］ Dinelli G，Civitano L，Rea M. Industrial experiments in pulse corona simultaneous removal of NO_x and SO_2 from flue-gas ［J］. IEEE Transactions on Industry Applications，1990，26（3）：535-541.

［4］ Mizuno A，Clements J S，Davis R H. A method for the removal of sulfur-dioxide from exhaust-gas utilizing pulsed streamer corona for electron energization ［J］. IEEE Transactions on Industry Applications，1986，22（3）：516-522.

［5］ Rasmussen J M. High power short duration pulse generator for SO_2 and NO_x removal ［C］. Physics Conference Record of the IEEE Industry Applications Society Annual Meeting，1989：2180-2184.

［6］ Gallimerti I. A computer model for streamer propagation ［J］. Journal of Physics D：Applied Physics，1972，5：2179-2189.

［7］ Mazen A S. Positive wire-to-plane coronas as influenced by atmospheric humidity ［J］. IEEE Transactions on Industry Applications，1985，21（1）：35- 40.

［8］ Gallimerti I. Impulse corona simulation for flue gas treatment ［J］. Pure and Applied Chemistry，1988，60（6）：663- 674.

［9］ Penetrcante B M，Schultheis S E. Non-Thermal Plasma Techniques for Pollution Control ［M］. Berlen：Springer-Vellag，1993，G34（A）：249-271.

［10］ Bouziane A，Hidaka K，Taplamacioglu C，et al. Assessment of corona models based on Deutsch approximation ［J］. Journal of Physics D：Applied Physics，1997，27：320-329.

［11］ Laan M，Paris P. The multi-avalanche nature of streamer formation in inhomogeneous fields ［J］. Journal of Physics D：Applied Physics，1994，27：970-978.

［12］ Vitello P A，Pentetyante B M，Bardsley J N. Simulation of negative-streamer dynamics in nitrogen ［J］. Physics Review E，1994，49（6）：5574-5598.

［13］ Yan K P，Velduizen E M，Baede A H F M. Matching between voltage pulse generator and reactor for producing low temperature plasma by positive pulse corona ［C］. 2nd. Beijing：Int Conf Applied Electrostatics，1993：83-95.

［14］ Rea M，Yan K. Evaluation of pulse voltage generators ［J］. IEEE Transactions on Industry Applications，1995，31（3）：507-512.

［15］ Chang J S. The role of H_2O and NH_3 on the formation of NH_4NO_3 aerosol particles and De-NO_x under the corona discharge treatment of combustion flue gases ［J］. Journal of Aerosol Science，1989，20（8）：1087-1090.

［16］ Masuda S，Hosokawa S，Tu X，et al. Novel could plasma technologies for pollution control ［C］. 2nd. Beijing：Int Conf Applied Electrostatics，1993：1-24.

［17］ Fujii T，Gobbo R，Rea M. Pulse corona characteristics ［J］. IEEE Transactions on Industry Applications，1993，29（1）：98-102.

［18］ Wang R，Zhang B A，Sun B，et al. Apparent energy yield of a high efficiency pulse generator with respect to SO_2 and NO_x removal ［J］. Journal of Electrostatics，1995，34：355-366.

［19］ Yan W，Zhu Y，Wang R. Optimization of a generator/reactor system for SO_2 removal by narrow pulse high voltage corona discharge ［C］. 7th. Xi'an：Asian Conf Eletrical Discharge，1994：182-187.

［20］ Yan W，Zhu Y，Wang R. Experiments on a generator/reactor system of corona discharge removal of SO_2［C］. 2nd. Beijing：Int Conf Applied Electrostat，Beijing，1993：103-110.

［21］ Chakrabarti A，Mizuno A，Shimizu K，et a1.Gas cleaning with semi-wet type plasma reactor ［J］.IEEE Transactions on Industry Applications，1995，31（3）：500-506.

［22］ Amirov R H，Asinovsky E I，Samoilov I S，et al.Oxidation characteristics of nitrogen monoxide by nanosecond pulse corona discharges in a methane combustion flue gas ［J］.Plasma Sources Science & Technology，1993，2：289-295.

［23］ 杨津基.冲击大电流技术 ［M］.北京：科学出版社，1979.

［24］ Г А 米夏兹.大功率毫微秒脉冲的产生 ［M］.邵贵荣，译.北京：原子能出版社，1992.

［25］ Г А 米夏兹.高压毫微秒脉冲的形成 ［M］.方波，译.北京：原子能出版社，1975.

［26］ 吴彦，朱益民，王荣毅.电晕法脱硫脱硝电源/反应器的研究 ［J］.大连理工大学学报，1995，35（1）：31-34.

［27］ 陈学林.高比能、低电感脉冲电容器及脉冲形成线 ［C］.'96电工测试技术年会暨高电压测试技术学术交流会论文集.上海，1996：76-78.

［28］ Barna A.高速脉冲电路 ［M］.杨树芳，译.北京：科学出版社，1974 .

［29］ 郭硕鸿.电动力学 ［M］.北京：高等教育出版社，1988.

［30］ Busi F，Angelantonio M D，Mulazzani Q G，et al.A kinetic-model for radiation treatment of combustion gases ［J］.Science of the Total Environment，1987，64：231-238.

［31］ 许根慧，姜恩永，盛京.等离子体技术与应用 ［M］.北京：化学工业出版社，2006.

［32］ 朱益民.非热放电环境污染治理技术 ［M］.北京：科学出版社，2013.

［33］ 叶超，宁兆元，江美福，等.低气压低温等离子体诊断原理与技术 ［M］.北京：科学出版社，2010.

［34］ 杜长明.非热电弧等离子体技术与应用 ［M］.北京：化学工业出版社，2015.

［35］ 武占成，张希军，胡有志.气体放电 ［M］.北京：国防工业出版社，2012.

［36］ 杨一鸣，崔积山，童莉，等.美国VOCs定义演变历程对我国VOCs环境管控的启示 ［J］.环境科学研究，2017，30（03）：368-379.

［37］ 梁睿.美国清洁空气法研究 ［D］.青岛：中国海洋大学，2010.

［38］ 刘静.国内外挥发性有机物定义及管控政策研究 ［J］.皮革制作与环保科技，2021，2（05）：12-13.

［39］ 李一倬.低温等离子体耦合催化去除挥发性有机物的研究 ［D］.上海：上海交通大学，2015.

［40］ 赵倩，葛云丽，纪娜，等.催化氧化技术在可挥发性有机物处理的研究 ［J］.化学进展，2016，28（12）：1847-1859.

［41］ 张桂芹，姜德超，李曼，等.城市大气挥发性有机物排放源及来源解析 ［J］.环境科学与技术，2014，37（增2）：195-200.

［42］ 伊冰.室内空气污染与健康 ［J］.国外医学卫生学分册，2001，28（3）：167-216.

［43］ 戴树桂.环境化学 ［M］.北京：高等教育出版社，2006，79：93-95.

［44］ 陆家榆，何堃，马晓倩，等.空中颗粒物对直流电晕放电影响研究现状：颗粒物空间电荷效应 ［J］.中国电机工程学报，2015，35（23）：6222-6234.

［45］ Adamiak K，Atten P. Simulation of corona discharge in point－plane configuration ［J］ Journal of Electrostatics，2004，61（2）：85-98.

［46］ Barni R，Esena P，Riccardi C.Chemical kinetics simulations of an atmospheric pressure plasma device in air ［J］.Surface & Coatings Technology，2005，200：924-927.

［47］ Akyuz M，Larsson A，Cooray V，et al.3D simulations of streamer branching in air ［J］.Journal of Electrostatics，2003，59（2）：115-141.

［48］ Wang W，Zhang J，Liu F，et a1. Study on density distribution of high-energy electrons in pulsed corona discharge ［J］.Vacuum，2004，73：333-339.

［49］ 朱益民.正高压直流流光放电等离子体源装置：CN 00201301 ［P］.2000-01-26.

［50］ 徐学基，诸定昌. 气体放电物理 ［M］.上海：复旦大学出版社，1992.

［51］ Zhao W，Zhang X，Jiang J，et al. Study on PD detection method in GIS based on the optical and UHF integrated sensor [J]. Spectroscopy and Spectral Analysis，2003，23（5）：955-958.

[52] Su P，Zhu Y，Chen H. Morphology determination of ionization region in Multi-Needle-to-Plate negative corona discharge [J]. Spectroscopy and Spectral Analysis，2007，27（11）：2171-2174.

[53] Ge Z，Ma N. Luminosity analysis of low-temperature plasm a discharge react or regard to discharge conditions [J]. Transactions of China Electrotechnical Society，2004，19（4）：41-42.

[54] Kuffel E，Zaengl W S. High voltage engineering [M]. Canada：Fundamentals，1984.

[55] Zhu Y，Kong X，Zhang M，et al. Geometric parameters optimization design and performance analysis in a vehicle turbocharger centrifugal compressor [J]. Transaction of Beijing Institute of Technology，2005，25（Supplement）：22-26.

[56] Tu X，Lu S，Yan J，et al. Spectroscopic diagnostics of DC argon plasma at atmospheric pressure [J]. Spectroscopy and Spectral Analysis，2006，26（10）：1785-1789.

[57] 刘成伦，杨玉玲，徐龙君.电极参数及布置方式对苯酚降解率的影响 [J].高电压技术，2006，32（7）：84-86.

[58] 马广大.大气污染控制工程 [M].2版.北京：中国环境科学出版社，2004.

[59] 李守信，宋剑飞，李立清，等.挥发性有机化合物处理技术的研究进展 [J].化工环保，2008，28（1）：1-7.

[60] 吴碧君，刘晓勤.挥发性有机物污染控制技术研究进展 [J].电力环境学报，2005，21（4）：39-42.

[61] 马广大，黄学敏，朱天乐，等.大气污染控制技术手册 [M].北京：化学工业出版社，2010.

[62] Pires J，Carvalho A，de Carvalho M B. Adsorption of volatile organic compounds in Y zeolites and pillared clays [J]. Microporous and Mesoporous Materials，2001，43（3）：277-287.

[63] Kim K J，Kang C S，You Y J，et al. Adsorption-desorption characteristics of VOCs over impregnated activated carbons [J]. Catalysis Today，2006，111（3）：223-228.

[64] Chang Y，Charlie T C. Microwave process for removal and destruction of volatile organic compounds [J]. Environmental Progress，2001，20（3）：145-150.

[65] Ahmad Z A，Mohamad Z A B，Subhash B. Combustion of chlorinated volatile organic compounds（VOCs）using bimetallic chromium-copper supported on modified h-ZSM-5 caatalyst [J]. Journal of Hazardous Materials，2006，129（1）：39-49.

[66] Engleman V S. Updates on choices of appropriate technology for control of VOC emissions [J]. Metal finishing，2000，98（6）：433-445.

[67] 李国文，樊青娟，刘强，等.挥发性有机废气（VOCs）的污染控制技术 [J].西安建筑科技大学学报（自然科学版），1998，4：95-98.

[68] Khan F I，Ghoshal A K. Removal of volatile organic compounds from polluted air [J]. Journal of Loss Prevention in the Process Industries，2000，13：527-545.

[69] Kim H J，Nah S S，Min B R. A new technique for preparation of PDMS pervaporation membrane for VOC removal [J]. Advances in Environmental Research，2002，6（3）：255-264.

[70] 张彭义，梁夫艳，陈清，等.低浓度甲苯的气相光催化降解研究 [J].环境化学，2003，24（6）：54-58.

[71] 张彭义，李昭，田地.二氧化钛涂覆材料对甲苯的光催化降解作用 [J].上海环境科学，2002，21（12）：709-711.

[72] 赵莲花，伊藤公纪，村林真行，等.三氯乙烯预处理的 TiO_2 薄膜上挥发性有机物的光催化反应 [J].催化学报，2004，25（8）：569-672.

[73] Petipasa G，Rolliera J，Darmonb A. A Comparative study of nonthermal plasma assisted reforming technologies Intemational [J]. International Journal of Hydrogen Energy，2007，32（14）：2848-2867.

[74] 孙万启，宋华，韩素玲，等.废气治理低温等离子体反应器的研究进展 [J].化工进展，2001，30（5）：930-936.

[75] 李晶欣，李坚，梁文俊，等.低温等离子体降解甲苯影响因素分析 [J].北京工业大学学报，2011，37（6）：905-908.

[76] 白希尧，白敏冬，傅锐，等.高能等离子体分解 CO_2 气体研究 [J].中国环境科学，1994，14（4）：303-307.

[77] 于勇，王淑惠，潘循皙，等.低温等离子体降解哈隆类物质中的竞争反应 [J].环境科学，2000，21（3）：60-63.

[78] 黄立维，谭天恩.脉冲电晕法治理甲苯废气实验研究 [J].中国环境科学，1997，17（5）：449-452.

[79] 黄立维，谭天恩，施耀.高压脉冲电晕法治理有机废气实验研究 [J].环境污染与防治，1998，20（1）：4-7.

[80] 侯健，潘循皙，赵太杰，等.常压非平衡态等离子体降解挥发性烃类污染物 [J].中国环境科学，1999，19（3）：277-280.

[81] Yan K，Kanazawa S，Ohkubo T，et al. Oxidation and reduction process during NO$_x$ removal with corona-induced non-thermal plasma [J]. Plasma Chemistry and Plasma Processing，1999，19（3）：421-443.

[82] Tasma. Plasma-induced catalysis [D]. Netherland：Eindhoven University of Technology，1995.

[83] 陈杰.吸附催化协同低温等离子体降解有机废气 [D].杭州：浙江大学，2011.

[84] 宁晓宇，陈红，耿静，等.低温等离子体-催化协同空气净化技术研究进展 [J].科技导报，2009，27（6）：97-100.

[85] 何丽娟.介质阻挡放电协同催化剂去除挥发性有机物实验研究 [D].北京：北京工业大学，2009.

[86] 方宏萍.等离子体协同光催化技术净化恶臭气体的实验研究 [D].北京：北京工业大学，2010.

[87] Demeestere K，Dewuf J，Ohno T，et al. Visible light mediated photocatalytic degradation of gaseous trichloroethylene and dimethyl sulfide on modified titanium dioxide [J]. Applied Catalysis B：Environmental，2005，61：140-149.

[88] Sano T，Negishi N，Sakai E，et al. Contributions of photocatalytic/catalytic activities of TiO$_2$ and gamma-A1$_2$O$_3$ in nonthermal plasma on oxidation of acetaldehyde [J]. Journal of Molecular Catalysis A：Chemical，2006，245：235-241.

[89] Huang H，Ye D，Fu M，et al. Contribution of UV light to the decomposition of toluene in dielectric barrier discharge plasma/photocatalysis system [J]. Plasma Chemistry and Plasma Processing，2007，27（5）：577-588.

[90] 田建升，季益虎.低温等离子体协同光催化降解甲苯的研究 [J].凯里学院学报，2012，30（3）：32-34.

[91] Harada N，Moriya T，Matsuyama T，et al. A novel design of electrode system for gas treatment integrating ceramic filter and APCP method [J]. Journal of Electrostatics，2007，65：37-42.

[92] Ogata A，Shintani N，Mizuno K，et al. Decomposition of benzene using a nonthermal plasma reactor packed with ferroelectric Pellets [J]. IEEE Transactions on Industry Applications，1999，35：753-759.

[93] SongY H，Kim S J，Choi Kl，et al. Effects of adsorption and temperature on a nonthermal plasma proeess for removingVOCs. [J] Journal of Electrostatics，2002，55：189-201.

[94] Urashima K，Chang J S. Destruction of volatile organic compounds in air by a superimposed barrier discharge plasma reactor and activated carbon filter hybrid system [D].LA：IEEE Ind APPI Soc Ann Meet New Orleans，1997.

[95] Oda T，Takahashi T，Tada K. Decomposition of dilute trichloroethylene by nonthermal plasma [C]. IAS'97. Conference Record of the 1997 IEEE Industry Applications Conference Thirty-Second IAS Annual Meeting，1997.DOI：10.1109/IAS.1997.626340

[96] Huang L，Nskajyo K，Hari T，et al. Decomposition of carbon tetrachloride by a pulsed corona reactor incorporated with in situ absorption [J]. Ind Eng Chem Res，2001，40：5481-5486.

[97] 梁文俊.低温等离子体技术去除挥发性有机物（VOCs）的研究 [D].北京：北京工业大学，2005.

[98] 马琳.低温等离子体协同光催化技术处理有机废气的实验研究 [D].北京：北京工业大学，2011.

[99] 储金宇，吴春笃，陈万金，等.臭氧技术及应用 [M].北京：化学工业出版社，2002.

[100] D'hennezel O，Pichat P，Ollis D F. Benzene and toluene gas phase photocatalytic degradation over H$_2$O and HCl pretreated TiO$_2$：By-products and mechanisms [J]. Photochemistry and Photobiology，1998，118：197-204.

[101] 王爱华.等离子体协同催化技术处理挥发性有机物的研究 [D].北京：北京工业大学，2015.

[102] 竹涛.吸附-低温等离子体强化-纳米催化降解 VOCs 的研究 [D].北京：北京工业大学，2009.

[103] 严衍禄.近红外光谱分析基础与应用 [M].北京：中国轻工业出版社，2005.

[104] 荆煦瑛，陈式棣，么恩云.红外光谱实用指南 [M].天津：天津科学技术出版社，1992.

[105] 聂勇.脉冲放电等离子体治理有机废气放大试验研究 [D].杭州：浙江大学，2004.

[106] Wagner V，Jenkin M E，Saunders S M，et al. Modelling of the photooxidation of toluene：Conceptual ideas for validating detailed mechanisms [J]. Journal of Chemical Physics，2003，3：89-106.

[107] 秦张峰，关春梅，王浩静，等.有害废气的低温等离子体催化净化应用研究 [J].燃料化学学报，1999，27（增）：179-185.

[108] 刘安琪，李建军.低温等离子体协同催化降解 VOCs 的研究进展 [J].化工技术与开发，2019，48（6）：29-32，61.

[109] Yamamoto T，Lawless P A，Sparks L E，et al. Triangle-shaped DC Corona Discharge Device for Molecular [J]. Engineering，Electrical and Electronic，1989，25（4）：743-749.

[110] 晏乃强，吴祖成，施耀，等.电晕-催化技术治理甲苯废气的实验研究 [J].环境科学，1999，20（l）：11-14.

[111] Oda T，Takahashi T，Nakano H，et al. Decomposition of Fluorocarbon gaseous contaminants by surface Discharge induced Plasma chemical processing [J]. IEEE Transaction on Industry Application，1993，29（4）：787-792.

[112] Li D，Yakushiji D，Kanazawa S，et al. Decomposition of toluene by streamer corona discharge with catalyst [J]. Journal of Electrostatics，2002，55：311-319.

[113] 朱海瀛.催化剂成分对低温等离子体降解吸附态甲苯的影响 [D].西安：西安建筑科技大学，2015.

[114] Guo Y F，Ye D Q，Chen K F，et al. Toluene decomposition using a wire-plate dielectric-barrier discharge reactor with manganese oxide catalyst in situ [J]. Journal of Molecular Catalysis A：Chemical，2006，245（1）：93-100.

[115] Hammer T，Kappes T，Baldauf M，et al. Plasma catalytic hybrid processes：Gas discharge in itiation and plasma activation of catalytic processes [J]. Catalysis Today，2004，89（1）：5-14.

[116] 王沛涛.非热等离子体耦合金属氧化物/分子筛催化降解甲苯的机理研究 [D].广州：华南理工大学，2014.

[117] Kim H H，Ogata A，Futamura S，et al. Oxygen patrial press urc-dependent behavior of various catalysts for the total oxidation of VOCs using cycled system of adsorption and oxygen plasma [J]. Applied Catalysis B：Environmental，2008，79：356-367.

[118] Kuroki T，Fujioka T，Kawabata R，et al. Regene ration of Honeycomb Zeolite by Nonthermal Plasma Desorption of Toluene [J]. IEEE Transactions on Industry Applications，2009，45（1）：10-15.

[119] Gandhi M S，Ananth A，Mok Y S，et al. Time dependence of ethylene decomposition and byproducts formation in a continuous flow dielectric-packed plasma reactor [J]. Chemosphere，2013，91（5）：685-691.

[120] An H，Huu T P，Van T L，et al. Application of atmospheric non thermal plasma-catalysis hybrid system for air pollution control：Toluene removal [J]. Catalysis Today，2011，176（1）：474-477.

[121] Jiang N，Qiu C，Guo L，et al. Plasma-catalytic destruction of zylene over Ag-Mnmized ozides in a pulsed sliding discharge reactor [J]. Journal of Hazardous Materials，2019，369（5）：611-620.

[122] Van D，Dewulf J，Sysmansand W，et al. Abatement and degradation pathways of toluene in indoor air by positive corona discharge [J]. Chemosphere，2007，68（10）：1821-1829.

[123] Ahmmed R，Hossain M M，Mok Y S，et al. Effective removal of toluene at near room temperature using cyclic adsorption-oxidation operation in alternative fixed-bed plasma-catalytic reactor [J]. Chemical Engineering Research and Design，2020，164：299-310.

[124] 刘新，王树东.非热等离子体烟气脱硝中二氧化硫、氨和温度的效应 [J].化工学报，2006，57（10）：2411-2415.

[125] 吴宇煌，杨学昌，陈波，等.非热等离子体对柴油机尾气中 NO_x 的治理 [J].清华大学学报（自然科学版），2009，49（1）：1-4.

[126] 商克峰，李国锋，吴彦，等.添加剂对电晕放电烟气脱硝效率和 NO_x 转化影响 [J].大连理工大学学报，2007，47（1）：21-25.

[127] 刘建龙，楚玉辉，王汉青，等.低温等离子体协同催化净化气相污染物技术研究进展［J］.建筑热能通风空调，2013，3（32）：24-27.

[128] 梁亚红.气体放电-光催化净化含苯废气的研究［J］.西安：西安建筑科技大学，2005.

[129] Yan N Q，Qu Z，Jia J P，et al. Removal characteristics of gaseous sulfur-containing compounds by pulsed corona plasma［J］. Industrial and Engineering Chemistry Research，2006，（45）：6420-6427.

[130] Martin L，Ognier S，Gasthauer E，et al. Destruction of diluted Volatile Organic Components（VOCs）in air Y dielectric barrier discharge and mineral bed adsorption［J］. Energy & Fuels，2008，22：576-582.

[131] 王春雨，朱玲，许丹芸，等.低温等离子体降解苯的工艺参数优化［J］.化工进展，2020，39（1）：402-412.

[132] Zadi T，Assadi A A，Nasrallah N，et al. Treatment of hospital indoor air by a hybrid system of combined plasma with photocatalysis：Case of trichloromethane［J］. Chemical Engineering Journal，2018，349：276-286.

[133] Wu J，Huang Y，Xia Q，et al. Decomposition of toluene in a plasma catalysis system with NiO_2，MnO_2，CeO_2，Fe_2O_3，and CuO catalysts［J］. Plasma Chemistry and Plasma Processing，2013，33（6）：1073-1082.

[134] 吴祖良，朱周斌，章旭明，等.等离子体强化贵金属催化净化正葵烷的研究［J］.高校化学工程学报，2017，31（6）：1452-1458.

[135] Harada N，Matsuyama T，Yamamoto H. Decomposition of volatile organic compounds by a novel electrode system integrating ceramic filter and SPCP method［J］. Journal of Electrostatics，2007，65（1）：43-53.

[136] Byeon J H，Park J H，Jo Y S，et al. Removal of gaseous toluene and submicron aerosol particles using a dielectric barrier discharge reactor［J］. Journal of Hazardous Materials，2010，175（1-3）：417-422.

[137] Mok Y S，Demidyuk V，Whitehead J C. Decomposition of hydrofluorocarbons in a dielectric-packed plasma reactor［J］. Journal of Physical Chemistry A，2008，112（29）：6586-6591.

[138] Futamura S，Yamamoto T. Byproduct identification and mechanism determination in plasma chemical decomposition of trichloroethylene［J］. Industry Applications IEEE Transactions on Application，1997，33（2）：447-453.

[139] Hua S，Bao W. Progress in treatment of volatile organic compounds by non-thermal plasma［J］. Chemical Industry & Engineering，2007，4：356-361，369.

[140] Li S，Dang X Q，Yu X，et al. High energy efficient degradation of toluene using a novel double dielectric barrier discharge reactor［J］. Journal of Hazardous Materials，2020，400：123-259.

[141] Sadakane M，Watanabe N，Katou T，et al. Crystalline Mo_3VO_x mixed-metal-oxide catalyst with trigonal symmetry［J］. Angewandte Chemie-International Edition，2007，46（9）：1493-1496.

[142] Zemski K A，Justes D R，Castleman A W. Studies of metal oxide clusters：Elucidating reactive sites responsible for the activity of transition metal oxide catalysts［J］. Journal of Physical Chemistry B，2002，106（24）：6136-6148.

[143] Jiang S，Zhu C，Dong S. Cobalt and nitrogen-cofunctionalized graphene as a durable non-precious metal catalyst with enhanced ORR activity［J］. Journal of Materials Chemistry A，2013，1（11）：3593-3599.

[144] 葛自良，马宁生.低温等离子体放电管发光光谱的检测分析［J］.电工技术学报，2004，19（4）：98-100.

[145] 唐晓亮，邱高，王良，等.常压介质阻挡放电等离子体发射光谱的检测分析［J］.光散射学报，2006，18（2）：156-160.

[146] 黄新明.低温等离子体协同 $Fe-Mn/Al_2O_3$ 催化降解 VOCs 研究［D］.武汉：武汉科技大学，2021.

[147] Li J，Zhang H，Ying D，et al. In plasma catalytic oxidation of toluene using monolith CuO foam as a catalyst in a wedged high voltage electrode dielectric barrier discharge reactor：Influence of reaction parameters and by product control［J］. International Journal of Environmental Research & Public Health，2019，16（5）：711.

[148] 竹涛，万艳东，李坚，等.低温等离子体-催化耦合降解甲苯的研究及机理探讨［J］.高校化学工程学报，2011，25（1）：161-167.

[149] 竹涛，万艳东，方岩，等.低温等离子体自光催化技术降解燃油尾气中的苯系物［J］.石油学报（石油加工），

2010，26（6）：922-927.

[150] Hussein M S，Ahmed M J. Fixed bed and batch adsorption of benzene and toluene from aromatic hydrocarbons on 5A molecular sieve zeolite [J]. Materials Chemistry & Physics，2016，181：512-517.

[151] 田静，史兆臣，万亚萌，等.挥发性有机物组合末端治理技术的研究进展 [J].应用化工，2019，48（6）：1434-1439.

[152] 陈扬达.不同结构的分子筛协同低温等离子体降解甲苯的研究 [D].广州：华南理工大学，2016.

[153] 冯发达，黄炯，龙丽萍，等.介质阻挡放电协同复合碳材料去除 VOCs [J].工业催化，2009，17（10）：59-63.

[154] 魏周好胜.等离子体协同吸附催化净化喷漆废气的研究 [D].淮南：安徽理工大学，2017.

[155] Gandhi M S，Mok Y S. Non-thermal plasma-catalytic decomposition of volatile organic compounds using alumina supported metal oxide nanoparticles [J]. Surface & Coatings Technology，2014，259：12-19.

[156] 汪智伟.介质阻挡放电低温等离子体协同吸附净化室内甲醛实验研究 [D].淮南：安徽理工大学，2019.

[157] Qu G Z，Li J，Wu Y. Simultaneous pentachlorophenol decomposition and granular activated carbon regeneration assisted by dielectric barrier discharge plasma [J]. Journal of Hazardous Materials，2009，172（1）：472-478.

[158] 邓旭.低温等离子体技术-固定床吸附催化降解乙酸乙酯的应用研究 [D].合肥：合肥学院，2020.

[159] 刘文辉.低温等离子体联合吸附技术处理甲苯的实验研究 [D].北京：中国石油大学，2019.

[160] 陈磊，任甲泽，李刚，等.低温等离子体-吸附技术在某印刷厂废气净化系统中的应用 [J].现代矿业，2016，11（1）：241-244.

[161] 童翠香，高昇，梁斌华.低温等离子一体机在沥青搅拌站 VOCs 净化处理中的设计与应用 [J].中国资源综合利用，2020，38（4）：73-75.

[162] 郭丽娜.放电等离子体-改性活性炭联合处理室内甲醛的研究 [D].淮南：安徽理工大学，2007.

[163] 高宗江，李成，郑君瑜，等.工业源 VOCs 治理技术效果实测评估 [J].环境科学研究，2015，28（6）：994-1000.

[164] 张青.活性炭混合填料对低温等离子体去除含甲苯废气性能影响的试验研究 [D].西安：西安建筑科技大学，2013.

[165] Mok Y S，Kim D H. Treatment of toluene by using adsorption and nonthermal plasma oxidation process [J]. Current Applied Physics，2011，11（5）：S58-S62.

[166] 陈杰，翁扬，袁细宁，等.活性炭吸附协同介质阻挡放电降解甲硫醚 [J].高校化学工程学报，2011，25（3）：496～500.

[167] 肖文睿.介质阻挡放电等离子体降解脱除甲苯实验研究 [D].南京：南京师范大学，2020.

[168] Aguiar J E，Cecilia J A，Tavares P A S，et al. Adsorption study of reactive dyes onto porous clay heterostructures [J]. Applied Clay Science，2017，135：35-44.

[169] 付丽丽，张宁，刘娟等.玉米芯吸附协同低温等离子体对 H_2S 的去除作用 [J].科学技术与工程，2018，18（30）：246～248.

[170] 许晓怡.利用多孔黏土异质结构材料开展 VOCs 吸附和低温等离子体降解再生的初步研究 [D].上海：东华大学，2021

[171] 王博.橡胶行业挥发性有机废气处理工艺综述 [J].橡塑技术与装备，2020，46（11）：36-38.

[172] 赵军杰.吸附-低温等离子体净化甲苯中催化剂制备与性能研究 [D].西安：西安建筑科技大学，2018.

[173] 王莲贞.橡胶工业 VOCs 治理技术的研究进展综述 [J].河南科技，2019，688（26）：145-146.

[174] 杜长明，黄娅妮，巩向杰.等离子体净化苯系物 [J].中国环境科学，2018，38（3）：871-892.

[175] 李子芃，王美艳，张长平，等.低温等离子体结合吸收脱除烟气多种污染物的研究进展 [J].广西物理，2020，41（4）：22-24.

[176] 王宇世.电晕放电结合水吸收降解混合气态 VOCs 的研究 [D].大连：大连理工大学，2008.

[177] 冯芳宁.多组分 VOCs 在活性炭上的二元竞争吸附实验研究 [D].西安：西安建筑科技大学，2011.

[178] 林鑫海.脉冲电晕-吸收法治理有机废气的工业应用 [D].杭州：浙江工业大学，2007.

[179] Kim H H，Kobara H，Ogata A，et al. Comparative assessment of different nonthermal plasma reactors on energy efficiency and aerosol formation from the decomposition of gas-phase benzene [J]. IEEE Transactions on Industry Applications，2005，41（1）：206-214.

[180] 王晓云. 脉冲电晕-吸收法治理有机废气实验研究 [D]. 杭州：浙江工业大学，2004.

[181] 阚青. 介质阻挡-电晕放电耦合法脱除 NO、SO₂ 的实验研究 [D]. 西安：西北大学，2017.

[182] Son Y S，Kim T H，Choi C Y，et al. Treatment of toluene and its by-products using an electron beam/ultra-fine bubble hybrid system [J]. Radiation Physics and Chemistry，2018，144：367-372.

[183] 林宇耀. 吸收法处理医药化工行业 VOCs 实验研究 [D]. 杭州：浙江大学，2014.

[184] 刘强. 介质阻挡放电/水吸收降解有机污染物的研究 [D]. 大连：大连理工大学，2008.

[185] 刘强，李杰，吴彦，等. 介质阻挡放电和水吸收联合降解挥发性有机化合物 [J]. 环境污染与防治，2009，31（2）：31-33.

[186] Fujii T，Aoki Y，Yoshioka N，et al. Removal of NO：By DC corona reactor with water [J]. Journal of Electrostatics，2001，51：8-14.

[187] Oda T，Takahahshi T，Yamaji K. Nonthermal plasma processing for dilute VOCs decomposition [J]. IEEE Transactions on Industry Applications，2002，38（3）：873-878.

[188] 肖潇. 液体吸收法资源化处理工业甲苯废气的研究 [D]. 北京：中国科学院大学，2015.

[189] 刘露，骆嘉钦，阚青，等. 乙醇胺对介质阻挡耦合电晕放电同时脱除 NO、SO₂ 的影响 [J]. 化工进展，2020，39（11）：4685-4692.

[190] 刘露. 介质阻挡耦合电晕放电法同时脱硫脱硝的实验研究 [D]. 西安：西北大学，2020.

[191] 顾巧浓. 脉冲电晕-吸收法治理有机废气实验研究 [D]. 杭州：浙江工业大学，2006.

[192] Wang W Z，Fan X，Zhu T L，et al. Removal of gas phase dimethylamine and N，N-dimethylformamide using non-thermal plasma [J]. Chemical Engineering Journal，2016. 299：184-191.

[193] 洪波. 溶液吸收结合脉冲电晕处理有机废气研究 [D]. 杭州：浙江工业大学，2011.

[194] 杜佳辉，刘佳，杨菊平，等. 生物法联合工艺治理 VOCs 的研究进展 [J]. 化工进展，2021，40（5）：2802-2812.

[195] 杨竹慧. 生物滴滤法净化恶臭及 VOCs 的应用研究 [D]. 北京：北京工业大学，2018.

[196] 高松. VOCs 废气的生物技术处理 [J]. 科学技术创新，2021，23：168-169.

[197] 杜佳辉. 卧式生物滴滤床净化乙苯的性能及皂角苷强化降解 [D]. 北京：北京工业大学，2021.

[198] 刘佳，杨菊平，杜佳辉，等. 助剂对生物法去除疏水性 VOCs 性能的影响 [J]. 北京工业大学学报，2022，48（2）：197-208.

[199] Prenafeta-Boldu F X，Vervoort J，Grotenhuis J T C，et al. Substrate interactions during the biodegradation of benzene，toluene，ethylbenzene，and xylene（BTEX）hydrocarbons by the fungus Cladophialophora sp. strain T1 [J]. Applied and Environmental Microbiology，2002，68（6）：2660-2665.

[200] 邓葳，刘佳，李坚，等. 生物滴滤法净化 VOCs 及恶臭污染物的研究进展 [J]. 四川环境，2018，37（5）：110-116.

[201] 彭淑婧，李坚，刘佳，等. 焦化废水污泥中苯系物降解优势混合菌群筛选驯化 [J]. 煤炭技术，2011，10：185-187.

[202] Yang Z H，Liu J，Cao J Y，Sheng D H，et al. A comparative study of pilot-scale bio-trickling filters with counter and cross-current flow patterns in the treatment of emissions from chemical fibre wastewater treatment plant [J]. Bioresource Technology，2017，243：78-84.

[203] 杨菊平. 生物滴滤法去除二甲苯的性能及微生态研究 [D]. 北京：北京工业大学，2021.

[204] 李林洲，颜玉玺，金博强，等. 净化挥发性有机物生物滤塔填料研究进展 [J]. 环境科学与技术，2020，43（9）：52-58.

[205] Anet B，Couriol C，Lendormi T，et al. Characterization and selection of packing materials for biofiltration of

rendering odourous emissions [J].Water Air & Soil Pollution，2013，224（7）：1-13.

[206] Chen X Q，Liang Z S，An T C，et al.Comparative elimination of dimethyl disulfide by maifanite and ceramic-packed biotrickling filters and their response to microbial community [J].Bioresource Technology，2016，202：76-83.

[207] 陈思茹.生物炭填料净化恶臭气体的应用研究 [D].广州：华南理工大学，2019.

[208] 薛兴福.松树皮填料高效生物滴滤塔处理含 H_2S 恶臭气体研究 [J].四川有色金属，2018，4：52-54.

[209] 丁雅萍，何硕，沈树宝，等.生物滴滤法净化废气填料 [J].现代化工，2017，37（11）：150-153，155.

[210] Zhang Y，Liu J，Qin Y W，et al.Performance and microbial community evolution of toluene degradation using a fungi-based bio-trickling filter [J].Journal of Hazardous Materials，2019，365：642-649.

[211] 宋红旭，刘佳，李坚，等.生物滴滤塔净化苯乙烯废气的性能研究 [J].四川环境，2020，39（4）：23-31.

[212] 梅瑜，成卓韦，王家德，等.利用新型组合填料的生物滴滤塔净化混合废气研究 [J].环境科学，2015，36（12）：4389-4395.

[213] Feng R F，Zhao G，Yang Y G，et al.Enhanced biological removal of intermittent VOCs and deciphering the roles of sodium alginate and polyvinyl alcohol in biofilm formation [J].PLoS One，2019，14（5）：1-16.

[214] 张芸.生物滴滤塔净化 VOCs 关键问题解决与工业应用研究 [D].北京：北京工业大学，2020.

[215] 邢贺贺，李坚，刘佳，等.两种填料对生物滴滤塔净化甲苯废气性能影响 [J].生物技术，2021，31（4）：385-391，343.

[216] 冯克，徐丹华，成卓韦，等.一种负载功能型微生物的营养缓释填料的制备及性能评价 [J].环境科学，2019，40（1）：504-512.

[217] Yang N Y，Wang C，Han M F，et al.Performance improvement of a biofilter by using gel-encapsulated microorganisms assembled in a 3D mesh material [J].Chemosphere，2020，251：1-12.

[218] Yan Y X，Yang J，Zhu R C，et al.Performance evaluation and microbial community analysis of the composite filler micro-embedded with *Pseudomonas putida* for the biodegradation of toluene [J].Process Biochemistry，2020，92：10-16.

[219] Cheng Z，Feng K，Xu D，et al.An innovative nutritional slow-release packing material with functional microorganisms for biofiltration：Characterization and performance evaluation [J].Journal of Hazardous Materials，2019，366：16-26.

[220] Zhang Y，Liu J，Chen Y，et al.Screening and study of the degradation characteristics of efficient toluene degrading bacteria [J].Environmental Technology，2021，42（21）：3403-3410.

[221] Almenglo F，Bezerra T，Lafuente J，et al.Effect of gas-liquid flow pattern and microbial diversity analysis of a pilot-scale biotrickling filter for anoxic biogas desulfurization [J].Chemosphere，2016，157（Aug.）：215-223.

[222] 卢仁钵，杜青平，许燕滨，等.降解乙苯生物滴滤塔稳定运行期生物膜特征及微生物多样性研究 [J].环境科学学报，2016，36（10）：3561-3568.

[223] 秦怡伟，刘佳，李坚，等.助剂强化生物滴滤法处理 VOCs 研究进展 [J].化工环保，2017，37（6）：622-626.

[224] 姜岩，张哲.不同亲水特性 VOCs 在生物滴滤工艺中的作用规律 [J].化工学报，2020，71（7）：2973-2982.

[225] 郏凌翔，王莉宁，陈建孟，等.生物滴滤塔对疏水性 VOCs 气体的去除及其生物膜特性研究 [J].环境科学学报，2020，40（7）：2417-2426.

[226] 於建明，刘建胜，冯卓焕，等.高效生物滴滤反应器处理制药废水站含 VOCs 恶臭废气 [J].中国给水排水，2016，32（14）：79-82，87.

[227] 曹菁洋，刘佳，杨竹慧，等.石化化纤污水场 VOC 的监测与不同生物法治理 VOC 的比较 [C] //中国环境科学学会.2016中国环境科学学会学术年会论文集（第四卷）.2016：8.

[228] 张克萍，徐煜锋，成卓韦，等.生物滴滤塔中试处理某树脂制造企业 VOCs [J].环境工程学报，2021，15（6）：1966-1975.

[229] 孙鸣璐，兰丹泉，代璐璐，等.低温等离子体与生物滴滤联合净化有机废气的技术探究 [J].广东蚕业，2018，

52（10）：9-10.

［230］ Helbich S，Dobslaw D，Schulz A，et al. Styrene and bioaerosol removal from waste air with a combined biotrickling filter and DBD-plasma system［J］. Sustainability，2020，12（21），1-22.

［231］ 杨海龙. 低温等离子体-生物氧化处理含氯含苯类 VOCs 工艺研究［D］. 郑州：郑州轻工业大学，2019.

［232］ 吴艳. 介质阻挡放电等离子体增强生物滴滤去除有机废气实验研究［D］. 杭州：浙江大学，2013.

［233］ Kim H，Han B，Hong W，et al. A new combination system using biotrickling filtration and nonthermal plasma for the treatment of volatile organic compounds［J］. Environmental Engineering Science，2009，26（8）：1289-1297.

［234］ Zhu R Y，Mao Y B，Jiang L Y，et al. Performance of chlorobenzene removal in a nonthermal plasma catalysis reactor and evaluation of its byproducts［J］. Chemical Engineering Journal，2015，279：463-471.

［235］ Schiavon M，Schiorlin M，Torretta V，et al. Non-thermal plasma assisting the biofiltration of volatile organic compounds［J］. Journal of Cleaner Production，2017，148：498-508.

［236］ Jiang L Y，Li S，Cheng Z W，et al. Treatment of 1，2-dichloroethane and n-hexane in a combined system of non-thermal plasma catalysis reactor coupled with a biotrickling filter［J］. Journal of Chemical Technology and Biotechnology，2018，93（1）：127-137.

［237］ 孙彪. 低温等离子体联合生物滴滤降解挥发性有机物研究［D］. 青岛：青岛科技大学，2017.